高职高专系列教材

U0269150

# 软件开发技术任务式教程

宋贤钧　周立民　主编

中国石化出版社

### 内 容 提 要

　　软件开发技术是电子信息类专业的一门核心课程。本教材从软件开发方法与环境、数据表示与存储、数据组织与处理、算法设计与应用、软件测试与维护技术五个方面系统地讲解了软件开发过程所涉及的基本方法和技能。教材基于软件产品开发的工作过程甄选内容，从典型工作任务出发，与程序员岗位对接，精心设置案例，具有知识体系完整，层次清晰，内容先进、实用，组织形式新颖独特、便于学习等特点。

　　教材采用任务驱动教学法，深入浅出，注重理论够用，突出实践操作，在基于工作过程的学习中培养学生的程序设计能力、算法构建能力和应用软件实际工程项目开发的能力，主要面向高职高专、成人高校等计算机类专业的学生。

### 图书在版编目(CIP)数据

软件开发技术任务式教程/宋贤钧,周立民主编.
—北京:中国石化出版社,2013.5(2019.2 重印)
高职高专系列教材
ISBN 978-7-5114-2106-7

Ⅰ.①软… Ⅱ.①宋… ②周… Ⅲ.①软件开发-高
等职业教育-教材 Ⅳ.①TP311.52

中国版本图书馆 CIP 数据核字(2013)第 081717 号

**中国石化出版社出版发行**
地址:北京市朝阳区吉市口路 9 号
邮编:100020　电话:(010)59964500
发行部电话:(010)59964526
http://www.sinopec-press.com
E-mail:press@sinopec.com
北京艾普海德印刷有限公司印刷
全国各地新华书店经销
\*
787×1092 毫米 16 开本 15.5 印张 374 千字
2019 年 2 月第 1 版　2019 年 2 月第 2 次印刷
定价:38.00 元

# 前　言

近年来，随着软件外包业务的飞速发展，处于核心地位的软件产业在国民经济增长中发挥着越来越重要的作用，而如今企业用人的结构逐渐发生变化，要求不断提高，市场需求主要以高素质、实用型、技能型软件专业技术人才为主，即我们通常说的"软件蓝领"。

软件开发技术是电子信息类专业的一门核心课程。本教材采用任务驱动法，深入浅出，注重理论够用，突出实践操作，在基于工作过程的学习中培养学生程序设计能力、算法构建能力和应用软件实际工程项目开发的能力，主要面向高职高专、成人高校等计算机类专业的学生。

本教材主要有以下特点：

（1）知识体系完整、层次清晰、内容先进、实用。基于软件产品开发的工作过程甄选内容、设置案例。

（2）组织形式新颖、独特、便于学习。以职业能力培养为主线，大项目贯穿，小案例并行，突出基础知识、职业素养和关键技能培养。

（3）教材内容从典型工作任务出发，与程序员岗位对接。从软件开发能力实际出发，紧跟软件开发技术的前沿，又兼顾传统的方法和技术，突出编码能力。

本教材共分5部分，从软件开发方法与环境、数据表示与存储、数据组织与处理、算法设计与应用、软件测试与维护技术五个方面系统地讲解了软件开发过程所涉及的基本方法和技能。

本书作为省级精品课程配套教材，相关教学资源（课程标准、PPT教学课件、电子教案、实训案例及书中案例源代码等）可登陆课程网站下载或填写书后所附的《教学资源索取单》依照相关方式索取。网址：http：//jpkc.lzpcc.edu.cn/12/sxj/default.asp。

本教材由宋贤钧、周立民主编，张丽景参加编写。第1部分由宋贤钧编写，第2部分由张丽景编写，第3部分、第4部分和第5部分由周立民编写。张文川负责资料的收集和校对工作。任泰明、文晖、赵睿、彭涓、韩艳、杜吉梁老师对本教材的编写提出了很多建议，杜韦辰老师对本教材的出版给予了很大的帮助，在此一并表示感谢。

本教材编者都是多年从事教学和软件开发的一线教师，限于作者水平，书中难免会有错误或疏漏之处，真诚地欢迎各位专家和读者批评指正，以帮助我们进一步完善。

编　者

# 目　　录

## 第 1 部分　软件开发方法与环境

## 第 2 部分　数据表示与存储

# 第 3 部分 数据组织与处理

# 第1部分　软件开发方法与环境

❖知识目标：

　＊了解软件开发最基本的思想，熟悉软件工程理论。

　＊知道软件开发生命周期，熟悉软件开发模型。

　＊懂得结构化软件开发原理。

　＊了解 web 体系结构。

❖技能目标：

　＊学会提炼系统需求的方法。

　＊能够正确选择系统开发模型。

　＊掌握数据流图和系统功能图的绘制。

　＊掌握 Web 系统环境的配置和部署方法。

## 素养宝典

### 有效沟通是一种能力

　　养过猫和狗的人都知道，"猫、狗是仇家，见面就掐"。其实，猫和狗之所以"见面就掐"，主要是因为沟通上出现了问题。比如："摇尾摆臀"在狗这里表示友好的意思，在猫那里却成了挑衅；同样，"呼噜呼噜"的鼾声在猫这里是放松、友好和休闲的意思，对于狗看来是"示威"，当然要"掐"了。

　　在职场中，员工与员工之间因缺乏沟通而导致的冲突和矛盾也并不少见。很多人喜欢独来独往，不喜欢与人交流，更不喜欢与人沟通，结果在执行任务时经常走弯路，有时还会步入歧路，不能完成任务。这些人总是疲于应付工作过程中出现的问题，他们埋怨问题太多、时间太少，总是被问题压得喘不过气来。可是他们却很少思考造成这种状况的原因是什么。在很大程度上，这是他们没有与人进行有效沟通的结果。所以有效沟通是更迅速、更有效解决问题的方法。

# 任务1.1 提炼 SAGM(教职工津贴发放管理)系统需求

## 1.1.1 案例描述

某高校信息化建设步伐加快，为了实现教职工的津贴发放管理与银行业务对接，决定开发一套教职工津贴发放管理系统(Staff Allowances Grant Management，简称 SAGM 系统)，下面是一段对话。

财务长：现在我们需要一个教职工的津贴发放管理系统。

业务员：请问您的系统主要是哪些人使用呢？

财务长：系统使用人员主要有财务管理员、学院各二级部门管理员和全院教职工。

业务员：您能简单说一下这些人员在津贴发放事务中的主要工作吗？

财务长：财务管理员设置津贴类型，比如：各类补助、各类津贴、各类奖金等，并按期下发各二级部门津贴总额，将审核通过的津贴分配结果导出为银行报表，直接由银行发放到职工工资卡中。学院各二级部门管理员定期依据财务处下发的津贴总额进行本部门的津贴分配，落实到个人，生成报表，提交财务审核，如果审核通过则打印出来供教职工签字确认；如果审核没有通过，根据反馈信息，重新修改后再次提交，直至审核通过。教职工就是查看自己的津贴信息和个人信息。

业务员：听了您的介绍，我对教职工津贴发放的工作流程有了初步的了解。我简单分析了一下，系统的主要数据包括学院各二级部门信息、教职工信息和各类津贴信息，我会把我的理解绘制一张流程图出来，咱们再深入沟通。你们还有其他的要求吗？比如希望系统在什么环境下运行？

财务长：就在 Windows 操作系统下使用，比较方便嘛！一定要保证系统数据的安全性，以防发生意外情况时造成数据丢失、泄漏等事故，还要有管理权限设置……

## 1.1.2 案例分析

从案例的描述中，我们得知用户需要开发一个系统，那么这个系统是软件产品吗？软件是由哪几部分组成的呢？案例描述是一段典型的软件开发需求分析的访谈层次对话，彼此在沟通业务需求、进行关键功能的描述和确认。在软件开发领域，人们越来越多地提到需求，这里的需求源自用户的"需要"，也就是准确说明开发什么。为什么我们如此多的关注需求？原因恰恰在于我们无法有效地获取需求，无法准确地表述需求。而需求的变化对于整个项目的开发成本、开发周期影响极大，可谓"一石激起千层浪"。所以，想让项目获得成功，首先要做好需求分析。

软件需求分析是指理解用户需要，使软件功能与客户要求达成一致，评估软件开发风险和成本代价，最终形成软件开发计划的一个复杂过程。在这个过程中，用户处在主导地位，需求分析工程师和项目经理要负责整理用户需求，为之后的软件设计打下基础。

案例中业务员和财务长进行有效沟通，就是分析软件用户类型有多少，每种用户的需求是什么，系统功能有哪些，软件运行环境是什么等等。如果忽略前期需求分析或需求分析做的不充分，很可能会导致投入大量的人力、物力、财力和时间，开发出的软件产品不符合用户需求，那所有的投入都是徒劳。比如，客户希望 SAGM 系统运行在 Windows 环境下，易用且部署方便，如果业务员在调研时忽略了软件的运行环境，忘了向用户询问这个问题，而想当然地认为是开发 For Linux 的软件，以确保数据相对安全。当开发人员千辛万苦完成系统向用户提交时才发现出了问题，那时候真是欲哭无泪了。

因此，软件需求分析在软件开发过程中具有举足轻重的地位，具有决策性、方向性和指导性的作用。所以，一定要对需求分析引起足够的重视，尤其是在大型软件系统的开发中，它的作用要远远大于程序设计。

## 1.1.3 知识准备

### 1.1.3.1 认识软件

**1）软件的概念**

计算机系统由硬件和软件两大部分组成。计算机的发展到目前为止按总体发展阶段来划分，可分为三个时期。自 1946 年到 20 世纪 60 年代中期是计算机发展的早期，称为电子计算机时代，系统以硬件为主，软件费用是总费用的 20% 左右，主要用于商业、大学教学和政府机关。从 20 世纪 60 年代中期到 80 年代初期是计算机发展中期，称为微型计算机时代，软件费用迅速上升到总费用的 60% ，软件不再只是技巧性和高度专业化的神秘机器代码，以 Microsoft 公司为代表的各种应用软件相继出台，使用计算机的人也多了起来。计算机工业迅速发展，其应用范围渗透于工业控制、自动化仪器与家电、OA、商业、机电与宇航等各个领域。1985 年以直到今天，称为网络与多媒体时代，软件费用已上升到 80% 以上，人们对计算机的需求更加广泛。计算机软件业迅速发展，各种可视化软件开发工具和多媒体技术实现算法（多种图像格式与压缩算法）应运而生，是计算机网络飞速发展的阶段。其主要特征是：计算机网络化、协同计算能力发展以及全球互连网络（Internet）的盛行。计算机的发展已经完全与网络融为一体，体现了"网络就是计算机"的口号。

可以看出，随着计算机技术（硬件技术和软件技术）的发展，软件相对硬件的费用比例在不断提高，软件在计算机系统中的比重越来越大，而且这种趋势还在增加。人们感到传统的软件生产方式（个体、互助合作的手工方式❶）已不再适应发展的需要，因此软件生产必须按照工程学的基本原理和方法进行生产，其生产过程即为软件项目开发过程。软件项目开发过程将软件生产分成几个阶段，每个阶段都有严格管理和质量检验，在研制软件设计和生产

---

❶ 个体手工方式：以硬件生产为主，软件处于从属地位。设计过程是在一个人的头脑中完成的，程序的质量完全取决于个人的编程技巧。软件定义要点是程序或机器指令程序；互助合作的手工方式：软硬件均考虑。由多人分工合作完成编程任务，程序的质量无法得到保证。软件定义要点是程序＋说明书。

方法中，以书面文件作为共同遵循的依据，这些文档属于软件含义中的内容。

【软件的定义】软件是计算机系统中与硬件相互依存的部分，它包括计算机程序、相关的文档资料以及在计算机上运行程序时所必需的数据。

计算机系统是通过运行程序来实现各种不同的应用。程序是指以算法语言为基础而编制的，能够使计算机做出信息处理并产生一定结果的指令或指令组合。程序包括实现各种不同功能的程序、用户为自己的特定目的编写的程序、检查和诊断机器系统的程序、支持用户应用程序运行的系统程序、管理和控制机器系统资源的程序等。

数据是使程序能够适当地处理信息的数据结构。

文档指用自然语言或者形式化语言所编写的文字资料和图表，用来描述程序的内容、组成、设计、功能规格、开发情况、测试结果及使用方法，如程序设计说明书、流程图、用户手册等。

总之，软件主要包括以下内容：

在运行中能提供所希望的功能和性能的指令集（即程序）；

使程序能够正确运行的数据结构；

描述程序研制过程、方法所用的文档。

**2）软件的特点**

计算机系统中的软件与硬件是相互依存的，缺一不可。而软件与其他产品的特点不同。它是一种特殊的产品，具有下列特殊性质：

（1）无形性。软件是一种逻辑产品，它与物质产品有很大区别，它是脑力劳动的结晶。软件产品看不见摸不着，因而具有无形性。它以程序和文档的形式出现，保存在存储介质上，通过计算机运行才能体现它的功能和作用。

（2）研发性。软件产品的生产主要是脑力劳动，还没有完全摆脱手工开发方式，是人的智力的高度发挥，不同于传统意义上的硬件制造，它没有明显的制造过程，其生产主要是研制，对软件的质量控制必须立足于软件开发过程。

（3）维护复杂。软件产品不会用坏，不存在磨损、消耗的问题。但却存在需要更新的问题。因为在软件的生存期中，它一直处于改变（维护）状态，随着针对某些缺陷的维护，可能带来一些新的缺陷，使软件故障率增加，而软件不像硬件一样有备件，它的维护要比硬件复杂得多。

（4）成本高。由于软件产品的生产主要是研制，其成本主要体现在软件的开发和研制上，软件的研制工作需要投入大量的、复杂的、高强度的脑力劳动。另外，软件是无形的，软件正确与否，是好是坏，一直要到程序在机器上运行才能知道，这给设计、生产和管理带来许多困难，从而使生产成本非常高。

**3）软件的分类**

（1）按软件的功能。

系统软件：为了方便地使用机器及其输入输出设备，充分发挥计算机系统的效率，围绕计算机系统本身开发的程序系统叫做系统软件。系统软件是计算机系统的重要组成部分，它支持应用软件的开发和运行。系统软件包括操作系统(常用的有 DOS❶、Windows❷、Unix❸、NetWare❹、Windows NT❺ 等)、各种语言编译程序(机器语言、汇编语言等)、数据库管理系统(Access、SQL Server、Oracle 等)、设备驱动程序等。

支撑软件:协助用户开发应用软件的工具性软件,包括帮助程序员开发软件产品的工具、也包括管理人员控制开发进程的工具。如 IBM 公司的 Web Sphere,微软公司的 Studio. NET 等。

应用软件:是专门为了某种使用目的而编写的程序系统。常用的有文字处理软件,如 WPS 和 Word;专用的财务软件、人事管理软件;计算机辅助软件,如 AutoCAD;绘图软件,如 3DS 等。

(2)按软件工作方式。

实时处理软件:在时间和数据产生时对其立即处理,并及时反馈信号以控制需要检测的过程的软件。实时处理软件主要包括数据采集、分析、输出三个部分。

分时软件:允许多个联机用户同时使用计算机的软件。

交互式软件:实现人 – 机通信的软件。

批处理软件:把一组输入作业或一批数据以成批处理的方式一次运行,按顺序逐个处理的软件。

(3)按软件规模。按开发软件所需人力、时间以及完成的原程序的行数,可分为 6 种不同规模的软件,如表 1 – 1 所示。

表 1 – 1  软件规模的参考分类

| 类别 | 参加人员数/人 | 开发期限 | 程序长度/行 |
|---|---|---|---|
| 微型 | 1 | 1 ~ 4 周 | 500 |
| 小型 | 1 | 1 ~ 6 月 | $(1 \sim 2) \times 10^3$ |
| 中型 | 2 ~ 5 | 1 ~ 2 年 | $(5 \sim 50) \times 10^3$ |
| 大型 | 5 ~ 20 | 2 ~ 3 年 | $(50 \sim 100) \times 10^3$ |
| 超大型 | 100 ~ 1000 | 4 ~ 5 年 | $1 \times 10^6$ |
| 极大型 | 2000 ~ 5000 | 5 ~ 10 年 | $(1 \sim 10) \times 10^6$ |

(4)按软件服务对象的范围。

项目软件:也称定制软件,是为某个特定客户或少数客户开发的软件,如军用防空指挥系统、卫星控制系统等。

产品软件:直接提供给市场,或是为众多用户服务的软件,如文字处理软件、财务处理软件、人事管理软件等。

### 1.1.3.2  软件需求分析

#### 1)需求分析的任务

【需求分析的任务】就是解决"做什么"的问题,就是要全面地理解用户的各项要求,并

---

❶ DOS:基于字符界面的单用户任务的操作系统。

❷ Windows:基于图形界面的单用户多任务操作系统。

❸ 一个通用的交互式分时操作系统。

❹ NetWare:基于文件服务和目录服务的网络操作系统。

❺ Windows NT:基于图形界面 32 位多任务、对等的网络操作系统。

准确地表达所接受的用户需求。但一般情况下，用户并不能描述清楚自己的需要，这时就需要系统分析人员根据用户的语言描述整理出相关的需求信息再进一步和客户核对。

开发软件系统最为困难的概念性工作便是编写出详细技术需求，这包括所有面向用户、面向机器和其他软件系统的接口。同时这也是一旦做错，将最终会给系统带来极大损害的部分，并且以后再对它进行修改也极为困难。

对于开发人员来说，如果没有得到客户认可的需求文档，我们如何知道项目究竟要干些什么？如果我们不知道什么对客户来说是重要的，那软件产品又如何能令客户满意呢？

因此，即便是非商业目的的软件需求也是必需的。在平时的学习训练中，小到做的一次习题、编写的一个小程序，都需要把问题描述搞清楚、分析透彻。当然你可能偶尔不需要文档说明就能与其他人意见较为一致，但更常见的是出现重复返工这种不可避免的后果，而重新编制代码的代价远远超过重写一份需求文档的代价，这些惨痛的教训已在国内的软件开发者身上发生过不止一次。

**2）需求分析的过程**

需求分析不像案件侦破那样需从细节线索着手，而是先了解宏观的功能和问题，再进行细节的确认。一个应用软件产品（记为 S）的功能范围可能很广，可以按不同的解空间（记为 M）分类，每个解空间对应一个软件子系统。

$$S = \{M1，M2，M3，\cdots Mn\}$$

解空间 Mi 由若干个子问题（记为 P）组成，每个问题对应子系统中的一个组件。

$$Mi = \{P1，P2，P3，\cdots Pn\}$$

问题 Pj 有若干个功能（记为 F），每个功能对应于组件中的实现接口。

$$Pj = \{F1，F2，F3，\cdots Fn\}$$

也就是说，需求分析结果性文档（需求规格说明说）既符合那些想了解系统宏观功能的领导要求，又能对详细设计系统功能的开发人员、技术员适用。需求分析过程大体分四部分，即问题获取、提炼分析、编制报告、确认验证，如图 1-1 所示。

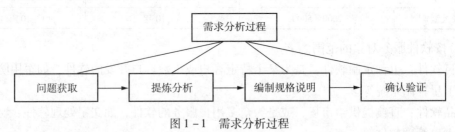

图 1-1 需求分析过程

需求分析的准确性决定了软件项目的复杂性和正确性，因此需求分析的高风险性和重要性不言而喻。实践过程中，造成需求分析工程实施困难主要是以下 3 个方面：

（1）用户表述不清。大部分用户对需求只有模糊的感觉，说不清楚具体的要求。例如现阶段很多机构、单位在进行设备基础设施改造和网络升级时，用户方的办公人员大多不清楚计算机网络有什么用，更缺乏 IT 系统建设方面的专业知识。此时，用户就会依赖开发人员替他们设想需求。工程需求存在一定的主观性，为项目未来建设埋下了潜在的风险。

（2）需求不断变化。根据经验，随着用户方对信息化建设的认识和自己业务水平的提高，他们会在不同的阶段和时期对项目提出新的要求或需求变更。事实上，作为项目的实施者，我们必须接受"需求会不断变化"这个事实。因此，在需求分析阶段，我们要尽可能地分析清楚哪些是稳定的需求，哪些是易变的需求，以便在进行系统设计时，将软件的核心建筑在稳定的需求上，同时留出变更空间。

（3）理解失误。用户表达的需求，不同的分析人员可能有不同的理解。如果分析人员理解错了，可能会导致以后的开发工作劳而无功，所以分析人员写好需求说明书后，要请用户方的各个代表验证。如果问题很复杂，双方都不太明白，就有必要请开发人员快速构造软件的原型，双方再次论证需求描述是否正确。由于客户大多不懂软件，他们可能觉得软件是万能的，会提出一些无法实现的需求，有时客户还会曲解软件系统分析人员的建议或答复。

有一个软件人员滔滔不绝地向客户讲解在"信息高速公路上做广告"的种种好处，客户听得津津有味。最后，心动的客户对软件人员说："好得很，就让我们马上行动起来吧。请您决定广告牌的尺寸和放在哪条高速公路上，我立即派人去做。"

要克服这些困难，需求分析通常包括这样一些活动：

（1）了解用户的相关业务。系统分析员必须首先到用户的工作环境（或者待开发软件的预期使用环境）中去，通过用户的演示、讲解和有关文档了解相关业务，还要和用户进行交流、协商。这是一个关键的活动，如果一个分析员还不能真正地理解用户的相关业务，那么他就无法知道用户到底想要软件帮他们做些什么。用户自然非常清楚他们自己的业务，但是他们往往不能正确、完整地表述他们对于软件的要求。不过如果某个软件实现的并不是他们想要的情况，他们会立刻发现。因此在了解用户的相关业务时，分析员还需要制定一些提问单和表格交给用户填写，以让他们说出那些用户自己无法说出的，但对软件又是重要的信息。

（2）分析用户业务流程。分析员了解到的用户业务也许只是一些离散的业务活动，而业务流程是重要的信息，它往往指出了某些用于指导软件功能组织的信息。分析员将了解到的业务活动加以整理并按照这些活动所固有的次序形成业务流程。

（3）了解用户对于软件的期望值。软件首先需要能正确地处理用户的业务，但是用户对于软件还有一些其他的要求，如使用的便利性、附带接管一些机械的日常活动（如每天的整理业务数据等）和一些性能要求等。用户对软件的这些需求有时虽然并不是直接和业务相关，但是对于用户而言却显得很重要。分析员要尽量启发用户提出更多的附带需求，尽可能地挖掘用户对软件的期望，这样可以避免用户在使用时才发现软件不是他们所希望的，而造成软件无法交工的后果。

（4）整理用户要求。分析员需要独立地完成用户需求的整理并形成规范的需求规格说明文档。如果在整理过程中发现有疑点，就需要立刻和用户协商并解决它；如果有些问题现在根本无法处理，那就只有暂时留在那儿（但是需要通知用户知道），一旦时机成熟就要立刻解决它。

（5）需求评审。分析员整理得到的需求分析规格说明必须要通过需求评审才能说明需求分析工作可以结束而进入后续工作。

**3）软件需求的类型**

软件需求包括四个不同的层次：业务需求、用户需求、功能需求和非功能需求。

（1）业务需求（Business Requirement）反映了组织机构或客户对系统、产品高层次、宏观的目标要求。

（2）用户需求（User Requirement）描述了用户使用产品必须要完成的任务和达到的效果。

（3）功能需求（Functional Requirement）定义了开发人员必须实现的软件功能，使得用户能完成他们的任务，从而实现业务需求。

（4）非功能需求（Non Functional Requirement）定义了用户对软件的易用性、可靠性、可维护性以及界面美观等方面的要求。

下面以一个字处理程序为例来说明需求的不同种类：

业务需求是："用户能有效地纠正文档中的拼写错误，设计一个拼写检查器"。

用户需求是："自动检测文档中的拼写错误，并提供一个替换项列表来选择替换拼错的词"。

功能需求是："找到并提示错词，同时显示提供替换词的对话框以及实现整个文档范围的替换"。

非功能需求是："找到错词之后高亮度显示错词，并加双波浪下划线"。

**4）需求分析的法则**

分析人员与用户交流、沟通需要好的方法和原则，通过评审具体业务内容并达成共识。如果遇到分歧，将通过协商达成对各自义务的相互理解，以减少项目的损失，保证开发效益最大化。

（1）明确用户业务目标，正确表达。分析人员只有充分了解客户业务需求，才能明确开发目标，确定系统功能，设计出符合用户要求的优秀软件。因此，分析人员可以考虑深入客户生产操作一线，亲身体验他们的工作流程。如果是切换新系统，那么开发人员和分析人员应操作体验目前的旧系统，有助于理解待开发软件应该是怎样工作的，其工作流程以及可供改进之处。要使用符合客户语言习惯的表达方式，与用户的讨论多集中于业务需求和用户需求，因此要使用客户理解的术语，做到有效沟通。

（2）相互尊重，注重倾听。通常客户所说的"需求"是一种实际可行的实施方案，但也无法实现的理想之处，分析人员都应该仔细倾听，详细记录，尽力从这些解决方法中了解真正的业务需求。分析人员要充分尊重参与需求开发过程的客户，尊重并珍惜他们为项目成功所付出的时间和精力，做到共同合作、相互理解。在彻底弄清业务领域的事情后，分析人员要提出好的改进方法和一些用户没有发现的很有价值的系统特性。

（3）真实描述，客观评估取舍。用户面临更多、更好的方案时，会做出不同的选择。这时，分析人员对需求变更的影响进行真实评估，对客户业务决策提供帮助，是十分必要的。客户有权利要求分析人员通过比较给出一个真实可信的评估，包括影响、成本和得失等。分析人员不能由于不想实施变更而随意夸大评估成本，造成后续业务纠纷，对于客户的非功能性需求，也要尽量正确满足，比如美观性、易用性、可靠性、健壮性等。例如：客户有时要求产品要"界面友好"或"高效率"，正确的做法是，分析人员通过调查了解客户所要的"友好、美观、高效"所包含的具体特性，详细分析哪些特性对其他特性有负面影响，在性价比上做出权衡，以确保合理的取舍。

（4）编制规格需求说明，详细准确。编写一份清晰、准确的需求文档是很困难的，因为处理细节问题不但枯燥而且耗时，容易心浮气躁，所以很容易留下模棱两可的需求。在软件开发过程中，必须解决这种不准确性，而解决这种问题的最佳人选是客户。通过不断地重复沟通，分析人员一定要客户尽量将每项需求的内容都阐述清楚，以便准确地更正这些不确定的内容，写好软件需求报告。如果客户一时不能准确表达，通常就要求用原型技术，通过原型开发，客户可以同开发人员一起反复修改，不断完善需求定义。

(5)明确稳定需求，合理变更。生活中我们一定不希望"朝令夕改"，但在软件开发中，变更是不可避免的。在开发周期中，变更越晚出现，影响就越大。变更不仅会导致代价极高的返工，而且工期将被延误，特别是在大体结构已完成后又需要增加新特性时。要想将变更带来的负面影响减少到最低限度，分析人员一定要认真确定核实项目的稳定需求有哪些，使项目的核心功能构架在这些稳定需求之上，并对每项要求的变更进行分析和综合考虑，最后做出合适的决策，以确定应将哪些变更引入项目中。

## 1.1.4　案例实现

本案例中某高校开发一个教职工津贴发放管理系统，从中提炼的4类需求如下：

业务需求：教职工津贴发放流程与银行业务对接，实现无纸化办公和无现金办公，设计开发一个高校教职工津贴发放管理(SAGM)系统。

用户需求：财务部门通过使用教职工津贴发放管理系统，实现在线津贴的发放与管理，审核和统计，定期下发部门总额；各部门管理人员在线合理分配，提交财务部门审核通过后，打印纸质报表由教职工签字确认；教职工可以自主查询个人帐户信息和津贴信息。

功能需求：津贴下发管理(下发、审核、统计、生成报表等)、津贴分配管理(分配、审核提交、统计、生成签字报表等)、教职工管理(帐户信息的增加、修改、查询、删除等)、基础数据维护(部门信息管理、津贴类型管理等)、权限管理、数据库管理(备份、恢复等)。

非功能需求：实现 Web 在线登陆，界面美观，运行效率高，数据安全可靠，可维护性强等。

## 1.1.5　技能训练

【题目】：高校教师业务档案管理系统需求分析。

【要求】：根据某大学教师基本信息采集表(见表 1 – 2)，设计一个教师业务档案管理系统，要求如下：

(1)实现教师基本信息、工作经历、国内进修经历、参加学术会议、年度考核、教学情况等信息的录入、修改、删除、查询、浏览、统计和打印预览等功能，并具有用户管理和数据的备份与恢复功能；

(2)按超级用户和普通用户两类角色划分系统使用权限。超级用户具有使用系统全部功能的权限，普通用户具有查询所有信息的权限；

(3)界面良好，使用方便，具有容错功能和帮助功能。

请提炼教师业务档案管理系统的业务需求、用户需求、功能需求及非功能需求。

表 1－2　某大学在职教师基本信息采集表

| 基本信息 | 姓名 | | 性别 | | 民族 | | 政治面貌 | | 照片 |
|---|---|---|---|---|---|---|---|---|---|
| | 出生年月 | 年　月 | | 籍贯 | | | 工作时间 | 年　月 | |
| | 任教时间 | 年　月 | | 职称 | | | 取得时间 | 年　月 | |
| | 博、硕导 | 博导/硕导/否 | | 职务 | | | 任职时间 | 年　月 | |
| | 所在系(教研室) | | | | 从事专业及任教学科 | | | | |
| | 教师资格证号 | | | 发放时间 | 年　月 | | 联系电话 | | |
| | 学术兼职 | | | | | | | | |
| | 行政兼职 | | | | | | | | |

| 学历学位 | 学校名称 | 攻读专业 | 入学年月 | 毕业年月 | 攻读形式 | 所获学历 | 所获学位 |
|---|---|---|---|---|---|---|---|
| | | | | | | | |
| | | | | | | | |
| | | | | | | | |

| 工作经历 | 起止时间 | 工作单位 | 从事的主要工作 | 证明人 |
|---|---|---|---|---|
| | | | | |
| | | | | |

| 进修经历 | 起止时间 | 进修地点 | 进修内容 | 进修类型 | 证明人 |
|---|---|---|---|---|---|
| | | | | | |
| | | | | | |

| 学术会议 | 起止时间 | 会议地点 | 会议主要内容 |
|---|---|---|---|
| | | | |
| | | | |

| 教学情况 | 授课名称 | 授课班级(专业、班级) | 授课起止时间 | 学时 |
|---|---|---|---|---|
| | | | | |
| | | | | |

| 年度考核 | 考核年度 | 考核结果 |
|---|---|---|
| | | |
| | | |

# 任务 1.2　确定 SAGM 系统开发模型

## 1.2.1　案例描述

针对 SAGM 系统的开发需求，业务员与财务长进行了第二次对话。

业务员：您在项目的需求方面需要补充吗？

财务长：目前提到的功能你们都分析到了，如果以后想到其他的我们再补充。

业务员：那好吧。在开发过程中，我们首先会实现核心功能，让您先看到效果，以后每增加一个功能都叫您的财务人员测试，这样可以吗？

财务长：这样最好！我们会派专门人员与你们对接，随时沟通。我们可以时时关注软件的进展情况，功能上的变化、操作上的不便也可以及时调整。

业务员：开发时间上，您有什么具体要求？

财务长：最好半年内完成。

业务员：好的，我明白了。

## 1.2.2　案例分析

这段对话简短但信息量很大。首先案例中对软件开发时间的要求很明确，也就是软件要按时交付使用。其次从业务员的介绍中我们看到了开发人员的开发模式，最重要的是阐明了开发过程双方的全程参与以及随时沟通的必要性。

软件开发的主要目标是：在规定的时间内，生产出具有正确性、可用性以及开销合宜的产品。正确性是指软件产品达到预期的功能；可用性是指软件基本结构的实现，用户可正常使用；开销合宜是指软件开发、运行的整个开销在用户可接受的范围内。概括起来就是尽可能用较低的开发成本，开发出达到要求的软件功能，获得较好的软件性能，开发的软件易于移植、维护、可靠性高，能按进度完成开发任务并及时交付使用。为了实现软件开发目标我们必须遵循几个开发原则。

(1)选取适宜的开发模型。该原则与系统设计有关。在系统设计中，软件需求、硬件需求以及其他因素之间是相互制约、相互影响的，经常需要权衡。因此，开发人员必须认识到需求定义的易变性，采用适宜的开发模型予以控制，以保证软件产品的顺利诞生。

(2)采用合适的设计方法。在软件设计中，通常要考虑软件的模块化、抽象化、信息隐蔽、一致性以及适应性等特征，合适的设计方法有助于这些特征的实现，以达到软件开发的目标。

(3)重视开发过程的管理。软件开发过程的管理，直接影响到开发资源的有效利用和软件组织的生产能力。

软件开发的目标、原则和过程构成了软件开发的基本框架。由此框架可知，软件开发要有正确的开发目标，选取适宜的开发模型，采用合适的设计方法，实行有效的过程管理。软件产品同任何事物一样都有孕育、生长、成熟、衰老、消亡的过程，这一过程称之为软件生命周期。合理设计软件生命周期会有助于我们对软件开发过程实施有效管理，这些都是亟待解决的问题。

## 1.2.3　知识准备

### 1.2.3.1　软件开发生命周期

【软件开发生命周期】是指一个软件从提出开发要求开始直到该软件报废为止的整个时期。一般把整个生命周期划分为若干阶段，使得每个阶段都有明确的任务，以此把规模大、结构复杂和管理复杂的软件开发变得容易控制和管理。

目前，软件生命周期的阶段划分有多种方法。软件规模、种类、开放方式、开发环境与工具、开发使用模型和方法论都影响软件生命周期阶段的划分。但是，软件生命周期阶段的划分应遵守一条基本原则，即：要使各阶段的任务尽可能相对独立，同一阶段各项任务的性质尽可能相同。这样降低每个阶段任务的复杂程度，简化不同阶段之间的联系，有利于软件开发过程的管理。一种典型的阶段划分方法为：问题定义、可行性研究、需求分析、概要设计（总体设计）、详细设计、编码与单元测试、综合测试与维护八个阶段。

但是这种软件生命周期的划分只适合于早期"理想"的软件项目开发，在实际软件项目开发中较难操作。现在提出的活动时期软件生命周期的划分，将软件生命周期划分为软件定义与计划时期、软件分析时期、软件设计时期、软件实现时期、软件运行和维护时期五个大的时期（如图 1-2），然后将每一时期又细分为若干个阶段（如图 1-3）。

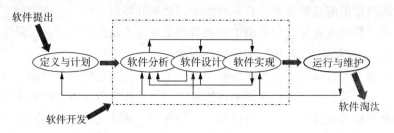

图 1-2　软件生命周期的五个活动时期

### 1）软件计划

软件定义与计划简称软件计划，软件计划的主要任务是确定软件目标、规模和基本任务，论证项目的可行性，估算软件成本和经费预算，制定软件开发计划和进度表等。软件定义评审通过后，软件项目才真正立项，才能进入软件开发阶段。

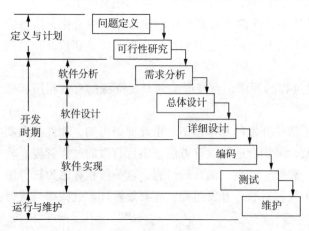

图 1-3　软件生命周期的几个阶段

这个时期可以分为两个阶段：问题定义和可行性研究。其主要活动对象是系统分析员、用户和使用部门负责人。

（1）问题定义。问题定义是将一个软件构想酝酿成一个具有明确目标的主题，是软件开发的起始阶段。问题定义阶段的基本任务是要确定"软件要解决的问题是什么？"。

用户提出一个软件开发要求后，系统分析员首先要弄清该软件项目的性质是什么，它是数据处理问题还是实时控制问题，是科学计算问题还是人工智能问题等。还要明确该项目的目标是什么、项目规模如何等。系统分析员可以通过对用户和使用部门负责人的访问、调查、开会讨论等方式，正确认识这些问题，并拟出关于系统目标与使用范围的详细说明，请用户审查和认可，最终明确软件要解决的问题。

（2）可行性研究。可行性研究阶段就是要回答"所定义的问题有可行的解决办法吗？"，因为并不是所有问题都有简单明显的解决办法。事实上，许多问题不能在预定的系统规模之内解决，如果问题没有可行的解，那么花费在这项开发工程上的时间、资源、人力和经费都将是毫无意义的。所以，在正式实施软件项目之前，必须对项目进行可行性论证。

系统分析员在清楚了问题的性质、目标、规模后，还要确定该项目有没有行得通的解决办法，要与用户合作寻求一种或数种在技术上可行且在经济上有较高效益的可操作解决方案。系统分析员要写出"可行性论证报告"，如果该项目值得去解决，应接着制订"项目开发计划"，否则便应提出终止该项目的建议。

项目开发计划要根据开发项目的目标、功能、性能及规模，估计项目需要的资源，即需要的计算机硬件资源、软件资源(开发工具和应用软件包)、人力资源(需要的开发人员数目及层次)、成本估计、开发进度估计等，制订出开发任务的实施计划。最后，将项目开发计划和可行性分析报告一起提交管理部门审查。

**2）软件分析**

软件分析时期的主要任务是确定软件的具体功能与性能要求，这个时期主要是需求分析阶段。可行性研究阶段已初步得出了一些可行的解，但没有提出一个具体的解法。因此，可行性研究阶段有许多细节被忽略了，并没有准确回答"系统必须做什么"，需求分析则是具体、准确地回答"系统必须具有什么样的功能"。

**3）软件设计**

软件设计时期就是要解决"如何去完成这些功能"的问题。软件设计时期的目标是设计软件的结构和实现方案，为软件编码提供设计依据和算法。软件设计是软件生存周期中工作量较大、比较关键的时期之一，数据库的设计、某些关键算法和关键数据结构的定义等工作都是在这一阶段完成的，为后期编码实现做了充分的准备。其主要活动对象是系统分析员和软件设计人员。

一般地，软件设计分为两个阶段：总体设计(概要设计)阶段和详细设计阶段。与软件定义和软件分析时期一样，软件设计的阶段划分也要根据具体软件的类型、规模等因素，可以划分成这两个阶段，也可以不细分阶段。

(1)总体设计。总体设计也称概要设计，其基本目的就是回答"概括地说，系统应该如何实现"。总体设计的基本任务是设计软件的总体结构和数据结构，并定义模块间的接口。也就是要确定该软件系统主要由哪些模块组成，每个模块的功能是什么，这些模块间的调用关系是怎样的。同时还要设计总体数据结构和数据库结构，即软件系统要存储什么数据，这些数据的结构及它们之间的关系等，并编写"概要设计说明书"。

(2)详细设计。详细设计阶段的主要目标是明确软件结构中每个单元的精确描述。详细设计的主要任务就是给出总体结构中每个模块完整的算法描述，把功能描述转变为精确的、结构化的过程描述。即该模块的控制结构是怎样的，先做什么，后做什么，有什么样的条件判定，有什么重复处理等，用相应的表示工具把这些控制结构表示出来，并编写"详细设计说明书"。

详细设计并不是具体的编写程序，但是详细设计的结果基本上决定了最终程序代码的质量。衡量程序的质量不仅要看它的逻辑是否正确，性能是否满足要求，更主要的还要看它是否容易阅读和理解。所以，详细设计的目标不仅仅是要逻辑上正确地描述每个单元的实现算法，更重要的是设计出的处理过程尽可能简明易懂。

从需求规格说明书导出软件结构图，在软件开发中起着承上启下的重要作用，所以软件设计人员应选择有经验的高级程序员或系统分析员担任。

**4）软件实现**

软件实现时期就是用某种（些）编程语言或工具将软件设计方案实现成软件产品。这个时期的基本任务包括程序实现和测试两个方面，所以也称为软件编码与测试时期。在这个时期里，程序员将设计的软件"翻译"成计算机可以正确运行的程序，并且按照软件分析中提出的需求和验收标准进行严格的测试和审查，审查通过后才可以交付使用。其主要活动对象是系统分析员、软件设计人员、程序员和测试人员。

（1）软件编码。软件编码就是把详细设计说明书中每个模块的控制结构转换成计算机可接受的程序代码，即运用选定的语言把设计的过程性描述翻译为源程序。为保证软件的可靠性和程序的正确性，应该采用科学的程序设计方法和技术。编码技术要根据所选择的软件开发平台、软件实现语言、开发工具和环境来综合考虑。当然，写出的程序应是结构好、清晰易读，并且与设计相一致的。与"需求分析"和"软件设计"相比，"编码"任务要简单得多，所以通常由初级程序员或程序员担任。

直到这一阶段，才会产生能在计算机上执行的源程序，前面各阶段产生的都属于软件开发的文档。

（2）软件测试。编码结束后，还必须对软件和程序进行严格、科学的测试。软件测试一般分三个步骤：单元测试、集成测试和验收测试。

单元测试是查找各模块在功能上和结构上存在的问题。

集成测试是将各模块按一定顺序组装起来进行的测试，主要是查找各模块之间接口上存在的问题。

验收测试（功能测试）是按说明书上的功能逐项进行测试，决定开发的软件是否合格，能否交付用户使用等。

测试是保证软件质量的重要手段。为确保这一工作不受干扰，大型软件的测试通常由独立的部门和人员进行，其主要方式是在设计测试用例的基础上检验软件的各个组成部分。这一阶段的主要文档是"测试报告"，包括测试计划、测试用例和测试结果等内容。

在实际软件开发中，软件测试往往与软件编码同时进行，及早发现软件设计和程序中存在的问题，这有利于加强软件的健壮性，降低日后软件维护的工作量。

**5）软件运行与维护**

软件验收测试通过，标志着软件开发阶段的结束，开始进入漫长的运行与维护时期。这个时期可以简称为软件维护时期。

软件运行与维护时期是软件生命周期的最后一个时期，也是最长的时期。它包含了从软件交付使用到最后淘汰的所有时间，可以持续几年甚至几十年。软件运行过程中可能由于各方面的原因，需要对它进行修改，可能是运行中发现了隐含的错误需要修改，也可能是为了适应变化了的软件工作环境而需要做相应的变更，也可能是因为用户发生变化而需要扩充增强软件功能等。这个时期的主要任务是维护软件的正常运行，不断改进软件的功能和性能，为软件的进一步推广应用和更新换代做积极准备。

**【软件维护定义】**软件维护就是软件在交付使用以后，为了改正错误或满足新的需要而修改软件的过程。

维护是计算机软件不可忽视的重要特征，也是软件生命周期中时间最长、工作量最大

(目前，国外许多软件开发组织把70%以上的工作量用于维护已有的软件上。随着软件产品数量的增多，这个比率还会提高。)、费用最高(一般来说，大型软件的维护成本高达开发成本的四倍左右。)的一项任务。对于大型软件，维护是不可避免的，每一次维护都应遵守规定的维护流程，并填写和更改有关文档。

软件生命周期的五个活动时期划分主要有以下优点：

(1)每个软件活动时期的独立性较强，任务明确，联系简单，容易分工。

(2)软件开发过程清晰明了。

(3)适合各种软件规模，大型软件可以在软件活动时期内再划分。

(4)适合各种软件开发过程模型和开发方法。

### 1.2.3.2　软件开发过程模型

软件开发过程模型，是为整个软件生存周期建立的模型，是软件开发全部过程、活动和任务的结构框架。软件开发模型能清晰、直观地表达软件开发全过程，明确规定了要完成的主要活动和任务，用来作为软件项目开发的基础。最早出现的软件开发模型是1970年由温斯顿·罗伊斯(Winston Royce)提出的瀑布模型，而后随着软件工程学的发展，又相继出现了原型模型、增量模型、螺旋模型、喷泉模型、基于知识的模型和变换模型等。它们各有特色，分别适用于不同特征的软件项目，但一般都包含"定义(计划)"、"开发"和"维护"三类活动。定义活动要弄清软件"做什么"；开发活动集中解决让软件"怎么做"；维护活动重在对软件的"修改"。"What—How – Change"概括了三类活动的主要特征。在不同的软件开发模型中，这些活动或顺序展开，或反复循环，所用的开发方法与工具也可能随所用的模型而异。本节简要介绍几种软件开发过程模型。

**1）瀑布模型**

瀑布模型也称为生存周期模型，是软件开发的基础模型。该模型遵循软件生命周期的划分，明确规定每个阶段的任务，各个阶段的工作按由前至后、自上而下的顺序展开，恰如奔流不息拾级而下的瀑布，如图1-4所示。

瀑布模型把软件生存周期分为计划时期、开发时期和运行时期三个时期。这三个时期又可细分为若干个阶段：计划时期可分为问题定义、可行性研究两个阶段；开发时期可分为需求分析、概要设计、详细设计、程序设计、软件测试等阶段；运行时期则边运行、边维护。

**【瀑布模型的主要特点】**

(1)软件生存周期的顺序性。只有前一阶段工作完成以后，后一阶段的工作才能开始，前一阶段的输出文档，就是后一阶段的输入文档。只有前一阶段有正确的输出，后一阶段才可能有正确的结果。如果在生存周期的某一阶段出现了错误，往往要追溯到在它之前的一些阶段。

(2)尽可能推迟软件的编码。程序设计也

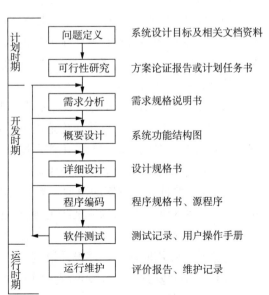

图1-4　适用于结构化软件开发技术的瀑布模型

称为编码。实践表明，大、中型软件编码开始得越早，完成所需的时间反而越长。瀑布模型在编码之前安排了需求分析、总体设计、详细设计等阶段，从而把逻辑设计和编码清楚地划分开来，尽可能推迟程序编码阶段。

（3）保证质量。为了保证质量，瀑布模型软件开发在每个阶段都要完成规定的文档，每个阶段都要对已完成的文档进行复审，以便及早发现隐患，排除故障。

**【瀑布模型的不足】**

（1）从认识论角度，人的认识是一个多次反复的过程：实践—认识—再实践—再认识—多次认识—多次飞跃，最后才能获得对客观世界较为正确的认识。但是瀑布模型没有反映这种认识的反复性，而依赖于早期进行的需求调查，不能适应需求的变化。

（2）由于是单一流程，开发中的经验教训不能反馈应用于本产品的过程。

（3）风险往往迟至后期的开发阶段才显露，因而失去及早纠正的机会。

瀑布模型适合软件需求非常明确、设计方案确定、开发技术比较成熟、编码环境熟悉、工程管理比较严格等所有过程都有较大把握的软件开发活动。

**2）原型模型**

正确的需求定义是系统成功的关键，但是许多用户在开始时往往不能准确地叙述他们的需要，软件开发人员需要反复多次地和用户交流信息才能全面、准确的了解用户的要求。当用户实际使用了目标系统后，也常常会改变自己原来的某些想法，对系统提出新的要求，以便使系统更加符合他们的需要。

理想的做法是先根据需求分析的结果开发一个原型系统，请用户试用一段时间，以便能准确地认识到他们的实际需要是什么，这相当于工程上先制作"样品"，试用后做适当改进，然后再批量生产一样，这就是快速原型法。虽然此法要额外花费一些成本，但是可以尽早获得更正确完整的需求，可以减少测试和调试的工作量，提高软件质量。一次快速原型法使用得当能减少软件的总体成本、缩短开发周期，是目前比较流行且实用的开发模式。

根据建立原型的目的不同，实现原型的途径也有所不同。通常有下述三种类型。

（1）渐增型。先选择一个或几个关键功能，建立一个不完整的系统，此时系统只包含目标系统的一部分功能或对目标系统的功能从某些方面作简化。通过运行这个系统取得经验，加深对软件需求的理解，逐步对系统扩充和完善。如此反复进行，直到软件人员和用户对所设计的软件系统满意为止。

（2）用于验证软件需求的原型。系统分析人员在确定了软件需求之后，从中选出某些应验证的功能，用适当的工具快速构造出可运行的原型系统，由用户试用和评价。这类原型往往用后就丢弃，因此构造它们的生产环境不必与目标系统的生产环境一致，通常使用简洁而易于修改的超高级语言对原型进行编码。

（3）用于验证设计方案的原型。为了保证软件产品的质量，在总体设计和详细设计过程中，用原型来验证总体结构或某些关键算法。如果设计方案验证完成之后就将原型丢弃，则构造原型的工具不必与目标系统的生产环境一致。如果把原型作为最终产品的一部分，原型和目标系统可使用同样的程序设计语言。

软件原型开发方法的开发过程见图1－5所示。

**【原型模型的主要特点】**

（1）利用原型法技术能够快速实现系统的初步模型，供开发人员和用户进行交流，以便较准确获得用户需求。

（2）采用逐步求精方法使原型逐步完善，是一种在新的高层次上不断反复推进的过程，它可以大大避免在瀑布模型冗长的开发过程中，看不见产品雏形的现象。

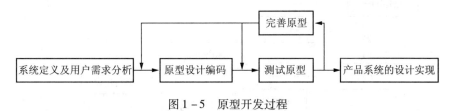

图1-5 原型开发过程

（3）原型模型更符合人类认识真理的过程和思维活动，是目前较流行的一种实用的软件开发方法。

**【原型模型的不足】**

（1）建立原型模型的软件工具与环境与实际模型之间存在脱节的现象。因为开发者常常需要进行工作折中，可能采用不合适的操作系统或程序设计语言，以使原型能够尽快工作。

（2）以目前通用的开发工具，开发原型本身就不是件容易的事情。

（3）原型模型对用户深层次的需求并不能深入分析。

采用原型模型需要满足以下一些条件：

（1）首先要有快速建立系统原型的软件工具与环境。随着计算机软件飞速发展，这样的软件工具越来越多，特别是一些第四代语言已具备较强的生成原型系统的能力。

（2）原型模型适合于那些不能预先确切定义需求的软件开发。

（3）原型模型适合于那些项目组成员（包括分析员、设计员、程序员和用户等）不能很好协同配合，相互交流或通信上存在困难的情况。

**3）增量模型**

增量模型是瀑布模型的顺序特征与快速原型模型的迭代特征相结合的产物。这种模型把软件看作是一系列相互联系的增量。在开发过程的各次迭代中，每次完成其中的一个增量，即先对某部分功能进行需求分析，然后顺序进行系统设计、编码和测试，最后把该功能的软件交付给用户，经评价后，再对各部分功能进行增量开发，提交用户，直至所有功能全部增量开发完毕为止。增量模型如图1-6所示。

在该模型中，项目开发的各个阶段都是增量方式。例如，如果用增量模型开发一个大型的字处理软件，第一个发布的增量可能实现基本的文件管理、文本编辑与生成功能；第二个增量具有更加完美的文本编辑与生成功能；第三个增量完成拼写检查与文法检查；第四个增量实现页面布局等高级功能。其中任一一个增量的开发流程均可按照快速原型法来完成。

在一般情况下，第一个增量通常是软件的核心部分。首先完成这一部分，使得用户能最早看到部分工作软件，能及早发现问题，便于修改和扩充，同时可以增强用户和开发者双方的信心。另外，增量模型也有利于控制技术风险。例如，难度较大或需要使用新硬件的部分可放在较后的增量开发中，避免用户长时间的等待；不同的增量可配备不同数量的开发人员，使计划增加灵活性。

**【增量模型的主要特点】**

（1）引进了增量包的概念，无须等到所有需求都出来，只要某个需求的增量包出来即可进行开发。虽然某个增量包可能还需要进一步适应客户的需求并且更改，但只要这个增量包足够小，其影响对整个项目来说是可以承受的。

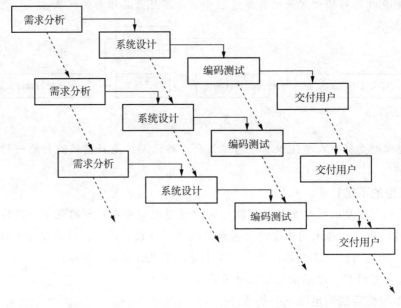

图1-6　增量模型

（2）人员分配灵活，刚开始不用投入大量人力资源。如果核心产品很受欢迎，则可增加人力实现下一个增量。

（3）当配备的人员不能在设定的期限内完成产品时，它提供了一种先推出核心产品的途径。这样即可先发布部分功能给客户，对客户起到镇静剂的作用。

（4）增量模型能够有计划地管理技术风险。

**【增量模型的不足】**

（1）由于各个构件是逐渐并入已有的软件体系结构中的，所以加入构件必须不破坏已构造好的系统部分，这需要软件具备开放式的体系结构。

（2）在开发过程中，需求的变化是不可避免的。增量模型的灵活性可以使其适应这种变化的能力大大优于瀑布模型和快速原型模型，但也很容易退化为边做边改模型，从而使软件过程的控制失去整体性。

（3）如果增量包之间存在相交的情况且未很好处理，则必须做全盘系统分析。

这种模型是将功能细化后分别开发的方法，适应于需求经常改变的软件开发过程。

**4）螺旋模型**

对于复杂的大型软件，特别是对于开发者不熟悉的领域，往往容易做出不切实际的原型，达不到开发者预期的目标。为了消除错误，必然会增加更改的次数，及时更改文档也会造成麻烦。螺旋模型将瀑布模型与增量模型结合起来，加入了两种模型均忽略了的风险分析，弥补了这两种模型的不足，如图1-7所示。

螺旋模型是一种风险驱动的模型。"软件风险"是普遍存在于任何软件开发项目中的实际问题，对于不同的项目其差别只是风险大小而已。例如，在制定项目开发计划时，分析员必须回答项目的需求是什么、需要投入多少资源，以及如何安排开发进度等一系列问题。但要给出准确无误的回答是很难的，甚至几乎是不可能的。分析员通常凭借经验的估计而给出初步的设想，这难免会带来一定的风险。

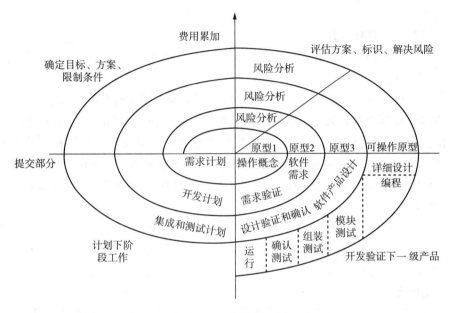

图 1-7　螺旋模型

同样，在设计阶段，给出的设计方案是否能实现用户的功能，也会具有一定的风险。实践表明，项目规模越大，问题越复杂，实际方案、资源、成本和进度等因素的不确定性就越大，承担项目开发所冒的风险也越大。因此，应及时对风险进行识别、分析和采取对策，从而消除或减少风险的危害。

螺旋模型是一种迭代模型，每迭代一次，螺旋线就前进一周。如图 1-7 所示，每一螺旋周期均包含了风险分析，使得开发人员和用户对每个螺旋周期出现的风险有所了解，从而作出相应的反应。

在图 1-7 中，半径的大小代表了完成当前步骤所需费用的增加。螺旋角度的大小代表了完成螺旋的每次循环需做的工作。螺旋模型将开发过程分为几个螺旋周期，每个螺旋周期大致和瀑布模型相符合，每个螺旋周期又分为四个方面的活动。

(1)制定计划，确定目标、方案和限制条件。确定软件产品各部分的目标，如性能、功能和适应变化的能力等；确定软件产品各部分实现的各种方案，如选择 A 设计、B 设计、软件重用和购买等；确定不同方案的限制条件，如成本、规模、接口、资源分析和时间进度等。

(2)风险分析，评估方案、标识风险和解决风险。对各个不同实现方案进行评估，对出现的不确定因素进行风险分析，提出解决风险的策略。必要时，通过建立一个原型来确定风险的大小。若原型是可运行的、健壮的，则作为下一步产品演化的基础，否则决定是修改目标或者是终止项目。

(3)实施工程，开发确认下一级产品。在排除风险后，实现本螺旋周期的目标。例如，第一圈可能产生产品的规格说明书，第二圈可能实现产品设计等。

(4)用户评估，计划下一周期工作。即评估前一周期的开发工作，提出修改意见，建立下一个周期的计划。与其他模型相似，在螺旋模型中每次循环都以评审结束，评审涉及当前周期的人员或组织，评审覆盖前次循环中开发的全部产品，包括下一次循环周期的计划以及实现它们的资源。

**【螺旋模型的主要特点】**

(1)对可选方案和约束条件的强调有利于已有软件的重用，也有助于把软件质量作为软件开发的一个重要目标。

(2)减少了过多测试(浪费资金)或测试不足(产品故障多)所带来的风险。

(3)在螺旋模型中维护只是模型的另一个周期，维护和开发之间并没有本质区别。

**【螺旋模型的不足】**螺旋模型的主要优势在于它是风险驱动的，但这也可能是它的一个弱点。除非软件开发人员具有丰富的风险评估经验和这方面的专门知识，否则将出现真正的风险：当项目实际上正在走向灾难时，开发人员可能还认为一切正常。这使该模型的应用受到一定的限制。

螺旋模型主要适用于内部开发的大规模软件项目。如果进行风险分析的费用接近整个项目的经费预算，则风险分析是不可行的。事实上，项目越大，风险也越大，进行风险分析的必要性也越大，只有内部开发的项目，才能在风险过大时方便地中止项目。

**5)喷泉模型**

软件生命周期模型可以按瀑布模型先进行分析后进行设计，也可以按螺旋模型或增量模型交替地进行分析和设计。不过更能体现两者之间关系特点的是近几年提出的喷泉模型，如图1-8所示。其中分析与设计这两个水泡表明分析和设计没有严格的边界，它们是连续的、无缝的，允许有一定的相交(一些工作既可看作是分析的，也可看作设计的)，也允许从设计回到分析。

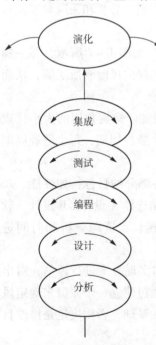

图1-8　喷泉模型

喷泉模型是以面向对象的软件开发方法为基础，以用户需求为动力，以对象作为驱动的模型。它克服了瀑布模型不支持软件重用和多项开发活动集成的局限性。喷泉模型使开发过程具有迭代性和无间隙性。系统某些部分常常重复工作多次，相关功能在每次迭代中随之加入演化的系统。无间隙是指在分析、设计和实现等开发活动之间不存在明显的边界。也即是，在整个过程中补漏、拾遗、纠错的切入点大大增多，不受开发阶段的限制。

**【喷泉模型的主要特点】**

(1)模型规定软件开发过程有5个阶段，即分析、设计、实现、测试与集成。

(2)模型从高层返回低层无资源消耗，反映了软件过程迭代的自然特性。

(3)以分析为基础，资源消耗呈塔型，在分析阶段消耗的资源最多。

(4)各阶段相互重叠反映了软件过程的并行性。

(5)模型强调增量开发，它依据分析一点、设计一点的原则，并不要求一个阶段的彻底完成，整个过程是一个迭代的逐步提炼的过程。

(6)模型是对象驱动的过程，对象是所有活动作用的主体和项目管理的基本内容。

（7）模型在实现时，由于活动不同，可分为系统实现和对象实现，这既反映了全系统的开发过程，又反映了对象的开发和重用过程。

【喷泉模型的不足】对文档的管理较为严格，审核的难度加大，尤其是可能随时加入各种信息、需求与资料。

喷泉模型适合于面向对象的开发方法。

### 6）RAD 模型

RAD（Rap Application Development）模型，即快速应用开发模型。由于其模型构造图形似字母"V"，如图1-9所示，故也称 V 模型，是属于线性顺序一类的软件开发模型。它通过使用基于构件的开发方法来缩短产品开发的周期，提高开发的速度。RAD 模型实现的前提是能做好需求分析，并且项目范围明确，这一点正好和原型模型相反。

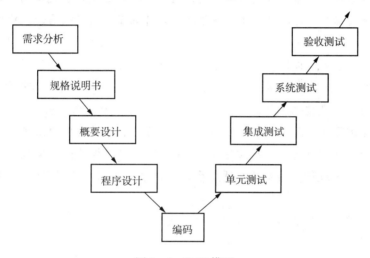

图1-9 RAD 模型

RAD 模型还有一种改进型，将"编码"从 V 字型的顶点移到左侧，和单元测试对应，从而构成水平的对应关系，如图1-10所示。

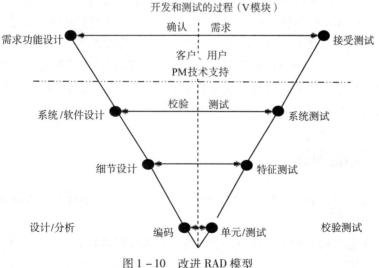

图1-10 改进 RAD 模型

从水平对应关系看左边是设计和分析，右边是验证和测试，右边是对左边结果的检验，即对设计和分析的结果进行测试，以确认是否满足用户的需求。如：需求分析和功能设计对应验收测试，说明在做需求分析、产品功能设计的同时，测试人员就可以阅读、审查需求分析的结果，从而了解产品的设计特性、用户的真正需求，可以准备用例（use case）。当系统设计人员在做系统设计时，测试人员可以了解系统是如何实现的，基于什么样的平台，这样可以事先准备系统的测试环境，包括硬件和第三方软件的采购。在做详细设计时，测试人员就可以准备测试用例（test case，有效地发现软件缺陷的最小测试执行单元），一面编程，一面进行单元测试。这是一种很有效的办法，可以尽快找出程序中的错误。

**【RAD 模型的主要特点】**

（1）RAD 模型避免了瀑布模型所带来的误区——软件测试是在代码完成之后进行的。

（2）RAD 模型说明软件测试的工作很早就可以开始了，项目一启动，软件测试的工作也就启动了。

（3）从垂直方向看，水平虚线上部表明需求分析、功能设计和验收测试等主要工作是面向用户，要和用户进行充分的沟通和交流，或者是和用户一起完成；水平虚线下部的大部分工作，相对来说，都是技术工作，在开发组织内部进行，由工程师完成。

**【RAD 模型的不足】**不适合高性能、技术风险高或不易模块化的系统开发。如果一个系统难以被适当地模块化，那么就很难建立 RAD 模型所需的构件；如果系统具有高性能的指标，且该指标必须通过调整接口使其适应系统构件才能达到，使用 RAD 方法可能会导致整个项目失败。

RAD 模型一般适合信息系统应用软件的开发。

## 1.2.4 案例实现

SAGM 系统的开发是根据实际业务流程需要，没有相关的软件产品。用户需求虽然比较明确，但还会存在诸多不可预见的变化。在实际操作中，我们拟在软件定义与计划、软件分析、软件设计、软件实现和软件运行和维护五大活动时期来进行软件开发过程管理，鉴于用户能够全过程参与软件开发，最终确定 SAGM 系统的开发模型为——增量模型。

增量开发的软件是逐渐增长和完善的，从整体结构上不如瀑布型方法开发软件那样清晰。但是，由于增量迭代开发过程自始至终都有用户参与，因而可以及时发现问题加以修改，可以更好地满足用户需求。

## 1.2.5 技能训练

**【题目】**：本教材任务 1.1 技能训练中描述了教师业务档案管理系统的设计要求，假设开发过程没有用户参与。

**【要求】**：请您分析并确定系统的开发模型，写出分析报告。

# 任务 1.3  分析 SAGM 系统开发方法

## 1.3.1  案例描述

SAGM 系统确定采取增量模型后，开发小组举行第一次会议，讨论如何对其业务流程进行描述和分解，如何进行总体设计和编码等。

早在 20 世纪 60 年代，由于对软件开发的方法重视不够，解决软件复杂性的能力不够，因而软件开发方法成为产生软件危机的原因之一。自提出软件工程概念以来，人们开始重视软件开发方法的研究，提出了多种软件开发方法和技术，对软件工程及软件产业的发展起到了不可估量的作用。最具有代表性的有：结构化开发方法、面向对象的开发方法和敏捷开发方法等。

那么，面对业务流程比较明确的 SAGM 系统，我们应该采取什么样的软件开发方法来实现系统分析、设计及程序编写，从而达到事半功倍的效果呢？

## 1.3.2  案例分析

无论采用哪种开发方法，都是以软件工程的思想为基础。高校教职工津贴发放管理系统规模适中，完全基于过程化设计，开发过程用户可以全程参与。采取增量模型开发，以业务流为中心，能重点关注每一阶段的功能完善性和正确性，及时对需求变更做出处理。按照软件生命周期管理开发过程，每一阶段的任务明确，建议采取结构化软件开发方法。因为该方法主要强调的几点完全适合 SAGM 系统开发。

(1)自顶向下全局分析与设计和自底向上逐步实施的系统开发过程。即在系统分析与设计时从系统全局考虑，自顶向下分解工作(从全局到局部，从领导到普通员工)。而在系统实施时，则根据设计要求先编制一个个具体的功能模块，然后自底向上装配测试，逐步实现整个系统。

(2)用户第一。用户对系统开发的成败是至关重要的。本系统开发用户能做到全过程参与、全程组织测试和及时沟通。故在系统开发过程中要面向用户，充分了解用户的需求和愿望。

(3)全面调研业务流程。即强调在设计系统之前，深入实际单位，详细地调查研究、分析和制定出科学合理的设计方案。SAGM 系统开发过程中，开发人员走访全部业务部门，努力弄清实际数据流程。

(4)严格区分工作阶段。把整个系统开发过程划分为若干个工作阶段，每个阶段都有其明确的任务和目标。在实际开发过程中要求严格按照划分的工作阶段展开工作。SAGM 系统采取增量模型指导实践，前后阶段有明显的递进关系。

(5)对待需求变化做好充分准备。系统开发是一项耗费人力、财力、物力且周期很长的工作，一旦周围环境(组织的内/外部环境、信息处理模式、用户需求等)发生变化，都会直接影响到系统的开发工作，所以结构化开发方法强调在系统调查和分析时对将来可能发生的变化给予充分的重视，强调所设计的系统对环境的变化具有一定的适应能力。

(6)开发过程工程化。要求开发过程的每一步都按工程标准规范化，文档资料标准化。系统开发严格按照软件工程的思想进行，实施步骤不打折扣。

## 1.3.3 知识准备

结构化开发方法由结构化分析(Structured Analysis，简称SA)、结构化设计(Structured Design，简称SD)和结构化程序设计(Structured Programming，简称SP)构成。它是一种面向数据流的开发方法。该方法简单实用，应用较广，技术成熟。

### 1.3.3.1 结构化分析

所谓结构化分析(SA)，是面向数据流进行需求分析的方法。即根据分解与抽象的原则，按照系统中数据处理的流程，用数据流图来建立系统的功能模型，从而完成需求分析。SA也是一种建模活动，该方法使用简单易读符号，根据软件内部数据传递、变换的关系，自顶向下逐层分解，描绘出满足功能要求的软件模型。

**1) 自顶向下逐层分解**

面对一个复杂的问题，分析人员不可能一开始就考虑到问题的所有方面以及全部细节，采用的策略往往是分解，把一个复杂的问题划分成若干小问题，然后再分别解决，将问题的复杂性降低到人可以掌握的程度。分解的方法可分层进行，方法原理是考虑问题最本质的方面，忽略细节，形成问题的高层概念，后期再逐层添加细节，直至涉及到最详细的内容，这就是抽象。即在分层过程中采用不同程度的"抽象"级别，最高层的问题最抽象，而低的较为具体，如图1-11所示是自顶向下逐层分解的示意图。

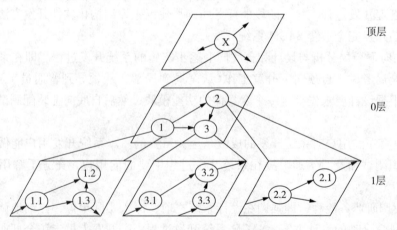

图1-11 对一个问题的自顶向下逐层分解

分解的方法并不复杂，能把握系统的功能和关联性就可以应用该方法。当顶层的系统X很复杂时，可以把他分解为0层的1，2，3，……若干个子系统，若0层的子系统仍然很复杂，再分解为下一层的子系统1.1，1.2，……，2.1，2.2，……和3.1，3.2，3.3……，直到子系统都被清楚地理解为止。

当认为某一层比较复杂时到底应该划分为多少个子系统呢？针对不同的系统处理方法而异。划分的原则可以根据业务工作的范围、功能性质、被处理数据对象的特点等。一般情况下，上面一些层往往按照业务类型划分的比较多，下面一些层往往按照功能划分的比较多。

图 1 – 11 的顶层抽象地描述了整个系统，底层具体地画出了系统的每个细节，而中间层是从抽象到具体的逐步过渡。这种层次分解使分析人员分析问题时不至于即刻陷入细节，而是逐步地去了解细节，如在顶层，只考虑系统外部的输入和输出，其他各层反映系统内部情况。

依照这个策略，对于任何复杂的系统，分析工作都可以有计划、有步骤即有条不紊地进行。

### 2）SA 分析步骤

要对一个系统进行结构化分析，首先要明确这一阶段的任务是"做什么"。为此就要对现行系统有一定了解，在此基础上修改要变化的部分而形成新系统。具体步骤如下：

（1）了解当前系统的工作流程，获得当前系统的物理模型。通过对当前系统的详细调查，了解当前系统的工作过程，同时收集资料、文件、数据、报表等，将看到的、听到的、收集到的信息和情况用图形描述出来。也就是用一个模型来反映自己对当前系统的理解，如画系统流程图。

（2）抽象出当前系统的逻辑模型。物理模型反映了系统"怎么做"的具体实现，去掉物理模型中非本质的因素（不是固有的，随环境不同而不同的因素），抽取出本质的因素（系统固有的、不依赖运行环境变化而变化的因素），构造出当前系统的逻辑模型，反映了当前系统"做什么"的功能。

（3）建立目标系统的逻辑模型。分析、比较目标系统与当前系统逻辑上的差别，明确目标系统到底要"做什么"，进而从当前系统的逻辑模型导出目标系统的逻辑模型。

（4）进一步补充和优化。为了对目标系统做完整的描述，还需要对得到的逻辑模型做一些补充。补充内容包括它所处的应用环境及它与外界环境的相互联系；说明目标系统的人机界面；说明至今尚未详细考虑的环节，如出错处理、输入/输出格式、存储容量和响应时间等性能。

结构化方法是可行性研究和需求分析最传统，也是非常有效的方法。在结构化中，采用系统流程图来描绘系统的物理模型；用数据流图（Data Flow Diagram，简称 DFD）来建立系统的逻辑模型；用数据字典（Data Dictionary，简称 DD）对数据进行说明；用数据处理（Data Process，简称 DP）及一些逻辑表达式（也称小说明）对数据处理过程进行描述。下面将介绍这些基本方法和工具。

### 3）系统流程图

在可行性研究时需要了解和分析现行系统，概括对现行系统的认识。进入设计阶段后要把新系统的逻辑模型转变成为物理模型，需要描述未来新系统的概貌。系统流程图是描述系统概貌的传统工具，它的基本思想是用图形符号以黑盒子形式描绘系统里面的每一个部件（程序、文件、数据库、表格、人工过程等）。尽管系统流程图使用的某些符号和程序流程图所用的符号相同，但系统流程图表达的是信息在系统中各个部件之间流动的情况，而不是对信息进行加工处理的控制过程。对于复杂的系统应分层次描述，对每一层中复杂的、关键的功能，在单独的一页纸上进行展开。

（1）系统流程图的作用。用系统流程图来描述物理系统。所谓物理系统，就是一个具体实现的系统，也就是描述一个单位、组织的信息处理的具体实现系统。在可行性研究中，对于旧系统的理解和新系统的构想，可以通过划出系统流程图来表示，主要是要开发项目的大概处理流程、范围和功能等。系统流程图不仅用于可行性研究，还能用于需求分析阶段。

系统流程图由一系列图形符号组成。这些符号在不同的文献中引用也不一样，但是都是用图形符号来表示系统中的各个元素。例如，输入和输出、人工处理、数据处理、数据库、文件和设备等。它表达了系统中各个元素之间的信息流动情况。

系统研究初期，项目负责人要制定一个系统标准。标准中规定了各种符号所代表的含义。绘制系统流程图时，首先要搞清业务处理过程以及处理中的各个元素，同时要理解系统流程图的各个符号的含义，选择相应的符号来代表系统中的各个元素。

可行性研究过程中，现行系统的高层逻辑模型一般是用概括的形式描述，并通过概要的设计变成所建议系统的物理模型。概要设计和建议系统的物理模型都可以用系统流程图来描述。

（2）系统流程图的符号。系统流程图的符号一般使用表 1 – 3 所示的内容。

**表 1 – 3　系统流程图的符号**

| 符号 | 名称 | 说　明 |
|------|------|--------|
| | 处理 | 能改变数据值或数据位置的加工或部件 |
| | 输入/输出 | 表示输入或输出（或输入又输出），是一个不指明具体设备的符号 |
| | 连接 | 指出转到图的另一部分或从图的另一部分转来，通常在同一页上 |
| | 换页连接 | 指出转到另一页图上或由另一页图转来 |
| | 人工操作 | 由人工完成处理 |
| | 数据流 | 用来连接其他符号，指明数据流动方向 |
| | 文档 | 通常表示打印输出，也可表示用打印终端输入数据 |
| | 磁带 | 磁带输入输出，或者表示一个磁带文件 |
| | 磁盘 | 磁盘输入输出，也可表示存储在磁盘上的文件或数据库 |
| | 显示 | CRT 终端或类似的显示部件，可用于输入或输出，也可既输入又输出 |
| | 人工输入 | 人工输入数据的脱机处理，如填写表格 |
| | 人工操作 | 人工完成的处理，如会计在工资支票上签名 |
| | 多文档 | 通常表示打印输出多文档 |
| | 辅助操作 | 使用设备进行脱机操作 |
| | 通信链路 | 通过远程通信线路或链路传送数据 |

（3）系统流程图示例。下面以某企业的库存管理为例，说明系统流程图的使用。

**【例1.1】**　某企业有一个库房，存放该厂生产需要的物品。库房中的各种物品的数量及各种物品库存量临界值等数据记录在库存文件上，当库房中物品数量有变化时，应更新库存文件。如某种物品库存量少于库存临界值，则报告采购部门订货，每天向采购部门送一份采购报告。

库房使用一台计算机处理更新库存文件和产生订货报告的任务。物品的发放和接受成为变更记录录入到计算机中，系统中的库存管理模块对变更记录进行处理，更新存储在磁盘上的文件，并把订货信息记录到联机存储中。每天报告生成管理模块读一次订货信息，并打印出订货报告。图1-12给出了该系统的系统流程图。

**4）数据流图（DFD）**

数据流图是SA方法中用于表示系统逻辑模型的一种工具，它以图形的方式描绘数据在系统中流动和处理的过程。由于它只反映系统必须完成的逻辑功能，所以它是一种功能模型。其用途主要是交流信息的工具、结构化分析和设计的工具。

**【例1.2】**　旅行社拟开发一个飞机机票预订系统。其主要功能是，旅行社把预订机票的旅客信息（姓名、年龄、单位、身份证号码、旅行时间、目的地等）输入机票预订系统。系统为旅客安排航班，打印出取票通知单(附有应交的账款)。旅客在飞机起飞的前一天凭取票通知单交款取票，系统检验无误，输出机票给旅客。

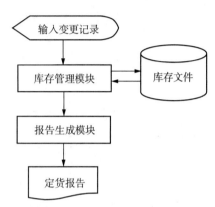

图1-12　库存管理系统的系统流程图

（1）数据流图的基本图形符号。数据流图有四种基本图形符号：→：箭头，表示数据流；○：圆或椭圆，表示加工；＝：双杠，表示数据存储；□：方框，表示数据的源点或终点。

数据流图的同一种意义的表示方法有多种，常见的符号如表1-4所示。

①数据流。数据流是数据在系统内传播的路径，由一组成分固定的数据项组成。如订票单由旅客姓名、年龄、单位、身份证号、日期、目的地等数据项组成。由于数据流是流动中的数据，所以必须有流向。除了与数据存储之间的数据流不用命名外，数据流应该用名词或名词短语命名。

②加工。加工也称为数据处理，对数据流进行某些操作或变换。每个加工也要有名字，通常是动词短语，简明地描述完成什么加工。在分层的数据流图中，加工还应编号。

③数据存储。数据存储也称为文件，指暂时保存的数据。它可以是数据库文件或任何形式的数据组织。流向数据存储的数据流可理解为写入文件，或查询文件，从数据存储流出的数据可理解为从文件读数据或得到查询结果。

④数据源点或终点。软件系统外部环境中的实体(包括人员、组织或其他软件系统)，统称外部实体。一般只出现在数据流图的顶层图中，表示系统中数据的来源和去处。

有时为了增加数据流图的清晰性，防止数据流的箭头线太长，在一张图上可重复画同名的源/终点(如某个外部实体既是源点也是终点的情况)，在方框的右下角加斜线则表示是一个实体。有时数据存储也需要重复标示。

表1-4　数据流图基本图形符号

| 基本符号 | 意义 |
|---|---|
| ▢ 或 ⬛ | 数据的源点/终点 |
| ○ 或 ▢ | 变换数据的处理 |
| ▭ 或 | 数据存储 |
| → | 数据流 |
| A、B → *→ T → C | 数据A和B同时输入时，输出数据C |
| A → T → *→ B、C | 输入数据A，输出数据B和C |
| A、B → +→ T → C | 输入数据A或B，或者A和B同时输入时，输出数据C |
| A → T → +→ B、C | 输入数据A，输出数据B或C，或者数据B和C |
| A、B → ⊕→ T → C | 只有数据A或只有数据B(不能A和B同时)输入时，输出数据C |
| A → T → ⊕→ B、C | 输入数据A，输出数据B或C |

(2)画数据流图的步骤：

①首先画系统的输入输出。从问题的描述中提取数据流图的四种成分：源点或终点(实体)、处理(加工)、数据存储和数据流。根据系统的基本模型("若干个源/终点"+"一个处理")，画出顶层数据流图。顶层流图只包含一个加工，用以表示被开发的系统，然后考虑该系统有哪些输入数据和输出数据。顶层图的作用在于表明被开发系统的范围以及它和周围环境的数据交换关系。图1-13为飞机机票预订系统的顶层图。

图1-13　飞机机票预订系统顶层图

②画系统内部。第一步，对数据流图中的加工进行细化；第二步，对数据流图中的数据存储和数据流进行细化，画下层数据流图；第三步重复进行步骤一和步骤二，直到数据流图被细化到足够详细的程度为止，不再分解的加工称为基本加工。

一般将层号从0开始编号，采用自顶向下、由外向内的原则。画0层数据流图时，分解顶层流图的系统为若干子系统，决定每个子系统间的数据接口和活动关系。例如，上面的机票预订系统按功能可分成两部分，一部分为旅行社预订机票，另一部分为旅客取票，两部分通过机票文件的数据存储联系起来。0 层数据流图如图 1 – 14 所示。

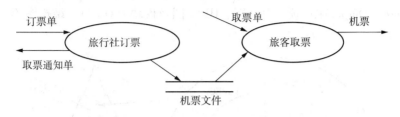

图 1 – 14    飞机机票预订系统 0 层图

③注意事项：

命名：不论数据流、数据存储还是加工，合适的命名使人们易于理解其含义。

画数据流而不是控制流：数据流反映系统"做什么"，不反映"如何做"，因此箭头上的数据流名称只能是名词或名词短语，整个图中不反映加工的执行顺序。

一般不画物质流：数据流反映能用计算机处理的数据，并不是实物，因此对目标系统的数据流图一般不画物质流。

每个加工至少有一个输入和一个输出数据流，反映出此加工数据的来源与结果。

编号：如果一张数据流图中的某个加工分解成另一张数据流图时，则上层图为父图，直接下层图为子图。子图及其所有的加工都应编号，如图 1 – 15 所示。

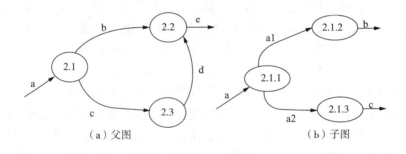

图 1 – 15    父图与子图的编号

父图与子图的平衡：子图的输入输出数据流同父图相应加工的输入输出数据流必须一致，即父图与子图的平衡。

局部数据存储：当某层数据流图中的数据存储不是父图中相应加工的外部接口，而只是本图中某些加工之间的数据接口时，称这些数据存储为局部数据存储。

提高数据流图的易懂性：注意合理分解，要把一个加工分解成几个功能相对独立的子加工，这样可以减少加工之间输入、输出数据流的数目，增加数据流图的可理解性。

结构化分析的工具还有数据字典、判定表、判定树等，后续课程的学习中会遇到。

### 1.3.3.2    结构化设计

所谓结构化设计（SD），就是根据模块独立性准则和软件结构准则，将数据流图转换为软件的体系结构，用软件结构图来建立系统的物理模型，实现系统的概要设计。结构化设计内容与结构化分析模型的关系如图 1 – 16 所示。

软件概要设计的核心是确定软件的总体结构。软件的总体结构实质上就是表示软件的模块结构和模块之间的关系。表示软件的模块结构和模块之间关系的图形工具有层次图、IPO（Input – Process – Output）图（顶层 IPO 图、HIPO 图及模块 IPO 图）、结构图等，后续课程的学习中会遇到。

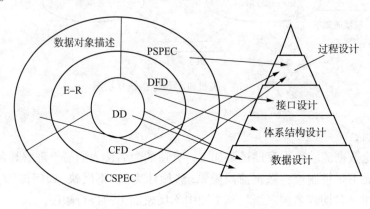

图 1 – 16　结构化设计内容

### 1.3.3.3　结构化程序设计

所谓结构化程序设计（Structured Programming，简称 SP），就是根据结构程序设计原理，将每个模块的功能用相应的标准控制结构表示出来，从而实现详细设计。

详细设计工具是描述程序处理过程的工具，可以分成图、表、语言三类。判定表、判定树、HIPO 图也可以在详细设计中用来描述处理逻辑。SP 方法实用的描述方式有流程图（FC）、盒图（N – S 图）、问题分析图（PAD 图）和过程设计语言（PDL 语言）。依据以前学过的知识，下面着重介绍流程图（FC）在结构化程序设计中的运用。

程序流程图又称为框图，它独立于程序设计语言，比较直观、清晰，易于掌握，是使用最广泛的一种详细设计描述方式。但程序流程图存在一些严重的缺点，流程图所使用的符号不够规范，常常使用一些习惯用法。尤其是表示程序控制流程的箭头可以不受任何约束，随意转移控制。如果使用不当画出的流程图就可能非常难懂，而且无法进行维护。为了消除这些缺点，应对程序流程图所使用的符号作严格的定义，不允许随心所欲地画出不规范的流程图。美国国家标准化协会 ANSI 规定了一些常用的流程图组成元素，如表 1 – 5 所示。

表 1 – 5　流程图组成元素

| 基 本 符 号 | 意　　义 |
| --- | --- |
| ⬭ | 起始和终止框，表示算法的起始和终止 |
| ▱ | 输入输出框，表示数据的输入输出 |
| ◇ | 条件判断框 |
| ▭ | 数据处理框，表示对数据的处理，如，＋ － ＊ / ％等 |

用流程图描述结构化程序的五种基本控制结构如图1-17所示。

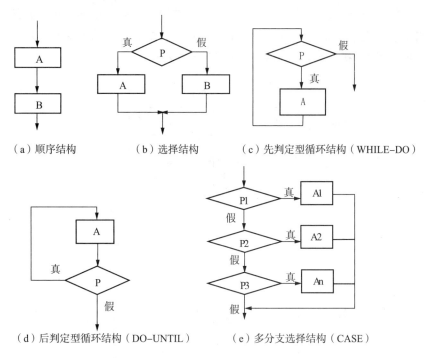

（a）顺序结构　　　（b）选择结构　　　（c）先判定型循环结构（WHILE-DO）

（d）后判定型循环结构（DO-UNTIL）　　　（e）多分支选择结构（CASE）

图1-17　五种基本控制结构的流程图

## 1.3.4　案例实现

案例分析得知，结合所学知识，SAGM系统的规模适中，业务流程清晰，采取结构化软件开发方法指导实践会是不错的选择。此处仅对系统分析和系统设计阶段的主要工作加以介绍。在SAGM系统的整个开发过程中，系统分析和系统设计是基础性的和难度较大的工作阶段，所以，加强对系统分析、系统设计的把握，对巩固和深化所学的知识会有较大的帮助。

### 1.3.4.1　系统分析

**1）系统目标**

（1）财务处与学院各二级部门之间完全实现Web在线无纸化、无现金流方式办公，减轻工作量，提高工作效率。

（2）系统实现不同角色分级分权限运行，做到资金信息安全。

（3）教职工方便地进行个人信息的维护和津贴的查询、统计。

（4）超级管理员能全面地进行本系统所有后台功能的管理。

**2）数据流图**

高校SAGM系统是根据津贴发放的实际业务流程，采用业务流建模，如图1-18所示。

图1-18中的SAGM系统主要显示了关于津贴发放的基本结构和流程。首先做好基础数据维护，它主要包括部门管理、教职工管理和津贴类型管理。教职工的信息既包括教职工基本的信息资料如工号、姓名、职称、部门等，按月下发的津贴也存储在教职工信息库中。每月财务管理员首先逐一将各部门津贴总额下发，分配权限交给部门管理员，部门管理员根据

总额，结合本部门人员的情况（如职务、职称等关键因素）分配到个人帐号后，提交审核。津贴的审核还是交由财务管理员完成，这个环节系统设计了聊天功能，可以在线沟通和发送离线消息用于辅助决策，加快审核进度。审核成功后，更新部门津贴库和教职工信息库，同时生成输出报表（银行接口数据报表和教职工签字报表）。

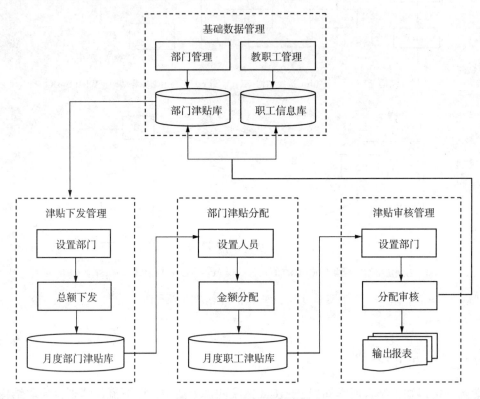

图 1 - 18　SAGM 业务流程

因此，借助结构化分析工具数据流图进一步划分系统的功能和行为，把复杂问题自顶向下逐层分解，建立了满足用户需求的系统逻辑模型。顶层、0 层和 1 层数据流图分别如图 1 - 19 ~ 图 1 - 21 所示。

图 1 - 19　SAGM 系统顶层数据流图

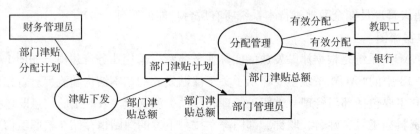

图 1 - 20　SAGM 系统 0 层数据流图

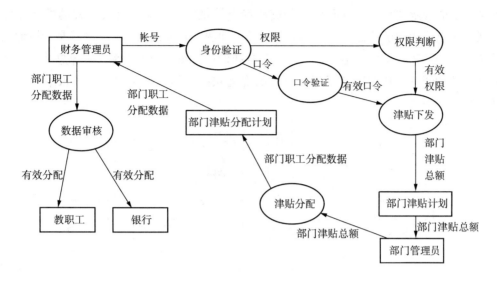

图 1 – 21   SAGM 系统 1 层数据流图

关于系统的输入输出概况和数据字典信息这里就不再阐述。

### 1. 3. 4. 2   系统设计

**1）系统软硬件配置**

（1）系统处理方式。津贴发放管理系统采用分布式处理，津贴下发、分配、审核、查询等操作全部 Web 实现，相互通信。下发、分配、审核、查询等操作各自独立地进行业务处理，数据通信由网络完成。

（2）系统硬件配置。两台服务器(Web 服务器、数据库服务器)要求 8 核 16G 内存高速处理，辅助配件没有具体配置要求。

（3）软件配置：Windows Server 2003 服务器操作系统，Sql Server 2005 数据库操作系统，以及其他日常软件配置。

**2）系统功能结构图**

根据系统需求说明，SAGM 系统设置六个子系统，各子系统相互独立，又有一定的联系、牵制和约束。分别是：津贴下发管理、津贴分配管理、津贴审核管理、权限管理、角色管理和基础数据(津贴、部门、教职工、数据库)管理。各子系统包含若干模块，实现各自对应的功能，不同角色的用户对各子系统各功能模块的访问权限不一样，如教职工只能进行个人信息的部分修改和津贴查询、统计；财务管理员可以进行津贴类型管理、部门管理、津贴下发、审核及银行报表数据的输出等；部门管理员只能进行本部门人员设置、津贴的分配和签字报表的输出；而超级管理员就可以访问和管理系统的所有信息，进行数据备份和维护。SAGM 系统按角色划分功能如图 1 – 22 所示。

以上完成的是 SAGM 系统的系统分析和系统设计工作。接着还要进行系统实施，即根据程序结构图和设计阶段的其他图表，编写计算机程序，并进行程序调试和测试。最后需要进行系统评价，提交系统评价文档和系统操作手册等文档。

总之，结构化系统开发方法是在对传统的自发的系统开发方法批判的基础上，通过很多学者的不断探索和努力而建立起的一种系统化方法。其指导思想是自顶向下、逐步求精，基本原则是功能分解与抽象。这种方法的突出优点就是它强调系统开发过程的整体性和全局性，强调在整体优化的前提下来具体地分析设计问题。它强调的另一个观点是严格地区分开发阶段，强调一步一步地严格地进行系统分析和设计，每一步工作都及时地总结，发现问题及时地反馈和纠正，从而避免了开发过程的混乱状态，是一种目前广泛被采用的系统开发方法。

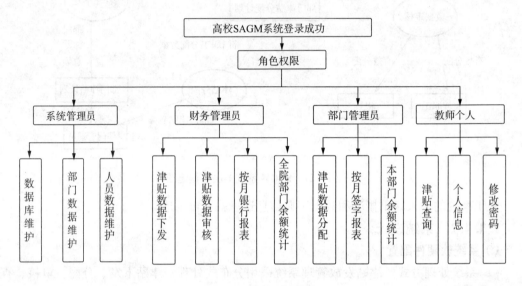

图 1-22  系统功能模块图

但是随着时间的推移，这种开发方法也逐渐地暴露出了很多缺点和不足。这种方法要求系统开发者在调查中就充分地掌握用户需求、管理状况以及预见可能发生的变化，这不大符合人们循序渐进地认识事物的规律性，因此在实际工作中实施有一定的困难。我们应该领会结构化方法的基本思想，结合实际开发过程的特点和差异进行灵活运用，才有可能较好地完成系统开发。当然，用什么样的开发方法进行系统开发并不是绝对的，本系统完全可以使用其他非结构化方法开发，这主要取决于开发团队技术实现方式，对系统驾驭能力及知识积累情况等诸多因素。

## 1.3.5  技能训练

【题目】：某企业销售管理系统拟采用结构化开发方法开发，主要功能是：

(1)接受顾客的订单，检验订单，若库存有货，进行供货处理，即修改库存，给仓库开备货单，并且将订单留底；若库存量不足，将缺货订单登入缺货记录。

(2)根据缺货记录进行缺货统计，将缺货通知单发给采购部门，以便采购。

(3)根据采购部门来的进货通知单处理进货，即修改库存，并从缺货记录中取出缺货订单，进行供货处理。

(4)根据留底的订单进行销售统计，打印统计报表给经理。

【要求】：画出系统分析阶段的数据流图。

# 任务 1.4　配置 SAGM 系统运行环境

## 1.4.1　案例描述

SAGM 系统的开发马上展开，开发人员与用户进行了最后一次需求确认。这是他们第三次对话。

业务员：您对我们提炼的需求还有什么补充吗？

财务长：目前没有了。

业务员：系统应用环境有什么具体要求吗？

财务长：最好不要让使用系统的单位和部门安装软件、配置环境之类的操作。因为各部门计算机操作水平不同，大多数可能不会配置和安装，他们会觉得不方便。

业务员：系统应用范围只限于校内吗？

财务长：不是。系统应该对外开放，这样可以随时随地的进行操作，教职工也可以查询自己的津贴信息。最好先模拟给我们配置一个界面出来，让我们了解一下系统的运行模式。

业务员：系统应用的所有部门都接入了校园网吗？

财务长：是的，校园网都可以上的。

业务员：好的，我们确定好系统运行体系后，先配置运行环境，展示测试页面给您。

## 1.4.2　案例分析

这段对话至关重要，因为它包含了用户使用软件的必要信息，如以什么方式和喜欢以什么方式应用软件，软件的运行要求是什么，网络环境怎么样等。这些是软件开发必须要弄清楚的事情，所以充分沟通，尽可能的把握所有需求是结构化软件开发实践中比重较大的部分。

从谈话中我们确定三件事：第一，SAGM 系统一定是基于 Web(校园网和 Internet)运行，做到各类用户随时随地进行业务操作；第二，系统用户端最好不要安装和配置软件运行环境，哪怕是第三方插件都不要安装，减轻系统的维护工作量，提高系统的通用性和易操作性能；第三，马上配置系统运行实验环境，通过配置 IIS(互联网信息服务)，搭建 Web 测试页面，增加用户购置硬件设备的感性认识，同时判断部门网络畅通情况，对于有网络故障的应用部门，提前发现，做到及时解决。

随着因特网的应用和以页面为载体的网络信息的广泛传播，网络程序设计技术已成为信息技术人员必须掌握的职业技能之一，因此基于 B/S 结构的软件系统开发、Web 服务、Web 应用将成为主流。

### 1.4.3 知识准备

#### 1.4.3.1 C/S 与 B/S 结构

**1）C/S 结构**

C/S（Client/Server，客户/服务器）结构是早期传统的软件系统体系结构，也称为两层体系结构。用户安装与服务器端对应的客户端软件，由服务器提供（数据）服务，将任务合理分配到 Client 端和 Server 端，可以充分利用两端硬件环境的优势，降低系统的通信开销。如图 1-23 所示。

**2）B/S 结构**

B/S（Browser/Server，浏览器/服务器）结构是随着 Internet 的兴起，对 C/S 结构的一种变化或者改进结构。随着 Internet/Intranet 的迅速发展，网络已经成为人们获取交换信息的最有效途径之一。同时，应用程序的设计也由传统的 C/S（Client/Server，客户机/服务器）结构逐渐向 B/S（Browser/Server，浏览器/服务器）结构过渡。在这种结构下，用户界面完全通过 WWW 浏览器呈现，一部分事务逻辑在前端实现，但是主要事务逻辑在服务器端实现。B/S 结构利用了不断成熟和普及的浏览器技术实现原来需要复杂专用软件才能实现的强大功能，并节约了开发成本，是一种全新的软件系统构造技术，如图 1-24 所示。

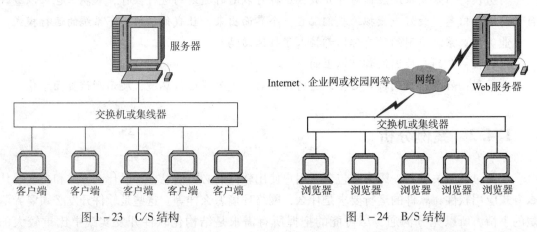

图 1-23　C/S 结构　　　　　　　　图 1-24　B/S 结构

B/S 结构目前主要有两种实现技术，SUN 公司倡导的 J2EE 标准和微软的.NET 技术。这两种技术各有所长，由于微软在平台系统上的优势和卓越的可用性设计，推动了.NET 技术的快速应用。

**3）C/S 与 B/S 比较**

（1）响应速度。C/S 结构的软件系统比 B/S 结构在客户端响应方面速度快，能充分发挥客户端的处理能力，减轻服务器压力，很多工作在客户端处理后再提交给服务器。由于 C/S 结构的软件在逻辑结构上比 B/S 结构的软件少一层，对于相同的任务，C/S 完成的速度要快得多，因此 C/S 更多应用于局域网内的大量数据业务。

（2）易用性。B/S 结构的软件客户端几乎零安装，用户使用单一的 Browser 软件，通过鼠标即可访问文本、图像、声音、视频及数据库等信息，特别适合非计算机人员使用。

（3）可维护性。C/S 结构的软件系统在系统维护方面没有 B/S 方便。因为 C/S 结构的软件系统需要用户安装专门的客户端软件，属于"胖客户端"。系统升级时每一台客户机都要重新安装，其维护和升级成本非常高。而 B/S 结构的软件系统属于"瘦客户端"，系统升级维护只需在服务器端进行即可。

（4）安全性。C/S 结构的软件系统采取的是点对点的结构模式，在局域网内传输，安全性相对得到较好的保证。而 B/S 采用一点对多点、多点对多点的开放结构模式，采取 TCP/IP 的开放的互联网协议传输数据，其安全性上通过配备防火墙、安装杀毒软件、加密网络传输及设置安全防护策略等手段也得了到很好的保证。

### 1.4.3.2　分布式动态 Web 应用系统

本世纪迅速发展和普及的互联网（Internet/Intranet）正在改变着人们的生活、工作和学习等各方面。人们可以在 Internet（也称 Web 环境）上建立一个虚拟的电子世界，在这个世界里，人们的思想和概念可以在几分钟内传遍全世界。

在 Web 环境下构建分布式动态 Web 应用系统是一件极其吸引人的工作，分布式动态 Web 应用系统开发技术自然而然地成为一项热门技术。

Web 应用利用所支持的技术使得其内容具有动态性，如果服务器上没有业务逻辑存在，系统将不被称为 Web 应用。Web 技术的出现与发展，为在全球范围内的信息资源共享提供了基础架构，而 Web 应用则是这种基础架构的体现。这里的"资源"包含了计算机硬件资源、数据资源、信息资源、知识资源、计算资源、软件资源和文档资源等。

全球的商家们也拥有了一个比传统方式更为灵活和快速的媒体，通过它商家可以与自己的员工、潜在的客户乃至世界上任何一个人沟通，电子商务的概念也随之而来。借助于"WWW"，通过动态的交互式信息发布，诸如网上购物、网上银行、网上书店等一系列在线 Web 应用、服务系统迅速的普及和发展。

Web 应用是从 Web 站点或 Web 系统演化而来的。第一批 Web 站点是在 CERN（the European Laboratory for Particle Physics，欧洲粒子物理实验室）建立的，它们形成了一个分布式的超媒体系统，使得研究者们能够直接从同事们的计算机上访问他们公布的文档和信息。Web 服务原理如图 1 – 25 所示。

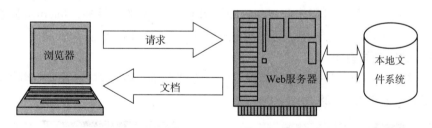

图 1 – 25　Web 服务结构

不难看出，浏览器是一个运行在客户计算机上的软件应用程序。为了浏览一个文档，用户需启动浏览器，然后输入文档名和文档所在的主机的名字。用户能通过浏览器向网络上对另一台计算机（服务器）发出特殊格式的服务请求，当你的请求得到满足，请求被一个称为 Web 服务器的应用程序处理，就会把你需要的信息文档传送到用户的浏览器上。

综上所述，动态分布式 Web 应用建立在 Web 系统之上，而且加以扩展，即添加了业务功能。用最简单的术语来说，Web 应用就是一个允许其用户利用 Web 浏览器执行业务逻辑的 Web 系统，有强大的后台数据库支持，使得其内容具有动态性。典型的 Web 应用的三层结构参看图 1 – 26。

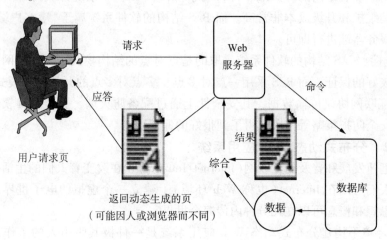

图 1 – 26　Web 应用三层结构

### 1.4.3.3　发布 Web 系统

基于 Web 的系统开发完毕，剩下的事情就是发布软件。现在应用较为广泛的 Web 服务器软件主要是面向 Windows 操作系统的 ⅡS 和面向 Unix、Linux 操作系统的 Apache。在运行 XP、Server2003 操作系统的 Web 服务器中，我们可以使用 ⅡS6.0 构建 Web 站点。

ⅡS（Internet Information Services，互联网信息服务）是由微软公司提供的基于运行 Microsoft Windows 的互联网基本服务。最初是 Windows NT 版本的可选包，随后内置在 Windows 2000、Windows XP Professional 和 Windows Server 2003 一起发行，但在 Windows XP Home 版本上并没有 ⅡS。ⅡS 目前最高版本是 7.0，它是一种 Web（网页）服务组件，其中包括 Web 服务器、FTP 服务器、NNTP 服务器和 SMTP 服务器，分别用于网页浏览、文件传输、新闻服务和邮件发送等方面。它使得在网络（包括互联网和局域网）上发布信息成了一件很容易的事。

Windows 系列的 ⅡS 提供的集成 Web 服务器具有可靠性、可伸缩性、安全性及管理性等特点，能够减少计划内和计划外系统停机时间，提高 Web 站点和应用程序的可用性，并降低管理成本，除此之外还可用于监视配置和控制 Internet 服务。另外，Internet 服务管理器处于中心位置，在 ⅡS 管理工具中，可以对 ⅡS 提供全面的安装、配置和管理。

**1）ⅡS 的安装与删除**

首先，单击开始菜单进入"控制面板"，依次选"添加/删除程序→添加/删除 Windows 组件"，如图 1 – 27 和图 1 – 28 所示。

图 1 – 27　进入控制面板

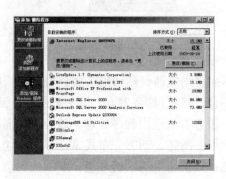

图 1 – 28　选择 Windows 组件

将"Internet 信息服务（ⅡS）"前的小钩去掉（如有的话，进行的是卸载删除操作），如图 1－29 所示。

单击详细信息可以进行选择服务，重新勾选中后按提示操作即可完成ⅡS 组件的安装，如图 1－30 所示。

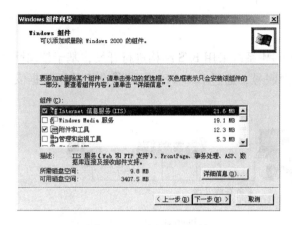 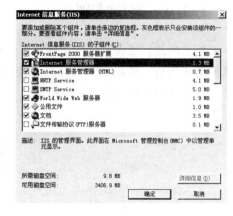

图 1－29　选择ⅡS 组件　　　　　　　　图 1－30　详细信息界面

安装过程中，提示要插入安装系统光盘，将操作系统光盘（如：Windows Server 2003）放入光驱，单击下一步即可，如图 1－31 所示。

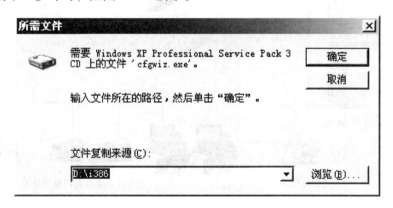

图 1－31　插入光盘界面

用这种方法添加的 IIS 组件中将包括 Web、FTP、NNTP 和 SMTP 全部四项服务。

**2）发布 Web 系统**

假设网络环境良好，服务器的 IP 地址为 192.168.0.1，Web 系统文件夹放在 D：\ Web 目录下，系统的首页文件名为 Index. htm。对于此 Web 站点，可用现有的"默认 Web 站点"来做相应的修改后，就可以轻松发布。请先在"默认 Web 站点"上单击右键，选"属性"，进入名为"默认 Web 站点属性"设置界面。

（1）修改绑定的 IP 地址：转到"Web 站点"窗口，在"IP 地址"后的下拉菜单中选择所需用到的 IP 地址为"192.168.0.1"。

（2）修改主目录：转到"主目录"窗口，在"本地路径"输入（或用"浏览"按钮选择）好系统所在的"D：\ Web"目录。

（3）添加首页文件名：转到"文档"窗口，按"添加"按钮，根据提示在"默认文档名"后输入首页文件名"Index. htm"。

（4）效果测试：打开 IE 浏览器，在地址栏输入"192. 168. 0. 1"之后再按回车键，能够调出系统的首页，说明设置成功。

## 1.4.4　案例实现

综上所述，结合用户的明确要求，SAGM 系统采用 B/S 结构进行开发，基于校园网和互联网同步运行，教职工使用分配的校园网账号，通过 SSL VPN 技术❶进行外网数据安全传输。系统运行架构如图 1 – 32 所示。

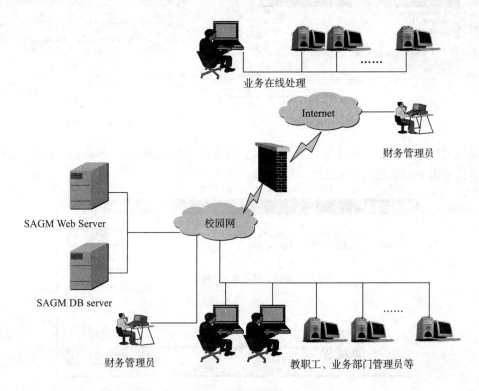

图 1 – 32　SAGM 系统的运行架构

为了维护系统文件方便，首页配置采用虚拟目录的方式进行。津贴发布管理系统文件夹取名 GaoXSZ_ MIS，存放在 D 盘根目录，由于系统将采用 . Net 技术❷研发，所以首页文件名为 login. aspx。

（1）在 Windows Server 2003 测试服务器上依次选择"开始→控制面板→管理工具→Internet 信息服务（ⅡS）管理器"，进入 Internet 信息服务（ⅡS）管理器。如图 1 – 33 所示。

---

❶ SSL（Secure Sockets Layer）是由 Netscape 公司开发的一套 Internet 数据安全协议，为数据通讯提供安全支持；VPN 的英文全称是"Virtual Private Network"，即"虚拟专用网络"。顾名思义，虚拟专用网络可理解为是虚拟出来的企业内部专线。

❷ Net 开发平台由一组用于建立 Web 服务应用程序和 Windows 桌面应用程序的软件组件构成，包括 . Net 框架（Framework）、. Net 开发工具和 Asp. Net。

（2）右键点击"默认网站"，依次选择"新建→虚拟目录"，在弹出的别名框中输入 zgjt
（职工津贴），如图 1 - 34 所示。

图 1 - 33　进入ⅡS服务管理　　　　　　图 1 - 34　建立虚拟目录

（3）待发布系统存放位置选择：在图 1 - 34 中单击下一步，再单击"浏览"按钮，选择系
统所在的"D：\　GaoXSZ_ MIS"目录，如图 1 - 35 所示。

（4）添加首页文件名：转到"文档"窗口，按"添加"按钮，根据提示在"默认文档名"后
输入首页文件名"login. aspx"，在浏览器中输入"http：// 服务器 IP 地址/zgjt"回车，或者右
键单击 login. aspx 文件，选择"预览"，查看运行效果，如图 1 - 36 和图 1 - 37 所示。

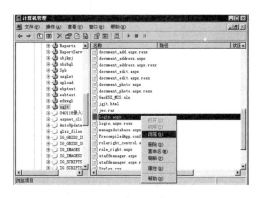

图 1 - 35　选择系统存放目录　　　　　　图 1 - 36　浏览操作

图 1 - 37　测试效果

## 1.4.5　技能训练

【题目】：已知 SAGM 系统文件夹存放在 E：\ GaoXSZ_ MIS 中，首页文件名为 index. html。

【要求】：请自己在互联网下载ⅡS6.0 安装包，分别在 Windows Server 2003 和 Windows XP 计算机上安装ⅡS 组件，配置并发布系统，比较两种操作系统环境下ⅡS 的运行效果。

# 第 2 部分  数据表示与存储

❖ **知识目标：**

* 了解数据库基本概念和数据库设计的基本步骤。
* 了解数据库的需求分析方法。
* 学会数据库的概念设计、逻辑设计和物理设计方法。
* 学会利用 E－R 图描述数据库的概念模型。
* 学会 E－R 图转换为关系模型的方法。
* 了解数据库规范化理论。

❖ **技能目标：**

* 掌握 SQL Server 2005 环境安装与配置。
* 掌握 SQL Server 2005 创建数据库、数据表等数据库对象的方法。
* 按照用户需求设计实现津贴发放管理系统数据库。
* 掌握结构化查询语言 SQL 语句的简单运用。

## 素养宝典

### 锻炼表达能力

　　表达分为书面表达和口语表达，书面表达即是写作能力，而良好的口才也是职业人走向成功的必备素质。怎样提高表达能力？郭沫若有一段话："多体验，多读书，多请教，多练习，集中注意，活用感官，尊重口语，常写日记，除此之外，别无善法。"这段话确实是提高表达能力的经验之谈。

　　作为职业人，既要学会一些常用应用文的写作，如启事、简历、申请书、倡议书、新闻稿、广播稿等，还要精心锤炼自己的口语表达艺术，努力做到：言之有物、言之有序、言之有理、言之有文、言之有情、言之有趣。

# 任务 2.1　确定 SAGM 数据库的需求

## 2.1.1　案例描述

对 SAGM 系统进行数据库设计需求分析。该系统核心业务是津贴实现无现金发放。财务部门按月针对各部门下发津贴总额，各部门管理员提交月度教职工津贴分配方案，审核通过后，通过银行转账的方式把津贴金额打到每一位教职工个人账户，完成有效分配。

请根据第一章提炼的系统需求结果，提炼出该系统数据库需求分析的主要内容。

## 2.1.2　案例分析

津贴发放管理(SAGM)系统中涉及到了高校的部门信息、教职工的个人信息、津贴信息等，每一种信息又有其不同的具体内容，比如：部门信息就包括部门编号、部门名称、部门主管、部门联系人、电子邮件等；教职工信息有工号、姓名、职称、职务、所属部门等；津贴信息格式根据银行报表格式具体而定。那么这些种类多样、数量巨大的数据计算机是如何表示、存储及管理的呢？

这是本章学习的重点，也是应用系统软件开发过程中非常重要的过程——数据库设计。利用数据库管理工具将数据进行梳理，分类表示和存储，才能提供安全、方便、高效的数据服务。

从软件开发过程得知，需求分析对于软件成败起着关键作用，而数据库设计是系统设计的重要环节，需求分析结果的准确性将直接影响到后期各个阶段的设计。需求分析是整个数据库设计的起点和基础，也是最困难、最耗费时间的阶段。从某种程度上讲，数据库设计的好坏直接影响软件的开发进度、软件的运行效率和维护成本，设计失败甚至会带来严重的灾难。

## 2.1.3　知识准备

### 2.1.3.1　数据库基本概念

**1）数据**

数据的概念不仅是狭义的数值数据，而是包括文字、语音、图形、视频等一切可以客观表示和记录事物的符号集合。

【例 2.1】　用数据表示教职工的姓名、工号、性别、年龄、所在部门、职称、职务、工作时间等基本情况。可以这样描述：

（张三，001，男，35，计算机系，副教授，教研室主任，2002）

这一条教职工记录就是数据。其含义称为语义，得到信息如下：张三工号为 001，性别男，今年 35 岁，2002 年参加工作，现在是计算机系任教研室主任，副教授职称。可见数据的形式被计算机识别使用，本身不能完全表达其含义内容，需要经过语义解释，所以数据与其语义密不可分。

**2）数据处理**

数据处理是对各种形式的数据进行收集、存储、加工和传播的一系列活动的总和。未处理的数据是一种原始材料，它记录了事物的客观事实，经过整理、转换后为我们提供有价值的信息。数据处理正是指将数据转换为信息的过程。

**3）数据库**

数据处理的中心问题就是数据管理。数据管理是对数据的分类、组织、编码、存储、检索与维护等操作。20 世纪 60 年代后期，计算机软硬件有了进一步的发展，计算机应用于管理的规模更加庞大，数据量急剧增加。为解决多用户、多系统共享数据的需求，出现了统一进行数据处理的专门软件系统，即数据库管理系统。

**【数据库管理系统】**数据库管理系统（DataBase Management System，简称 DBMS）是操纵和管理数据库的核心软件之一，是位于用户和操作系统之间的一层数据管理软件，主要用于建立、使用和维护数据库，简称 DBMS。它对数据库进行统一的管理和控制，以保证数据库的安全性和完整性。主要包括数据定义、数据操作、数据库运行管理、数据组织、数据库通信、数据维护等。

数据库技术的发展，标志着数据管理技术有了质的飞跃，其特点如下：

（1）数据结构化。数据库中的任何数据都不属于任何应用，数据是公用的。它是为整个组织的各种应用（包括将来的应用）进行全面考虑后建立起来的总的数据结构，具有良好的前瞻性和扩展性。

（2）数据共享程度高，冗余少。数据库系统从全局角度看待和描述数据，数据面向整个系统，因此数据可以被多用户、多个应用共享使用。这样既减少了数据不必要的冗余，节约存储空间，同时也增强了数据之间的一致性。

（3）数据独立性高。数据的独立性是指数据的逻辑独立性和物理独立性。数据的逻辑独立性是指用户应用程序与数据库的逻辑结构是相互独立的，即当数据库的总体逻辑结构发生变化时，数据的局部逻辑结构不变。由于应用程序依据局部逻辑结构编写，所以应用程序不需要修改，从而保证了数据与应用程序间的逻辑独立性。例如，在原有的记录类型之间增加新的联系，或者在某些记录类型中增加新的数据项等。

**【例 2.2】**　修改教职工津贴数据库中数据的逻辑结构。在原有教职工类型（在职、外聘）中增加新的类型——返聘，变为教职工类型（在职、外聘、返聘）。

数据的逻辑结构确实发生了变化，但用户程序无需任何修改，只不过是用户在修改教职工属性时多了一个选项而已。

数据的物理独立性是指用户的应用程序与存储在磁盘上数据库中的数据是相互独立的。即当数据的存储结构发生变化时，数据的局部结构不变，从而应用程序也不必改变。例如改变存储设备或者增加新的存储设备，或改变数据的存储组织方式，均可确保数据的物理独立性。

**【例 2.3】**　由于磁盘空间限制，将教职工津贴数据库数据文件的存储位置从 D:\ZGJT_DB 移动到 E:\ZGJT_DB 中。

移动后发生变化的只是数据的存储目录，改变的也只是数据流向而已。数据的逻辑结构不发生变化，用户程序也同样不需要修改。

（4）统一进行数据控制。数据库为多个应用程序和用户所共享，对数据的存取往往是并发的，也就是说多个用户可以同时存取数据库的数据，甚至可以同时存取数据库中的同一数据，运行结构如图 2 - 1 所示。为了确保数据库中数据的正确有效和数据库系统的有效运行，数据库管理系统提供了数据的安全性（Security）、完整性（Integrity）、并发性（Concurrency）和数据恢复（Recovery）四种控制功能。

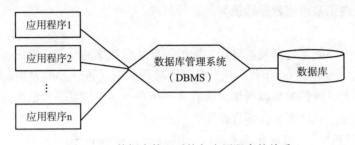

图 2 - 1　数据库管理系统与应用程序的关系

### 4）数据模型的建立过程

要实现数据库的管理，就要把现实世界的事物以数据的形式表示并存储到计算机中，这个通常称为建立数据模型的过程。在这个过程中，要经历三个世界，建立两种数据模型。三个世界是指现实世界、概念世界和数据世界，两个模型为概念模型和数据模型。

（1）现实世界。数据库管理的对象存在于现实世界中。现实世界中的事物存在着各种各样的联系，这种联系是客观存在的，由事物本身的性质决定。例如，高校 SAGM 系统中有教职工、部门、津贴等实体元素，每个元素都具有自己的属性特征。

（2）概念世界。概念世界也称信息世界，是现实世界在人们头脑中的反映，是对客观事物及其联系的一种抽象描述。从现实世界到概念世界是通过建立概念模型来表达的。如对教职工这个实体元素的描述可细分为：姓名、工号、性别、职称、职务、所属部门等概念。表示概念模型的工具为 E - R 图（实体 - 关系图）。

（3）数据世界。存入计算机系统中的数据是将概念世界中的事物数据化的结果，因此数据世界也称机器世界。为了准确地反映事物本身及事物之间的各种关系，需要建立数据模型。目前，通常是把概念模型的"实体 - 关系"转化为一种叫做"二维表格"的数据结构来实现的。三个世界之间的关系如图 2 - 2 所示。

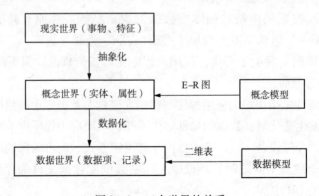

图 2 - 2　三个世界的关系

## 2. 1. 3. 2　数据库设计步骤

设计数据库的目标就是确定合适的数据模型，该模型应当满足以下 3 个要求：

（1）符合用户需求。既包含用户所需要处理的所有数据，又支持用户提出的所有功能要求的实现。

（2）适应主流数据库管理系统。数据模型被主流数据库管理系统接受，如 Sql Server、Oracle 和 DB2 等。

（3）可靠性高。数据模型易于理解、便于维护、结构合理、使用方便和执行效率高。

数据库设计可分为需求分析、概念结构设计、逻辑结构设计、物理结构设计、数据库实施和数据库运行维护这样 6 个阶段。

### 1）需求分析

数据库设计的需求分析，是整体软件开发过程中需求分析的重要组成部分，主要针对数据库应用功能展开。比如 SAGM 系统中涉及的津贴发放类型、津贴发放表格格式、银行报表格式、教职工详细情况表，部门信息等，然后对各种数据和信息进行分析，与用户深入沟通，确定用户需求，并把需求转换为用户和数据库设计人员都可以理解的文档，最终达成一致意见。

### 2）概念结构设计

概念设计阶段是在需求分析完成的基础上，依据确定的信息需求，对用户信息加以提炼、分类、聚集和概括，归纳相关实体，确定联系，建立一个与计算机和数据库管理系统独立的模型——概念模型，通常使用 E－R 图表示（即采用实体－关系图来描述概念模型）。

### 3）逻辑结构设计

逻辑结构设计阶段的任务是在概念结构设计结果 E－R 图的基础上，转化为某个数据库管理系统所支持的数据模型。从概念模型到逻辑结构的转化就是将 E－R 图转换为关系模型（二维表格结构）的过程，然后从功能和性能上做出模型评价，如果达不到用户需求或者不适应开发实际，还得反复修正或者重新设计。

### 4）物理结构设计

数据库在物理结构上的存储和存取方法设计称为物理结构设计。物理结构的设计就是根据所选择的数据库管理系统的特点和处理的需要，为逻辑模型选取一个最适合的应用环境和存储结构。

### 5）数据库实施

数据库的实施是创建数据库的实质阶段。开发人员利用数据库管理系统，依据逻辑结构设计和物理结构设计的结果建立数据库，调试运行，组织数据入库。

### 6）数据库运行维护

数据库建立后，开发过程继续进行，数据库转为运行阶段。数据库的运行维护是数据库生命周期中最长的一段时间。在该阶段，开发人员要不断收集和记录数据运行的相关情况，并且要根据运行中产生的问题和用户的新要求不断完善数据库的逻辑结构和提高系统性能，以延长数据库的使用寿命。

一个性能优良的数据库不可能一次性完成，需要经过多次的、反复的设计和优化。设计进行的每一个阶段，都要进行设计分析，评价一些重要的设计指标，产生文档，组织评审，与用户沟通。如果不符合要求，一定要反复修改、论证，直至能够真正的较精确地模拟现实世界，满足用户的需求才可。

### 2.1.3.3 数据库需求分析

**1）主要任务**

数据库需求分析的主要任务是对现实世界要处理的数据对象（组织、教职工、部门、银行、津贴等）进行详细调查和分析；收集支持系统目标的基础数据和处理方法；明确用户对数据库的具体要求，确定数据库系统的功能。具体步骤为：

（1）调查组织机构情况。了解组织机构设置情况、部门组成及主要岗位职责。

（2）调查业务流程。了解各部门要输入和使用什么数据；如何加工处理这些数据；输出什么信息；要求什么格式；输出到什么部门等，这一步是工作的重点。

（3）明确新系统要求。在熟悉业务活动的基础上，协助用户明确对新系统的各种要求，包括信息要求、处理要求、安全性要求和完整性要求等。

（4）初步分析调查结果。对调查结果进行初步分析，确定系统边界，指出哪些准备由人工完成，哪些准备由计算机完成。

（5）建立相关文档。如用户单位组织机构图、业务流程图、数据流图和数据字典。

**2）常用调查方法**

调查的目的是尽可能多的收集正确信息，根据不同的问题和条件，可以采取不同的调查方法，常用的有以下几种。

（1）深入一线。是指数据库设计人员亲自参加单位业务工作，深入了解业务开展情况，比较精确地理解用户需求。

（2）座谈交流。与不同类型的用户一起座谈交流，来了解业务活动情况和用户需求。

（3）专家研讨。邀请业务中熟练的专家或者用户介绍业务专业知识和业务活动情况。

（4）不懂就问。对于困惑的问题，及时虚心请教。

（5）设计表格。设计用户易于接受的调查表格，用户填写后分析整理信息。

（6）查阅记录。查阅与系统相关的数据记录，包括档案、文献等，进行辅助分析。

## 2.1.4 案例实现

高校教职工津贴发放管理系统利用现代计算机技术、网络技术结合传统财务工作过程，其系统功能需求、数据流图、功能模块图在第一章任务中已经实现。根据前期工作结果分析，其数据库设计需要处理的主要信息如下：

（1）教职工信息＝工号（身份证号）＋姓名＋性别＋银行卡号＋所属部门＋职务＋职称＋聘任时间＋通信地址＋电话。

（2）部门信息＝部门编号＋部门名称＋部门简介。

（3）津贴信息＝津贴编号＋津贴名称＋备注。

（4）部门津贴总额计划＝部门信息＋津贴信息＋总金额＋下发时间＋审核信息＋备注。

（5）部门津贴分配方案＝部门信息＋教职工信息＋个人金额＋分配时间＋备注。

## 2.1.5 技能训练

**【题目】**：对某公司商品销售管理信息系统进行数据库设计需求分析。该公司主要从事商品零售贸易业务，即从供应商手中采购商品，并把这些商品销售到需要的客户手里。

【要求】：系统给出了销售业务流程，如图 2 - 3 所示。请结合所学知识，分析系统需要处理的主要信息。

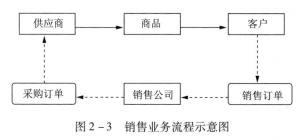

图 2 - 3　销售业务流程示意图

# 任务 2.2　建立 SAGM 数据模型

## 2.2.1　案例描述

关系模型是目前数据库领域最广泛的数据模型，占数据库的主导地位。关系型数据库使用的存储结构是多个二维表格，即反映事物及其联系的数据描述是以平面表格的形式体现的。关系模型概念简单、清晰，操作直观、容易，并且具有严格的数据基础，被绝大多数数据库管理系统支持。请根据任务 2.1 中获取的 SAGM 系统要处理的主要数据，进行数据库的概念结构设计，构造出 SAGM 系统数据库规范的关系数据模型。

## 2.2.2　案例分析

一般而言，模型是现实世界某些特征的模拟和抽象，分为实物模型和抽象模型。城市模型、机器模型、玩具模型等都是实物模型，它们都是客观世界的外观特征或者功能的模拟；数学模型 $y = kx + b$ 是一种抽象模型，它表述了直线在 X 轴上的部分与 X 轴正向夹角的正切值以及与 Y 轴相交点的坐标值，揭示客观事物的内部特征。

前面的任务讲到，计算机系统是不能直接处理现实世界数据的，只有将现实世界的事物数字化之后才可以被计算机所接受和处理。数据模型（Data Model）是专门用来抽象、表示和处理现实世界信息的工具。

我们知道数据模型的建立过程须经过三个世界，两个转化才可以得到。通俗地讲，数据模型是对现实世界精确地模拟。

首先，建立概念模型，也就是进行数据库的概念结构设计。概念模型是一种独立于计算机系统的模型，完全不涉及信息在计算机中的表示，只是用来描述软件相关的信息结构。因此，开发人员针对 SAGM 系统的数据需求，按照用户的观点进行信息建模，借助工具将业务中涉及的客观信息抽象为简单、清晰、易于理解的概念是必须要做的工作。

其次，进行数据库逻辑结构设计，也就是将概念模型的结果按照计算机的观点建立数据模型。它是对现实世界的第二次抽象，直接与 DBMS 相关，通常被称为"逻辑数据模型"。数据模型是数据库系统的核心和基础。各种机器上的 DBMS 软件都是基于某种数据模型的，这类模型有严格的形式化定义，以便在计算机系统中实现。目前，关系模型以其优越的性能成为这类模型的主流，在我国，早就不再使用非关系模型。

所以，对 SAGM 系统而言，建立数据模型，其实就是建立关系模型。

## 2.2.3　知识准备

### 2.2.3.1　概念结构设计

**1）任务**

概念结构设计的任务是将需求分析的结果抽象成概念模型。概念模型通常使用 E - R 图来表达。

**2）概念模型中的基本概念**

（1）实体（Entity）。实体是一个数据对象，是现实世界中客观存在并可区分识别的事物。实体可以是客观存在的对象，也可以是某种抽象概念。像 SAGM 系统中一位教职工、一个部门、一种津贴等都是实体。

（2）属性（Attribute）。实体所具有的某一特性称为属性。一个实体可以由若干个属性来描述。例如教职工的工号、姓名、性别、职称、职务等。

（3）实体集（Entity Set）。所有属性名称完全相同的同类实体的集合，称为实体集。如全体教职工就是一个实体集。为了区分实体集，每个实体集都有一个名称，叫实体名。教职工实体指的是名为教职工的实体集，而(1，张三，男，副教授，系主任)是该实体集中的一个实体，同一实体集中没有完全相同的两个实体。

（4）码（Key）。唯一标识实体的属性或者属性集，称为码，或简称为键。如教职工实体的码为工号。

（5）域（Domain）。实体中属性的取值范围称为该属性的值域，简称域。如"性别"的属性域为［男，女］。

**3）概念模型中实体的联系**

现实世界中的各种事物是有联系的，这些联系在概念世界中反映为实体内部的联系和实体间的联系。

实体内部的联系通常是指组成实体的各个属性之间的联系。例如，一个高校有多个部门，一个部门有多位教职工；学校给教职工发放多种津贴。

实体间的联系是指不同实体集之间的联系，即一个实体集中可能出现的每一个实体与另一个实体集中的多个实体存在联系。实体间的联系可归纳为三类，分别是一对一联系、一对多联系和多对多联系。

（1）一对一联系（1:1）。如果对于实体集 A 中的每一个实体，在实体集 B 中至多有一个实体与之联系，反之亦然，则称实体集 A 与实体集 B 具有一对一的联系，记为 1:1。例如，一所学校只有一位校长，一位校长也只能任职一所学校，则学校与校长之间就是一对一的联系。如图 2 - 4 所示。

（2）一对多联系（1:n）。如果对于实体集 A 中的每一个实体，实体集 B 中有 n 个实体（n > 0）与之联系；反过来，对于实体集 B 中的每一个实体，实体集 A 中却至多有一个实体与之联系，则称实体集 A 与实体集 B 之间具有一对多的联系，记为 1:n。例如一个部门有多位员工，但一位员工只能属于一个部门，所以部门与员工之间是一对多的联系。如图 2 - 5 所示。

图 2 - 4　实体集之间的联系（1:1）

图 2 - 5　实体集之间的联系（1:n）

（3）多对多联系（m:n）。如果对于实体集 A 中的每一个实体，实体集 B 中有 n 个实体（n > 0）与之联系；反过来，对于实体集 B 中的每一个实体，实体集 A 中也有 m 个实体（m > 0）与之联系，则称实体集 A 与实体集 B 之间具有多对多的联系，记为 m:n。例如一位教师可以讲授多门课程，而一门课程也可以被多名教师讲授，所以教师与课程之间是多对多的联系。如图 2 - 6 所示。

图 2 - 6　实体集之间的联系（m:n）

### 4）概念模型的表示方法

概念模型是对概念世界建模，因此概念模型应能够全面、准确地描述概念世界中的常用概念。概念模型的表示方法有很多种，其中广泛被采用的是实体 - 联系模型（Entity - Relation Model），简称为 E - R 模型。

E - R 模型的主要元素有：实体、属性和联系，其表示的符号分别为矩形、椭圆和菱形。

（1）矩形。实体用矩形表示，矩形内标注实体的名字。实体名常用大写字母开头的具有意义的英文名称表示，以便于软件开发人员之间的沟通交流。在需求分析阶段建议用中文表示，在设计阶段根据需要转换成英文形式，下面的属性名和联系名也是如此。

（2）椭圆。椭圆表示实体或联系具有的属性，椭圆内标注属性的名称，并用无向边把实体与其属性连接起来，加下划线的属性为码（标识符）。如图 2 - 7 所示的"学生"实体。

图 2 - 7　"学生"实体 E - R 图

（3）菱形。实体之间的联系用菱形表示，菱形内标注联系的名字。用无向边把菱形分别与有关实体相连，并在连线上表明联系的类型，即 1:1、1:n 和 m:n。联系也会有属性，表明联系的特征，如成绩、报酬等。

【例2.4】 利用E-R图表示学校与校长之间的联系。

校长与学校之间是一对一的联系，联系的名称为"拥有"。学校有校名、校址、电话、类型、学生数等几个属性；校长有姓名、性别、职称、电话、学历等属性。用E-R图表示如图2-8所示。

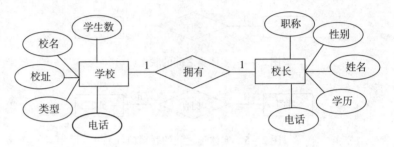

图2-8　学校与校长之间的联系

**5）概念结构设计的步骤**

（1）设计局部概念模型。设计局部概念模型就是选择需求分析的部分数据流图或数据字典，设计局部E-R图。具体步骤为：①确定实体和实体的属性；②确定实体之间的联系及联系的类型；③给实体和联系加上属性，绘制出局部E-R图。

【注意】属性必须是不可分割的数据项，不能包含其他属性。

（2）合并E-R图。首先将两个重要的E-R图合并，然后依次将新的局部E-R图合并上去，合并过程中注意对E-R图进行联系优化，消除不必要的冗余，最后产生全局E-R图。

### 2.2.3.2　逻辑结构设计

**1）任务**

逻辑结构设计的任务是将概念结构设计的结构转化为数据模型，具体步骤为：

（1）概念模型转化为关系模型。

（2）对关系模型进行优化。

**2）关系模型**

1970年，美国IBM公司的研究员E.F.Codd首次提出了数据系统的关系数据模型，标志着数据库系统新的时代的来临，开创了数据库关系方法和关系数据理论的研究，为数据库技术奠定了理论基础。由于E.F.Codd的杰出贡献，1981年荣获ACM图灵奖。1980年后，各种关系数据库产品迅速出现，关系数据库系统统治了数据库市场，数据库的应用领域不断扩大。

与其他非关系模型相同，关系模型也是由数据结构、数据操作和完整性约束三部分组成。本书重点介绍数据结构部分，后两部分在后续相关课程中会逐步学到。

与其他模型相比，关系模型操作直观、简单清晰、易学易用。它用关系表示实体集及其联系，无论数据库的设计和建立，还是数据库的使用与维护，都比非关系模型时代简单的多。直观的看，关系就是一张由行和列组成的二维表，一个关系就是一张二维表。

在每个二维表中，每一行称为一条记录或者元组，用来描述一个对象信息；每一列称为一个字段，用来描述对象的一个属性。数据表与数据库存在相应的关联，这些关联可被用来查询数据。但是也并非所有的二维表都是关系。以表 2 - 2 所示的学生表为例，其数据结构须满足如下要求：

（1）关系中的每一个属性都是原子属性，即属性不可再分。

（2）关系中的每一属性取值都表示同类信息。

（3）关系中的属性没有先后顺序，也没有两个相同的属性。

（4）关系中的记录（元组）没有先后顺序。

（5）关系中不能存在相同的记录。

（6）关系中一般要有主码，也就是表中的某些属性组，它可以唯一确定一条记录。如表 2 - 1 中的学号，可以唯一确定一个学生，也就成为该关系的主码。

表 2 - 1　关系模型数据结构

| 学号 | 姓名 | 性别 | 年龄 | 专业 |
|------|------|------|------|------|
| 001 | 周亚彤 | 女 | 20 | 临床医学 |
| 002 | 陈玉林 | 男 | 21 | 计算机 |
| 003 | 徐亚彬 | 男 | 19 | 数学 |
| 004 | 李伟 | 男 | 19 | 体育 |
| 005 | 赵彤 | 女 | 22 | 英语 |

关系的描述称为关系模式，关系模式简记为：

$$R(U) \text{ 或者 } R(A_1, A_2, A_3, \cdots\cdots, A_n)$$

其中 R 为关系名称，$A_1$，$A_2$，$A_3$，……，$A_n$ 为属性名或域名。在关系模式的主属性上加上下划线表示主码。表 2 - 2 的关系可以描述为：

学生(<u>学号</u>，姓名，性别，年龄，专业)

关系模式描述了一个关系的结构；关系是元组的集合，是某一时刻关系的状态或内容。因此，关系模式是稳定的、静态的，而关系则是随时间变化的、动态的。关系是关系模型中最基本的数据结构，关系既可以用来表示实体，如上面的学生表，也可以用来表示实体间的联系，如学生和课程之间的联系可以描述为：选课(学号，课程号，成绩)。

**3）E - R 图到关系模型转化**

E - R 图转化为关系模型，包括实体的转化和实体间联系的转化，其中实体间的联系就是将实体与实体间的联系转化为二维表。下面介绍各种实体转化的方法。

（1）独立实体转化为关系模型。独立实体转化为关系，其属性转化为关系模型的属性。

【例 2.5】　将图 2 - 9 所示的学生实体 E - R 图转化为关系模式。

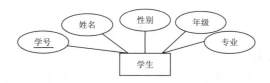

图 2 - 9　"学生"实体 E - R 图

转化结果如下：

学生(<u>学号</u>，姓名，性别，年级，专业)

其中，"学号"为主码属性，关系名为"学生"。

（2）1:1 联系转化为关系模型。在1:1 联系的关系模型中，只要将两个实体的关系中各自增加一个外部关键字即可。

【例2.6】 将图2-10所示的学校与校长之间的联系 E-R 图转化为关系模式。

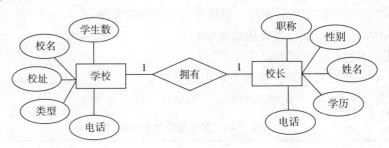

图2-10 学校与校长之间联系的 E-R 图

由于学校与校长之间联系为1:1，将学校与校长的联系转化为关系模式时，只需增加一个外部关键字，其余属性直接转化。在"学校"的关系中，增加一个"校长"关系中的关键字"姓名"，表示学校的校长是谁；同理，在"校长"的关系中，增加一个"学校"关系中的关键字"校名"，表示校长在哪所学校任职。最后转化成的关系模式如下：

学校（<u>校名</u>，校址，类型，电话，学生数，姓名）

校长（<u>姓名</u>，性别，职称，学历，电话，校名）

（3）1:n 联系转化为关系模型。在1:n 联系的关系模型中，只需为 n 方的关系增加一个外部关键字属性，即对方的关键字。

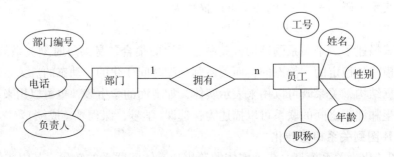

图2-11 部门与员工之间联系的 E-R 图

【例2.7】 将图2-11所示的部门与员工之间的联系 E-R 图转化为关系模式。

在 n 方"员工"的关系中增加一个部门的主码属性"部门编号"，表示员工属于哪个部门，转化后的关系模式如下：

部门（<u>部门编号</u>，负责人，电话）

员工（<u>工号</u>，姓名，性别，年龄，职称，部门编号）

（4）m:n 联系转化为关系模型。在 m:n 联系的关系模型中，必须建立一个新的关系模式，关系的主码属性由双方的主码关键字构成。

【例2.8】 将图2-12所示的教师与课程之间的联系 E-R 图转化为关系模式。

从图2-12中可以看出，教师与课程之间是多对多的联系，因而增加一个"教师—课程"即教师课程表关系。转化后的关系模式如下：

教师(<u>工号</u>，姓名，性别，部门，职称)
课程(<u>课程号</u>，课程名，学分，学时)
教师课程表(<u>工号</u>，<u>课程号</u>)

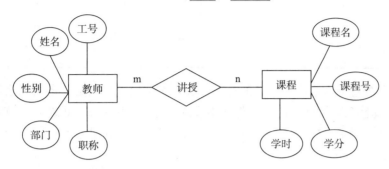

图 2 – 12　教师与课程之间联系的 E – R 图

### 4）关系模型优化

优化数据模型就是对数据库进行适当的修改，调整数据模型的结构进一步提高数据库性能。关系数据库模型的优化通常以规范化理论为指导，具体优化过程为：关系模式分解；实施规范化处理；建立完整性约束。

（1）关系模式分解。关系模式分解有利减少关系的大小和数据量，消除重复数据，节省存储空间。

**【例2.9】**　将表 2 – 2 所示的教职工表进行分解。

表 2 – 2　教职工表

| 工号 | 姓名 | 性别 | 职称 | 类型 | 出生日期 | 年龄 | 部门 | 部门主管 |
|---|---|---|---|---|---|---|---|---|
| 001 | 张三 | 男 | 讲师 | 在职 | 1965 – 7 – 13 | 47 | 校办公司 | 张凯 |
| 002 | 李四 | 女 | 副教授 | 在职 | 1954 – 8 – 14 | 58 | 计算机系 | 周军 |
| 003 | 王五 | 男 | 讲师 | 外聘 | 1976 – 1 – 23 | 36 | 石化系 | 王大明 |
| 004 | 赵六 | 男 | 教授 | 返聘 | 1964 – 5 – 4 | 48 | 外语系 | 郑民 |
| 005 | 李娜 | 女 | 助教 | 在职 | 1985 – 6 – 24 | 27 | 外语系 | 郑民 |

在教职工表中，有 2 位教职工的部门名称为"外语系"。如果修改其中一位教职工的部门名称信息为"外语学院"，而另一个教职工的部门名称信息却没有修改，则数据变得不一致，出现异常。所以需要优化教职工表，将其分解为教职工表 1 和部门表，如表 2 – 3 和表 2 – 4 所示。这样就解决了数据冗余问题，也不会产生"部门"名称的修改异常。

表 2 – 3　教职工表 1

| 工号 | 姓名 | 性别 | 职称 | 类型 | 出生日期 | 年龄 | 部门编号 | 部门主管 |
|---|---|---|---|---|---|---|---|---|
| 001 | 张三 | 男 | 讲师 | 在职 | 1965 – 7 – 13 | 47 | 1 | 张凯 |
| 002 | 李四 | 女 | 副教授 | 在职 | 1954 – 8 – 14 | 48 | 3 | 周军 |
| 003 | 王五 | 男 | 讲师 | 外聘 | 1976 – 1 – 23 | 36 | 4 | 王大明 |
| 004 | 赵六 | 男 | 教授 | 返聘 | 1964 – 5 – 4 | 58 | 2 | 郑民 |
| 005 | 李娜 | 女 | 助教 | 在职 | 1985 – 6 – 24 | 27 | 2 | 郑民 |

表2-4　部门表

| 部门编号 | 部门名称 | 备注 |
| --- | --- | --- |
| 1 | 校办公司 | 学校党政办公室 |
| 2 | 外语系 | 应用外语系 |
| 3 | 计算机系 | 计算机工程系 |
| 4 | 石化系 | 石油化学工程系 |

（2）规范化处理。在数据库设计的过程中数据库结构必须满足一定的规范化要求，才能确保数据的准确性和可靠性。这些规范化要求被称为规范化形式，即范式。范式按照规范化的级别分为5种：第一范式（1NF）、第二范式（2NF）、第三范式（3NF）、第四范式（4NF）和第五范式（5NF）。

在实际数据库设计过程中，通常用到了前三类范式。

**第一范式（1NF）**。如果关系模式中每个属性都是不可再分的数据项，则该关系满足1NF。

**【例2.10】**　分析表2-3所示的教职工表1，判断其是否满足第一范式（1NF）。

由于表中的每个属性都不可再分，也没有数据冗余，因此教职工表1满足1NF。

**第二范式（2NF）**。如果关系模式已经满足1NF，关系模式中的非主键属性都依赖于主键字段，那么该数据表满足第二范式（2NF）。

**【例2.11】**　分析表2-3和表2-4所示的教职工表1和部门表，判断其是否满足第二范式（2NF）。

首先教职工表1中的每个属性都不可再分，满足1NF。工号能唯一标识出每一位教职工，所以工号是主码。对于工号"001"，就有一个并且只有一个名字叫"张三"的教职工与之对应，所以"姓名"属性依赖于工号。同样可以看出性别、职称、类型、身份证号、卡号、部门编号属性均依赖于工号。但是部门编号和部门主管之间也存在着依赖关系，因此教职工表1不符合2NF。修改教职工表1使其满足2NF，取消部门主管字段，在部门表里面增加部门主管属性，实现2NF。结果如表2-5和表2-6所示。

表2-5　规范化后的教职工表

| 工号 | 姓名 | 性别 | 职称 | 类型 | 出生日期 | 年龄 | 部门编号 |
| --- | --- | --- | --- | --- | --- | --- | --- |
| 001 | 张三 | 男 | 讲师 | 在职 | 1965-7-13 | 47 | 1 |
| 002 | 李四 | 女 | 副教授 | 在职 | 1954-8-14 | 48 | 3 |
| 003 | 王五 | 男 | 讲师 | 外聘 | 1976-1-23 | 36 | 4 |
| 004 | 赵六 | 男 | 教授 | 返聘 | 1964-5-4 | 58 | 2 |
| 005 | 李娜 | 女 | 助教 | 在职 | 1985-6-24 | 27 | 2 |

表2-6　规范化后部门表

| 部门编号 | 部门名称 | 部门主管 | 备注 |
| --- | --- | --- | --- |
| 1 | 校办公司 | 张凯 | 学校党政办公室 |
| 2 | 外语系 | 郑民 | 应用外语系 |
| 3 | 计算机系 | 周军 | 计算机工程系 |
| 4 | 石化系 | 王大明 | 石油化学工程系 |

　　第三范式(3NF)。如果关系已经满足 2NF，且关系中任何一个非主属性都不能描述其他的非主属性，则此关系满足 3NF。

　　**【例 2.12】**　分析表 2 - 5 所示的教职工表 1 和表 2 - 6 所示的部门表，判断其是否满足第三范式(3NF)。

　　在教职工表 1 中我们看到，"年龄"属性可以使用"出生日期"属性描述出来，所以教职工表 1 不满足 3NF。由于"年龄"列值可以通过计算得到，所以将"年龄"取消，以满足第三范式，如表 2 - 7 所示。

表 2 - 7　满足 3NF 的教职工表

| 工号 | 姓名 | 性别 | 职称 | 类型 | 出生日期 | 部门编号 |
| --- | --- | --- | --- | --- | --- | --- |
| 001 | 张三 | 男 | 讲师 | 在职 | 1965 - 7 - 13 | 1 |
| 002 | 李四 | 女 | 副教授 | 在职 | 1954 - 8 - 14 | 3 |
| 003 | 王五 | 男 | 讲师 | 外聘 | 1976 - 1 - 23 | 4 |
| 004 | 赵六 | 男 | 教授 | 返聘 | 1964 - 5 - 4 | 2 |
| 005 | 李娜 | 女 | 助教 | 在职 | 1985 - 6 - 24 | 2 |

　　(3)完整性约束。它指存储在数据库中的数据的正确性和可靠性，是衡量数据库中数据质量的一种标准。数据完整性约束用于确保数据库中数据一致，符合企业标准，它主要分为：实体完整性约束、域完整性约束、参照完整性约束和用户自定义约束。

　　实体完整性用于确保数据库中所有实体的唯一性，也就是不使用全相同的记录。在具体实现过程中，必须为表定义主要关键字，防止相同记录入库，如表 2 - 7 中的工号。

　　域完整性是对表中列的规范。它要求列中的数据类型、格式和取值位于某一特定的范围内。如表 2 - 7 中的性别只能为"男"或"女"。

　　参照完整性是用来维护相关数据表之间数据一致性的手段。通过实现参照完整性，可以避免一个数据表中记录的改变，造成另一个数据表中的数据变成无效的值。也就是说，当一个表有外部关键字时，外部关键字列的所有值都必须存在于对应的表中。例如，表 2 - 7 所示的教职工表中"部门编号"是一个外部关键字，它是表 2 - 6 所示部门表的主关键字，所以必须保证在表 2 - 7 中输入或修改的每一个部门编号都是在表 2 - 6 中已存在的部门编号，否则不被接受。

　　大多数据库管理系统都允许用户按自己的需求定义约束条件，即为用户自定义约束。例如，教职工表中的"类型"必须在"在职、外聘和返聘"中取值，否则不被接受。

　　目前，几乎所有的 DBMS 都提供了一系列技术来支持实现数据完整性。

## 2.2.4　案例实现

　　高校教职工津贴发放管理系统数据模型的实现经过两个大的步骤，第一是数据库的概念结构设计，产生 SAGM 数据库的概念模型；第二步将概念模型转化为规范的关系数据模型。

### 2.2.4.1　建立 SAGM 数据库概念模型

　　(1)在需求分析的基础上，确定高校教职工津贴发放管理数据库的实体及属性。

　　教职工(Staff)：学校中的所有教职工，属性包括身份证号、姓名、性别、银行卡号、职务、职称、地址和电话。

部门(Dept)：学校中的所有部门，属性包括部门号、部门名称和备注。

津贴(JType)：学校要发放的津贴，属性包括津贴类型号、津贴名称和备注。

部门津贴主表(Dept_JT)：描述月度部门津贴下发信息、余额信息等，属性包括主表流水号、部门信息、津贴信息、下发总额、可分配余额、状态、下发日期和备注。

津贴分配子表(Jtfp)：月度各部门的分配方案，直接与主表关联，属性包括子表流水号、教职工信息、主表信息，金额和备注。

(2)画出实体间的联系，如图 2−13 所示。

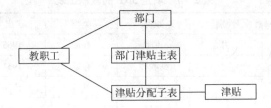

图 2−13　津贴发放管理实体间的关系图

(3)绘制局部 E−R 图。部门和教职工之间的联系是 1∶n 的联系，根据各自的属性画出部门与教职工之间联系的 E−R 图，如图 2−14 所示。

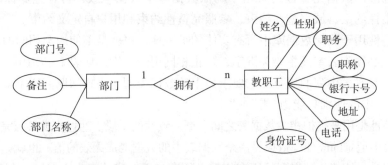

图 2−14　部门与教职工之间联系的 E−R 图

每一条津贴子表中的津贴信息都对应有唯一一条主表记录，而每一条部门津贴主表记录都对应了多条子表记录，因此部门津贴主表和津贴分配子表间的联系也是 1∶n 的联系。根据各自的属性，画出了部门津贴主表与津贴分配子表的 E−R 图，如图 2−15 所示。

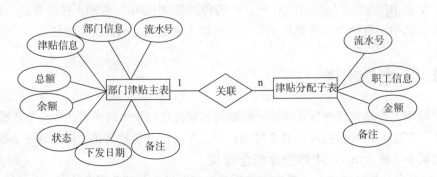

图 2−15　部门津贴主表与津贴分配子表之间联系的 E−R 图

最后一步就是合并 E - R 图。由于 SAGM 系统中包含的实体很多,将所有的局部 E - R 图设计完成后,按照合并规则很容易实现,考虑到篇幅因素,这里不再一一介绍。

### 2. 2. 4. 2   建立 SAGM 数据库数据模型

在上述概念结构设计的基础上,依据转化规则,将 E - R 图转换为关系数据模型并进行优化,得到的关系模式描述如下:

(1)教职工 E - R 图和部门 E - R 图。从实体间的联系可以看出,部门实体与教职工实体之间是 1∶n 的联系,优化后的 2 个关系模式如下。

教职工(身份证号,姓名,性别,银行卡号,职务、职称、地址、电话,部门号)

部门(部门号,部门名称,备注)

(2)津贴 E - R 图。津贴实体与部门津贴主表实体之间是 1∶n 的联系,津贴类型号是主关键字,转换后关系模式如下。

津贴(津贴类型号,津贴名称,备注)

(3)部门津贴主表 E - R 图。由于部门实体与部门津贴主表实体之间存在 1∶n 的联系,因此除了在关系"部门津贴主表"中增加津贴类型号外,还要增加部门号属性,关系模式如下。

部门津贴主表(主表流水号,部门号,津贴类型号,下发总额,可分配余额,下发日期,状态,备注)

(4)津贴分配子表 E - R 图。因为每一位教职工都对应着多条自己的津贴分配记录,所以教职工实体与津贴分配子表实体间是 1∶n 的联系,在"津贴分配子表"关系中除了增加"部门津贴主表"中的主表流水号,还要加入"身份证号"这一外关键字,关系模式如下。

津贴分配子表(子表流水号,身份证号,主表流水号,金额,备注)

## 2.2.5   技能训练

【题目】:根据 2.1.5 技能训练中某公司商品销售管理信息系统的需求分析结果,建立该系统的关系数据模型。

【要求】:

(1)分析得出全部实体和属性。

(2)画出实体间的关系图。

(3)将 E - R 图转化并优化,建立合理的关系数据模型。

# 任务 2.3   创建 SAGM 数据库

## 2.3.1   案例描述

请依据任务 2.2 中对 SAGM 系统数据库的分析结果,使用 SQL Server 2005 数据开发工具创建 SAGM 系统数据库 ZGJT(职工津贴汉字首字母),如图 2 - 16 所示。要求熟练掌握利用工具建立数据库和数据表的相关操作。

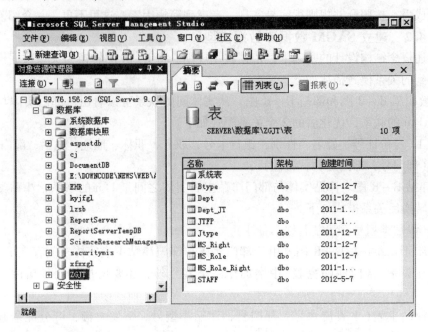

图 2 - 16　ZGJT 数据库

## 2.3.2　案例分析

在数据库设计过程中，数据模型确立之后，便是将这个逻辑结构实施到具体的环境中，给我们的数据模型选取一个具体的工作环境，这个工作环境提供了数据存储结构与存取方法，这个过程就是数据库的物理结构设计。物理结构设计要结合特定的数据库管理系统，不同的数据库管理系统其文件物理存储方式也是不同的。

设计人员必须充分了解所用关系型数据库管理系统的内部特征、存储结构和存取方法。数据库的物理设计通常分为两步：

（1）确定数据库的物理结构(存储结构、存取方法和存储位置)。

（2）评价该物理结构的实施空间效率和时间效率，评价结果满足设计要求则进入实施阶段，否则需要重新设计或者修改。

目前，数据库的工具软件很多，比如 DB2❶、Oracle❷、Informix❸、Sybase❹、SQL Server❺、PostgreSQL❻、MySQL❼ 等。SAGM 系统采用市场主流的 MicroSoft SQL Server 2005 数据

---

❶ IBM 公司产品，其版本大多支持包含 Linux 在内的一系列平台。

❷ Oracle 公司产品，目前 Oracle 关系数据库产品的市场占有率名列前茅。

❸ Informix 在 1980 年成立，目的是为 Unix 等开放操作系统提供专业的关系型数据库产品。

❹ Sybase 首先提出 Client/Server 数据库体系结构的思想，并率先在 Sybase SQL Server 中实现。

❺ 微软与 Sybase 合作，使用 Sybase 的技术开发基于 OS/2 平台的关系型数据库。

❻ PostgreSQL 是一种特性齐全的关系型数据库，很多特性是当今许多商业数据库的前身。

❼ MySQL 是一个小型关系型数据库管理系统，开发者为瑞典 MySQL AB 公司

管理系统开发，本节重点介绍 MicroSoft SQL Server 2005 的安装及如何在其环境下进行数据库物理设计及创建和管理数据库。

## 2.3.3　知识准备

### 2.3.3.1　确定数据库物理结构

确定数据库的物理结构主要是确定数据的存储结构、存取方法和位置，主要内容有：确定关系、索引、聚集、日志和备份等的存储安排与存储结构，确定数据库的参数配置。用户在设计表结构时注意以下几点。

**1）字段命名及数据类型**

这个阶段的主要工作是将逻辑结构的关系模式转化为特定存储结构——表。一个关系模式转化为一个表，关系名为表名，关系中的属性转化为表中的列字段，转化过程中最好将中文名称对应转化为英文单词首字母或者拼音首字母的大写形式命名。结合具体数据库管理系统，设置每一列的数据类型和精度。

**2）空值（NULL）问题**

NULL 表示空值，即数值不确定，而不是"空白"或者"0"，一定要切记。比较两个空值是没有任何意义的，因为每个空值都表示未知。例如存储客户"地址"和"电话"的字段，在不知道的情况下可以先不用输入，这时在设计字段时，将他们的数据类型设置后，要勾选允许空值选项，确保数据的完整性。

**3）主键（Primary Key）**

我们知道，主键可唯一确定一行记录，它可以是单独的字段，也可以是几个字段的组合，但一个数据表中只能有一个主键。

**4）用户自定义约束**

为确保数据的完整性，我们有些字段设计时，要亲自定义约束条件。比如默认值、长度和取值范围等。

**5）外键**

在具有外部关键字的关系模式中，我们只需表明这个是我们数据表的外键即可。

**6）索引**

使用索引可以加快数据检索的速度，提高数据库的使用效率。确定在哪些字段上使用索引，以及使用什么样的索引，都是我们必须要考虑的问题。创建数据库索引的基本原则如下：

（1）在主键和外键上一般都建有索引，这样有利于进行主码唯一性和完整性检查。

（2）对经常出现的连接条件的公共属性建立索引。

（3）对经常作为查询条件的属性和作为排序条件的属性建立索引。

### 2.3.3.2　SQL Server 2005

**1）简介**

SQL Server 2005 是微软推出的一种数据库管理软件产品，2005 代表其系列版本号，Server 是服务器的意思，表明 SQL Server 2005 在计算机网络中是一台提供数据服务的服务器。SQL（Structured Query Language）译为结构化查询语言，它是各种关系型数据库所采用的标准语言。有了 SQL，人们可以让各种数据库理解人的意思，让数据库按照人的意愿工作。

SQL Server 2005 数据库平台包括关系型数据库、复制服务、通知服务、集成服务、分析服务、报表服务、管理工具和开发工具，其体系结构如图 2－17 所示。

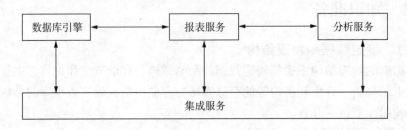

图 2－17　SQL Server 2005 服务体系结构

微软公司为不同的用户需求量身定做了五种不同的 SQL Server 2005 版本，例如：

企业版（Enterprise），标准版（Development），工作组版（Workgroup），开发版（Standard），简易版（Express）。

用户根据自己的需求和软、硬件环境、价格水平等来做出选择。

本书着重介绍 SQL Server 2005 企业版提供的各种数据应用和服务，创建、管理和使用数据库。

**2）SQL Server 2005 的安装环境要求**

软件安装和运行的环境要求与两个方面有关，一个是软件的版本，不同版本对操作系统的要求不同；二是操作系统的位数，在 32 位平台上运行 SQL Server 2005 的要求和在 64 位平台上的要求有所不同。下面列出了 32 位平台上安装和运行 SQL Server 2005 企业版的环境要求。

（1）监视器。SQL Server 图形工具需要使用 VGA 或更高分辨率，分辨率至少为 1024×768 像素。

（2）光驱。通过 CD 或 DVD 媒体进行安装时需要相应的 CD 或 DVD 驱动器。

（3）网络环境。安装机器，需要配置以太网卡（10/100Mbps）；IE 浏览器版本最好是 6.0 及其以上版本；安装报表服务器需要ⅡS 5.0 或更高版本以及 ASP. net2.0 环境支持，系统自动检查 .Net 框架安装情况，如果尚未启用 ASP. NET，则 SQL Server 安装程序将启用它。

（4）软件要求。如果用户的操作系统不是 Windows Server 2003 SP1，则 SQL Server 安装程序还需要 Microsoft .NET Framework 2.0、Microsoft Windows Installer 3.1 或更高版本；Microsoft 数据访问组件（MDAC）2.8 SP1 或更高版本。所有这些组件可以到微软官方网站免费下载，网址：http://www.microsoft.com/zh－cn/download/default.aspx。

**3）SQL Server 2005 安装过程**

下面以在 Windows Server 2003 SP1 上安装 Microsoft Sql Server 2005 为例，具体介绍其安装过程。

（1）把第一张光盘放入光驱中，出现如图 2－18 所示的界面。

在该画面中，单击"服务器组件、工具、联机丛书和示例（C）"链接，开始安装 SQL Server 2005，如图 2－19 所示。

图 2 – 18　光盘启动界面　　　　　　　　　图 2 – 19　选项选择

（2）在"最终用户许可协议"界面下方，单击选中"我接受许可条款和条件（A）"复选框，然后单击"下一步（N）"按钮，如图 2 – 20 所示。

（3）此时出现"安装必备组件"界面，如图 2 – 21 所示。系统自动安装所必需的组件后，单击"下一步（N）"按钮。

图 2 – 20　最终用户协议　　　　　　　　　图 2 – 21　安装必备组件

（4）等待一段时间后，进入"欢迎使用 Microsoft SQL Server 安装向导"界面，如图 2 – 22 所示。单击"下一步（N）"按钮，出现系统配置检查界面，如图 2 – 23 所示。14 个项目里面如果有 1 项有错误或者警告，整个 SQL Server 2005 都将不能正常安装。

（5）完成系统配置检查后，系统将要求用户输入安装密钥，用来注册，如图 2 – 24 所示。

（6）在接下来的"要安装的组件"界面中，用户将自定义选择安装所需要的组件，如图 2 –25 所示。

【提示】单击"高级"按钮后，可以查看更多的选项。在出现的自定义安装界面中，用户可以进行以下操作。

单击图标选择安装 Microsoft SQL Server 2005 各种组件的详细信息。

单击"浏览"按钮选择 Microsoft SQL Server 2005 的安装目录。

选择安装 Microsoft SQL Server 2005 的各种组件以及安装的目录，并检查磁盘开销。

图 2 - 22　安装向导　　　　　　　　　　图 2 - 23　系统配置检查

图 2 - 24　注册信息　　　　　　　　　　图 2 - 25　要安装的组件选择

（7）接下来，进行"实例"的安装，安装向导将提示是否安装默认实例或命名实例，如图 2 - 26所示。

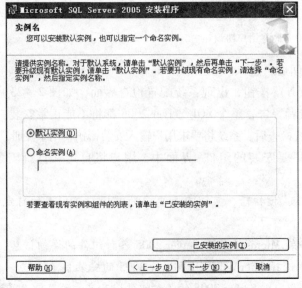

图 2 - 26　安装实例

【提示】当本机没有默认实例时，用户才可以安装默认实例。

由于本系统安装 Microsoft Visual Stdio 2005 时默认安装了 SQL Server 2005 Express，所以无法安装默认实例，出现以下画面，如图 2－27 所示。

此时根据提示，单击"上一步（B）"按钮，回到安装实例界面，可选中"命名实例"单选按钮，然后在文本框中输入一个唯一的实例名，如图 2－28 所示。

如果已经安装了默认实例或已命名实例，并且为安装的软件选择了现有实例，安装程序将升级所选择的实例并提供安装其他组件的选项。

图 2－27　默认实例不可以安装提示　　　　　图 2－28　安装命名实例

（8）单击"下一步"按钮，出现"服务帐户"设置界面，如图 2－29 所示。

（9）选好"服务帐户"后，单击"下一步"按钮，出现"身份验证模式"设置界面，选择混合模式，并设置 sa 登录密码，如图 2－30 所示。

图 2－29　服务账户　　　　　　　　　　图 2－30　身份验证模式

（10）单击"下一步"按钮，出现"排序规则设置"界面，如图 2－31 所示。

上面的安装顺利完成后，将会提示用户放入光盘 2。插入第二张光盘后，启动界面如图 2－32所示。

（11）选择"仅工具、联机丛书和示例（T）"链接后，出现功能选择界面，如图 2－33 所示。

【提示】在安装过程中，前面选择的安装服务不同，第二张光盘切换的时机也不同，选择服务多，可能还有几步操作。

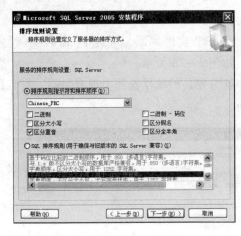

图 2-31　排序规则设置

图 2-32　第二张光盘安装选项

(12)单击"下一步(N)"按钮，出现安装进度界面，如图 2-34 所示。

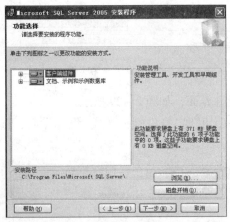

图 2-33　功能选择

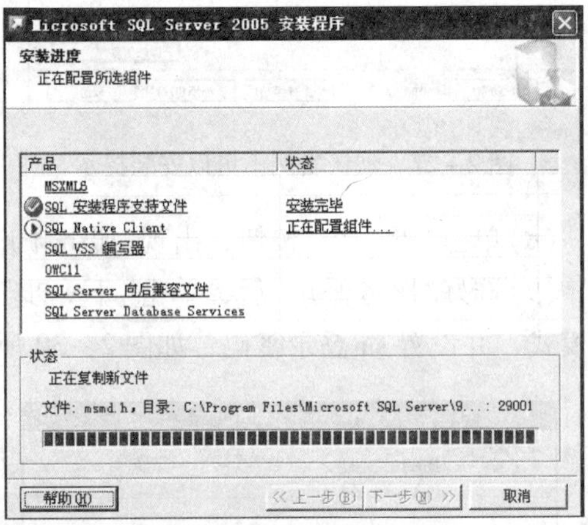

图 2-34　安装进度

当所有"产品"对应的"状态"显示"安装完毕"后，"下一步(N)"按钮恢复为可用状态，单击后完成安装，至此，SQL Server 2005 安装成功。

## 2.3.4　案例实现

### 2.3.4.1　确定数据表结构

针对 Sql Server 2005 数据库管理系统，根据前面案例得到的 SAGM 数据库的关系模式，对每一个关系模式的主键、外键、约束条件都进行了优化，确定数据类型和长度后，形成了 SAGM 数据库的主要数据表。

(1)教职工(**身份证号**，姓名，性别，银行卡号，职务、职称、地址、电话，部门号)，表结构如表 2-8 所示。

表 2-8 Staff(教职工)表

| 序号 | 字段名 | 类型 | 长度 | 精度 | 小数位数 | 默认值 | 允许空 | 主键 | 说明 |
|---|---|---|---|---|---|---|---|---|---|
| 1 | Id | int | 4 | | | | | √ | 自动编号 |
| 2 | Sfzh | nvarchar | 50 | | | | | √ | 身份证号码 |
| 3 | Password | nvarchar | 20 | | | 123456 | | | 密码 |
| 4 | Realname | nvarchar | 50 | | | | √ | | 真实姓名 |
| 5 | Sex | nvarchar | 2 | | | | √ | | 性别 |
| 6 | Deptid | int | 4 | | | | √ | | 部门号 |
| 7 | Kah | nvarchar | 50 | | | | √ | | 银行卡号 |
| 8 | ZhiCh | nvarchar | 24 | | | | √ | | 职称 |
| 9 | ZhiW | nvarchar | 50 | | | | √ | | 职务 |
| 10 | Tel | nvarchar | 50 | | | | √ | | 电话 |
| 11 | Address | nvarchar | 100 | | | | √ | | 地址 |

(2)部门(部门号,部门名称,备注),表结构如表 2-9 所示。

表 2-9 Dept(部门)表

| 序号 | 字段名 | 类型 | 长度 | 精度 | 小数位数 | 默认值 | 允许空 | 主键 | 说明 |
|---|---|---|---|---|---|---|---|---|---|
| 1 | Y_id | int | 4 | | | | | √ | 部门号 |
| 2 | Y_name | char | 20 | | | | | | 部门名称 |
| 3 | BeiZhu | nvarchar | 100 | | | | √ | | 备注 |

(3)津贴(津贴类型号,津贴名称,备注),表结构如表 2-10 所示。

表 2-10 Btype(津贴)表

| 序号 | 字段名 | 类型 | 长度 | 精度 | 小数位数 | 默认值 | 允许空 | 主键 | 说明 |
|---|---|---|---|---|---|---|---|---|---|
| 1 | JT_id | int | 4 | | | | | √ | 津贴类型号 |
| 2 | JT_name | char | 50 | | | | | | 津贴名称 |
| 3 | BeiZhu | nvarchar | 100 | | | | √ | | 备注 |

(4)部门津贴主表(主表流水号,部门号,津贴类型号,下发总额,可分配余额,下发日期,状态,备注),表结构如表 2-11 所示。

表 2-11 Dept_JT(部门津贴主表)

| 序号 | 字段名 | 类型 | 长度 | 精度 | 小数位数 | 默认值 | 允许空 | 主键 | 说明 |
|---|---|---|---|---|---|---|---|---|---|
| 1 | lsh | numeric | 9 | 18 | 0 | | | √ | 主表流水号 |
| 2 | Y_id | int | 4 | | | | | | 部门号 |
| 3 | JT_id | int | 4 | | | | | | 津贴类型号 |
| 4 | Xfje | float | 8 | | | | | | 下发总额 |
| 5 | Kfpje | float | 8 | | | | | | 可分配余额 |
| 6 | Xfdate | datetime | 8 | | | | √ | | 下发日期 |
| 7 | State | int | 4 | | | 0 | √ | | 状态 |
| 8 | BeiZhu | nvarchar | 500 | | | | √ | | 备注 |

（5）津贴分配子表（<u>子表流水号</u>，身份证号，主表流水号，金额，备注），表结构如表 2 - 12 所示。

表 2 - 12　　Jtfp（津贴分配子表）

| 序号 | 字段名 | 类型 | 长度 | 精度 | 小数位数 | 默认值 | 允许空 | 主键 | 说明 |
| --- | --- | --- | --- | --- | --- | --- | --- | --- | --- |
| 1 | lsh | numeric | 9 | 18 | 0 | | | √ | 子表流水号 |
| 2 | Sfzh | char | 20 | | | | | | 身份证号 |
| 4 | Dept_JT_lsh | int | 4 | | | | | | 主表流水号 |
| 5 | Jine | float | 8 | | | | | | 金额 |
| 6 | BeiZhu | nvarchar | 500 | | | | √ | | 备注 |

系统中还有诸如管理员表、权限表、角色表等，读者根据需求自行设计，这里不再详细说明。

### 2.3.4.2　建立数据库 ZGJT

表结构完成后，进入 SQL Server 2005 环境建立名为 ZGJT 的数据库及里面的所有数据表。创建数据库通常使用两种方法，一是使用 SQL Server Management Studio 创建数据库；二是使用 Transact - SQL 语言创建数据库。

创建数据库需要一定许可权限，在默认情况下，只有系统管理员和数据库拥有者可以创建数据库。数据库被创建后，创建数据库的用户自动成为该数据库的所有者。创建数据库的过程实际上就是为数据库设计名称、设计所占用的存储空间和存放文件位置的过程等。数据库名字必须遵循 SQL Server 命名规范。一台服务器上最多可能创建 32767 个数据库。

下面我们使用 SQL Server Management Studio 创建 SAGM 系统数据库，名称为 ZGJT。操作步骤如下。

单击【开始】→【所有程序】→【Microsoft Sql Server 2005】→【SQL Server Management Studio】出现 SQL Server 2005 登录界面，如图 2 - 35 所示。

图 2 - 35　登录界面

接下来选择"数据库引擎"、"服务器名称❶"和身份验证方式，一种是 Windows 身份，另一种是 SQL 验证的 sa 登录。安装时选择了混合模式，所以选择哪一种都可以。登录后

---

❶ 服务器名称，一般为计算机名称或计算机的 IP 地址，安装后自动系统检测。

SQL Server Management Studio 环境如图 2 – 36 所示。

在"数据库"上面右键鼠标，从下拉选项中选择【新建数据库】命令，如图 2 – 37 所示。在弹出的界面"数据库名称"一栏中输入 ZGJT，如图 2 – 38 所示。

图 2 – 36　SQL Server Management Studio 环境

图 2 – 37　新建数据库命令

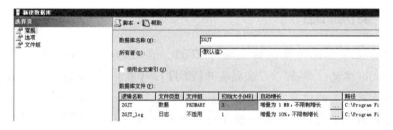

图 2 – 38　输入 ZGJT 数据库名称

职工津贴的空数据库已经建立，单击" + "依次展开【ZGJT】→【表】，右键选择【新建表】命令，如图 2 – 39 所示。

比如新建第一张表 Staff( 教职工) 表。根据前面物理结构给出的表结构、字段名称、数据类型、约束条件等，设置表中的每一个字段。如要设置某一字段或几个字段为表的主键，需要右键单击该字段名称前方灰色部分，在弹出的选项中设置即可( 如果多个字段，需按 Ctrl 键完成)，完成字段设置后，单击保存按钮，保存数据表。如图 2 – 40 所示。

图 2 – 39　在 ZGJT 数据库中新建表

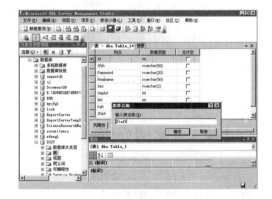

图 2 – 40　字段设置与保存

同理，将其他数据表依次创建完毕，整个数据库基本建立完成。

## 2.3.5　技能训练

【题目】：在 Windows XP 和 Windows Server 2003 上分别练习安装 SQL Server 2005 数据库管理系统。

【要求】：

(1)比较二者安装过程中的不同。

(2)根据 2.2.5 技能训练中某公司商品销售管理信息系统的数据模型，进行该系统数据库的物理设计，并在 SQL Server 2005 下创建它，数据库名称为 SPXS(商品销售拼音首字母)。

# 任务 2.4　学习结构化查询语言(SQL)

## 2.4.1　案例描述

我们已经建立了 SAGM 系统的数据库 ZGJT，启动 SQL Server 2005，进入 SQL Server Management Studio 环境，单击"＋"依次展开【ZGJT】→【表】→【Staff】，右键选择【打开表】命令，会看到所有教职工的信息，如图 2 - 41 所示。

从图中看出教职工有 600 多人，现在想在这些记录中找出"计算机系"的全体教职工记录，应该如何实现呢？结果运行如图 2 - 42 所示。

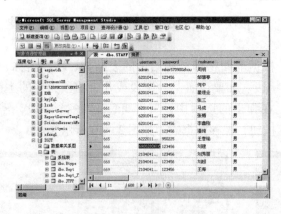

图 2 - 41　打开的 Staff 表　　　　　　　　图 2 - 42　计算机系教师的记录

## 2.4.2　案例分析

显然，题目要求按条件筛选记录。实际的开发过程中，用户类似的功能需求很多，实现它的有效途径就是借助 SQL 语言。

SQL(Structure Query Languge，结构化查询语言)是一种关系数据库应用语言，是现代数据库体系结构的基本构成部分之一，SQL 定义了在大多数平台上建立和操作关系数据库的方法，不管是 Oracle、MS SQL 、Access、MySQL 或其他公司的数据库，也不管数据库建立在大型主机或个人计算机上，都可以使用 SQL 语言来访问和修改数据库的内容。

虽然不同公司的数据库软件多多少少会增加一些专属的 SQL 语法，但大体上，它们还是遵循 ASNI(美国国家标准协会)制定的 SQL 标准。因为 SQL 语言具有易学习及易阅读等特性，所以 SQL 逐渐被各种数据库厂商采用，现已成为一个国际工业标准。

## 2.4.3　知识准备

### 2.4.3.1　SQL 简介

**1 ) SQL 的发展历程**

SQL 是一个标准的数据库语言，是面向集合的描述性非过程化语言，最早是 1974 年由 Boyce 和 Chamberlin 提出，当时称 SEQUEL。由于它功能丰富、使用方式灵活、语言简洁易学易维护等突出优点，在计算机工业界和计算机用户中倍受欢迎。

1976 年 IBM 公司的 Sanjase 研究所在研制 RDBMS SYSTEM R 时改为 SQL。

1979 年 ORACLE 公司发表第一个基于 SQL 的商业化 RDBMS 产品。

1982 年 IBM 公司出版第一个 RDBMS 语言 SQL/DS。

1985 年 IBM 公司出版第一个 RDBMS 语言 DB2。

1986 年 10 月，美国国家标准局(ANSI)的数据库委员会批准了 SQL 作为关系数据库语言的美国标准。

1987 年 6 月国际标准化组织(ISO)将其采纳为国际标准。这个标准也称为"SQL86"。随着 SQL 标准化工作的不断进行，相继出现了"SQL89"、"SQL2"(1992)和"SQL3"(1993)。

SQL 成为国际标准后，对数据库以外的领域也产生很大影响，不少软件产品将 SQL 语言的数据查询功能与图形功能、软件工程工具、软件开发工具、人工智能程序结合起来。我们在这里介绍基于 SQL89 和 SQL2 的语言使用情况。

**2 ) SQL 的组成**

SQL 主要由四个部分组成。

(1)数据定义：这一部分也称为"SQL DDL"，用于定义 SQL 模式、基本表、视图和索引。

(2)数据查询：这一部分也称为"SQL DQL"。数据查询使用户从数据库中检索数据并使用这些数据。

(3)数据操纵：这一部分也称为"SQL DML"。用户或应用程序通过 SQL 更改数据库，数据操纵主要有插入、删除和修改三种操作。

(4)数据控制：这一部分也称为"SQL DCL"。数据控制包括对基本表和视图的授权，完整性规则的描述，事务控制语句等。

**3 ) SQL 语句的方法**

SQL 语言简洁，为完成其核心功能只用了 6 个动词，SELECT、CREARE、INSERT、UP-DATE、DELETE 和 GRANT(REVOKE)。目前 ANSI SQL 标注认可四种 SQL 语句的方法。

(1)交互式 SQL(Interactive SQL)，以命令行的方式执行 SQL 语句。

(2)嵌入式 SQL(Embedded SQL)，通常在 SQL 语句前面加一个关键动词来执行 SQL 语句。例如 C 语言中的 EXEC SQL。

（3）模块 SQL（Module SQL），允许创建独立于 3GL 源代码的编译 SQL 语句，然后把编译好的目标模块连入可执行程序。SQL 模块类似 VB 中的代码模块，模块中有变量说明和存放查询结果的临时表。在数据库服务器上执行预编译的存储过程与模块 SQL 也有许多共同的性质。

（4）动态 SQL（Dynamic SQL），可以创建在编写程序代码时无法预测字段内容的 SQL 语句，在知道了数据库结构后，应用程序向用户创建可以添加字段的定制查询。

总之，任何 SQL 语句的具体使用语法和效果均与应用程序编程环境有关。

### 2.4.3.2 SQL 语言的组成

SQL 语言由命令（函数）、子句、运算符、函数和通配符等组成。

**1）命令**

SQL 的命令可分成数据定义语言与数据操作语言。数据定义语言可用来建立新的数据库、数据表、字段及索引等；数据操作语言可用来实现查询、排序、筛选数据、修改、增删等动作。数据操作语言命令常用的有选择、插入、删除和修改这四种。

（1）创建命令：CREATE，用于创建新的数据库、数据表和存储过程等。

（2）修改命令：ALTER，用于修改数据库、基本表和存储过程等。

（3）删除命令：DROP，用于删除数据库、数据表和存储过程等。

（4）选择命令：SELECT，用于找出符合条件的记录。

（5）插入命令：INSERT，用于增加一条记录或合并两个数据表。

（6）更新命令：UPDATE，用于更正符合条件的记录。

（7）删除记录命令：DELETE，用于删除符合条件的记录。

**2）子句**

子句用于设定命令要操作的对象（即参数），SQL 所用的子句如下：

（1）FROM 子句，用于指定数据表。

（2）WHERE 子句，用于设定条件。

（3）GROUP BY 子句，用于设定分组条件。

（4）ORDER BY 子句，用于设定排序条件集、输出的顺序和字段。

**3）运算符**

子句参数中的运算符使子句构成不同的语法格式，如 SEX = '男'、年龄 > 30 等。运算符又分逻辑运算符与比较运算符。

逻辑运算符如下：

（1）并且运算符：AND，表示逻辑与。

（2）或运算符：OR，表示逻辑或。

（3）取反运算符：NOT，表示逻辑非或逻辑反。

比较运算符如下：

（1）运算符： <，表示小于。

（2）运算符： < = ，表示小于等于。

（3）运算符： > = ，表示大于等于。

（4）运算符： >，表示大于。

(5)运算符：＝，表示等于。

(6)运算符：＜＞，表示不等于。

(7)运算符：BETWEEN，意为在 … 之间，用于设定范围。

(8)运算符：LIKE，用于通配设定。

(9)运算符：IN，意为在…之内，用于集合设定。

**4）函数**

函数通常运用在命令的参数中，如："SELECT　COUNT（＊）as 人数 FROM 学生表"。

(1)平均函数：AVG，用于求指定条件的平均值。

(2)统计函数：COUNT，用于求指定的数量。

(3)求和函数：SUM，用于求指定条件的和。

(4)最大值函数：MAX，用于求指定条件的最大值。

(5)最小值函数：MIN，用于求指定条件的最小值。

**5）通配符**

(1)通配符:％，可以代表任何长度的字符串（包括 0）。

(2)通配符：＿，表示任何一个字符。

(3)通配符：［］，表示某个范围内的一个字符。

### 2.4.3.3　SQL 语言的运用

SQL 语言的运用就是如何将命令、子句、运算符、函数等组合使用，下面举例说明。

**1）SQL 定义**

SQL 的数据定义部分包括对 SQL 模式（Schema）、基本表（关系，Table）、视图（View）、索引（Index）的创建和撤消操作。下面以基本表为例，说明 SQL 数据定义相关命令的使用。

(1)基本表的定义。创建基本表，就是定义基本表的结构，每个属性的类型可以是基本类型，也可以是用户事先定义的类型。完整性规则主要有三种子句：主键子句（PRIMARY KEY）、检查子句（CHECK）和外键子句（FOREIGN KEY）。

句法：CREATE TABLE 基本表名（列名 类型，完整性约束，…）

【例 2.13】　创建一个学生表，关系为：Stu（SNO，SNAME，SEX，ADDR）。

```
CREATE TABLE Stu （SNO CHAR(4) NOT NULL,
                  SNAME CHAR(20) NOT NULL,
                  SEX CHAR(2) NOT NULL,
                  ADDR CHAR(20),
                  PRIMARY KEY (SNO)；
```

这里定义的关系 Stu 有四个属性，分别是学号（SNO）、姓名（SNAME）、性别（SEX）和住址（ADDR），属性的类型都是字符型，长度分别是 4、20、2 和 20 个字符，主键是学号 SNO。在 SQL 中允许属性值为空值，当规定某一属性值不能为空值时，就要在定义该属性时写上保留字"NOT NUIL"。本例中，规定学号、姓名和性别不能取空值。由于已规定学号为主码，所以对属性 SNO 定义中的"NOT NULL"可以省略不写。

(2)基本表结构的修改。基本表建立后，可根据需要对基本表结构进行修改，即增加新的属性或删除原有的属性。

增加新的属性：句法：ALTER TABLE　基本表名 ADD 新属性名 新属性类型

**【例 2.14】** 在基本表 Stu 中增加一个电话号码(TELE)属性,可用下列语句:

ALTER TABLE Stu ADD TELE CHAR(12);

应注意,新增加的属性不能定义为"NOT NULL"。基本表在增加一个属性后,原有元组在新增加的属性列上的值都被定义为空值(NULL)。

删除原有的属性:

句法:ALTER TABLE 基本表名 DROP 属性名 [CASCADE|RESTRICT]

此处 CASCADE 方式表示:在基本表中删除某属性时,所有引用到该属性的视图和约束也要一起自动地被删除。而 RESTRICT 方式表示在没有视图或约束引用该属性时,才能在基本表中删除该属性,否则拒绝删除操作。

**【例 2.15】** 在基本表 Stu 中删除住址(ADDR)属性,并且将引用该属性的所有视图和约束也一起删除,可用下列语句:

ALTER TABLE Stu DROP ADDR CASCADE;

(3)基本表的删除。可用"DROP TABLE"语句删除基本表,其所有数据也丢失了。DROP 语句的句法如下:

DROP TABLE 基本表名 (CASCADE|RESTRICT)

此处的 CASCADE 和 RESTRICT 的语义同前面句法中的语义一样。

**【例 2.16】** 删除基本表 Stu,但只有在没有视图或约束引用基本表 Stu 中的列时才能删除,否则拒绝删除。可用下列语句实现:

DROP TABLE Stu RESTRICT;

**2)SQL 查询**

SQL 中最经常使用的是从数据库中获取数据。从数据库中获取数据称为查询数据库,查询数据库通过使用 SELECT 语句实现。

(1)SELECT 语句格式。常见的 SELECT 语句包含 6 部分,其语法形式为:

SELECT 字段列表 FROM 表名 WHERE 查询条件 GROUP BY 分组字段 HAVING 分组条件 ORDER BY 排序字段[ASC|DESC]

其中,字段列表部分包含了查询结果要显示的字段清单,字段之间用逗号分开。要选择表中所有字段,可用星号"＊"代替。如果所选定的字段要更名,可在该字段后用 AS[新名]实现。

FROM 子句用于指定一个或多个表。如果所选的字段来自不同的表,则字段名前应加表名前缀。

WHERE 子句用于限制记录的选择。构造查询条件可使用大多数的 Visual Basic 内部函数和运算符,以及 SQL 特有的运算符构成表达式。

GROUP BY 和 HAVING 子句用于分组和分组过滤处理。它能把在指定字段列表中有相同值的记录合并成一条记录。如果在 SELECT 语句中含有 SQL 合计函数,例如 SUM 或COUNT,那么就为每条记录创建摘要值。

在 GROUP BY 字段中的 NULL 值会被分组,并不省略。但是,在任何 SQL 合计函数中都计算 NULL 值。可用 WHERE 子句来排除不想分组的行,将记录分组后,也可用 HAVING子句来筛选它们。一旦 GROUP BY 完成了记录分组,HAVING 就显示由 GROUP BY 子句分组的、且满足 HAVING 子句条件的所有记录。HAVING 子句与已确定要选中那些记录的WHERE 子句类似。

ORDER BY 子句决定了查找出来的记录的排列顺序。在 ORDER BY 子句中，可以指定一个或多个字段作为排序键，ASC 选项代表升序，DESC 代表降序。

在 SELECT 语句中，SELECT 和 FROM 子句是必须的。

可在 SELECT 子句内使用合计函数对记录进行操作，它返回一组记录的单一值。例如，AVG 函数可以返回记录集的特定字段中所有值的平均数。

（2）单表查询：

**【例 2.17】** 假设某学生成绩管理数据库中有三个基本表（关系）：

> 学生关系：Stu(SNO, SNAME, SEX, ADDR)
> 课程关系：Course(CNO, CNAME, XUEF, TYPE)
> 成绩关系：SC(SNO, CNO, SCORE)

如果上述关系的当前值如下：

学生关系：Stu

| SNO | SNAME | SEX | ADDR |
| --- | --- | --- | --- |
| S1 | 张梅 | 男 | 兰州福利路 23 号 |
| S2 | 李启华 | 女 | 上海浦东 120 号 |
| S3 | 赵莹莹 | 女 | 西安东郊 75 号 |
| S4 | 葛建武 | 男 | 北京三环路 4 号 |
| S5 | 周娜 | 女 | 北京四环路 89 号 |
| S6 | 吴韦 | 男 | 兰州张掖路 13 号 |

课程关系：Course

| CNO | CNAME | XUEF | TYPE |
| --- | --- | --- | --- |
| C1 | C 语言程序设计 | 3 | 必修 |
| C2 | 计算机操作技术 | 4 | 必修 |
| C3 | 大学语文 | 1 | 选修 |
| C4 | 网络技术基础 | 2 | 选修 |
| C5 | 音乐欣赏 | 1 | 选修 |

成绩关系：SC

| SNO | CNO | SCORE |
| --- | --- | --- |
| S1 | C1 | 90 |
| S1 | C2 | NULL |
| S1 | C4 | 66 |
| S1 | C5 | 86 |
| S2 | C1 | 68 |
| S2 | C2 | 97 |
| S3 | C1 | 68 |
| S3 | C2 | 97 |
| S3 | C5 | 91 |

| SNO | CNO | SCORE |
| --- | --- | --- |
| S4 | C1 | 77 |
| S4 | C2 | 57 |
| S5 | C1 | 80 |
| S5 | C2 | 88 |
| S5 | C3 | 70 |
| S5 | C5 | 90 |
| S6 | C1 | 71 |
| S6 | C2 | 97 |
| S6 | C3 | 70 |
| S6 | C4 | 90 |

试用 SQL 语句表达下列查询语句。

①查询全体学生信息。

SELECT ＊ FROM Stu；

②查询所有选课学生的学号。

SELECT DISTINCT SNO FROM SC；

SELECT 子句后面的 DISTINCT 表示要在结果中去掉重复的学号 SNO。

③查询选择了课程 C5 的学生学号。

SELECT SNO FROM SC WHERE CNO = 'C5'；

④查询选择了课程 C3 并且成绩大于 90 分的学生学号。

SELECT SNO FROM SC WHERE CNO = 'C3' AND SCORE >90；

⑤查询没有考试成绩或者不及格的学生学号和课程号，结果按学号升序排列。

SELECT SNO，CNO FROM SC WHERE SCORE <60 OR SCORE IS NULL ORDER BY SNO；

在这个例子中用到了谓词"IS NULL"，当 SCORE 值为空时，SCORE IS NULL 的值为真（TRUE），否则为假（FALSE）。与"IS NULL"相对的谓词是"IS NOT NULL"，当 SCORE 值为非空值时，SCORE IS NOT NULL 的值为真（TRUE），否则为假（FALSE）。

⑥查询选择了课程 C2 且成绩在 80 与 100 之间的学号。

SELECT SNO FROM SC WHERE CNO = 'C2' AND SCORE BETWEEN 80 AND 100；

⑦查询兰州的学生姓名，假设学生关系的 ADDR 列的值都以城市名开头。

SELECT SNAME FROM Stu WHERE ADDR LIKE '兰州%'

在这个例子的条件表达式中，用到了字符串匹配操作符 LIKE。LIKE 谓词的一般形式是：列名　LIKE　字符串常数

【注意】列名的类型必须是字符串或可变字符串。在字符串常数中字符的含义如下：

%（百分号）：表示可以与任意长度（可以为零）的字符串匹配。

_（下划线）：表示可以与任意单个字符匹配。

所有其他的字符只代表自己。

（3）多表查询。实现来自多个关系的查询时，如果要引用不同关系中的同名属性，则在属性名前加上关系名，即用"关系名．属性名"的形式表示，以便区分。

在多个关系上的查询可以用联接查询表示，也可以用嵌套查询来实现。

【例 2.18】　使用例 2.16 中的关系和数据，完成以下查询。

①查询选择了课程号为 C3 的学生姓名。

SELECT SNAME FROM Stu，SC WHERE Stu．SNO = SC．SNO AND CNO = 'C3'；

这个 SELECT 语句执行时，要对关系 Stu 和 SC 做联接操作。执行联接操作的表示方法是 FROM 子句后面写上执行联接操作的表名 Stu 和 SC，再在 WHERE 子句中写上联接的条件 Stu．SNO = SC．JNO。

②查询成绩大于 90 分的选修课课程信息和学生信息。

SELECT Stu．SNO，SNAME，CNAME，SCORE

FROM Stu，SC，Course

WHERE Stu．SNO = SC．SNO AND SC．CNO = Course．CNO AND SCORE >90 AND TYPE = '选修'；

案例中使用了三个关系表，联接条件是：Stu. SNO = SC. SNO　AND　SC. CNO = Course. CNO，属性中如果字段间不重复，前面的关系名可以省略。

（4）函数应用查询：

【例 2. 19】　使用例 2. 16 中的关系和数据，完成以下查询。

①查询选择了课程 C5 的学生人数。

SELECT COUNT( DISTINCT( SNO)) AS COUNT_C5　FROM SC WHERE CNO = 'C5';

这个查询结果只有一行和一列，就是选择课程"C5"的学生人数。谓词 DISTINCT 用在列名前表示消除该列中重复的值，COUNT_C5 为输出的列名。

②求课程 C1 成绩的最大值、最小值、总值和平均值，输出的列名分别为：MAX_C1, MIN_ C1,SUM_C1 和 AVG_C1。

SELECT MAX(SCORE)　AS　MAX_C1,MIN(SCORE)　AS　MIN_C1,

　　SUM(SCORE)　AS　SUM_C1,AVG(SCORE)　AS　AVG_C1

FROM　SC

WHER CNO = 'C1';

在实际使用时，AS 字样可省略。

（5）数据分组。以上例子完成的是对关系中所有查询的元组进行合计运算，但在实际应用中，经常需要将查询结果进行分组，然后再对每个分组进行统计。SQL 语言提供了 GROUP BY 子句和 HAVING 子句来实现分组统计。

【例 2. 20】　使用例 2. 16 中的关系和数据，完成以下查询。

统计选课门数大于或等于 3 门的学生学号、选课门数和总成绩，结果按门数降序排列。

SELECT SNO,COUNT( DISTINCT CNO) AS COUNT_C,SUM( SCORE) AS SUM_SCORE

FROM SC

GROUP BY SNO

HAVING COUNT( DISTINCT( CNO)) > = 3 ORDER BY 2,3 DESC;

在这个例子中，首先按学号 SNO 的值对选课表进行分组，将 SNO 列的值相同的元组分为一组；然后对每一个分组进行合计操作，并按 HAVING 子句的条件对产生的元组进行选择，消除选了三门课程以下的元组；最后，再对结果进行排序。

**3）SQL 数据操纵**

SQL 的数据操纵包括数据插入、数据修改和数据删除等操作。

（1）数据插入。SQL 的数据插入语句 INSERT 有两种形式。

插入单个元组：

句法：INSERT INTO 基本表名（列名表）　VALUES（元组值）。

【注意】VALUES 后的元组值中列的顺序必须同基本表的列名表一一对应。如基本表后不跟列名表，表示在 VALUES 后的元组值中提供插入元组的每个分量的值，分量的顺序和关系模式中列名的顺序一致。

【例 2. 21】　使用例 2. 16 中的关系和数据，往基本表 Stu 中插入一个元组（'S7','郭晶晶','女','北京中路 1305 号'）。

INSERT INTO　Stu(SNO,SNAME,SEX,ADDR) VALUES('S7','郭晶晶','女','北京中路 1305 号');

假设 Stu 表中的地址字段 ADDR 可以为空值。那么插入数据时可以省略。

**【例 2.22】** 使用例 2.16 中的关系和数据,往基本表 Stu 中插入一个元组('S8','周蓉','女')。

INSERT INTO　Stu(SNO, SNAME, SEX) VALUES('S8','周蓉','女');

插入多个元组:

句法:INSERT INTO 基本表名(列名表)VALUES(元组值),(元组值),……

与插入单个元组的区别是元组值用括号括起来,并用逗号隔开,其他语句写法一样,这里就不再举例说明。

(2)数据删除:

句法:DELETE FROM ＜表名＞ WHERE ＜条件表达式＞

**【例 2.23】** 使用例 2.16 中的关系和数据,删除学号为 S3 的学生的选课记录。

DELETE FROM SC WHERE SNO = 'S3';

**【注意】**DELETE 语句只能从一个关系中删除元组,而不能一次从多个关系中删除元组。要删除多个元组,就要写多个 DELETE 语句。

(3)数据修改:

句法:UPDATE 基本表名 SET 列名 = 值表达式[,列名 = 值表达式…]﹝WHERE 条件表达式﹞

含义:修改指定表中满足条件表达式的元组中的指定属性值,其中 SET 子句用于指定修改方法,即用(表达式)的值取代相应的属性列值。如果省略 WHERE 子句,表示要修改表中的所有元组。

**【例 2.24】** 使用例 2.16 中的关系和数据,将学号为 S1 学生的 C2 课程成绩改为 90。

UPDATE SC SET SCORE = 90 WHERE SNO = 'S1' AND CNO = 'C2';

SQL 语句中还有嵌套查询、数据控制命令等其他语句,在后续的课程我们继续学习。

## 2.4.4　案例实现

本案例实际上是多表查询,因为在系部名称一列出现了"计算机系",所以用到了教职工表(Staff)和部门表(Dept)。在 SQL Server 2005 中实现步骤如下:

图 2 - 43　操作步骤

(1)进入 SQL Server Management Studio 后,单击" +"依次展开【ZGJT】→【表】→【Staff】,右键依次选择【编写表脚本为】→【SELECT 到】→【新建查询编辑器窗口】命令,如图 2 - 43 所示。

(2)为了简化查询,我们已知计算机系的部门号为 26,所以在新建查询编辑器窗口中输入 SQL 语句如下:

SELECT Id, Password as 密码, Realname as 姓名, Sex as 性别, position as 职称, Dept. Y_name as 系部, role as 角色

FROM　Staff, Dept

WHERE Staff. Deptid ＝Dept. Y_id and Deptid ＝26

（3）全部选中后，点击 ❗执行(X) 按钮，运行结果如图 2 – 44 所示。

图 2 – 44　实现结果

## 2.4.5　技能训练

【题目】：已知学生成绩管理数据库 Stu_ DB 的三个基本表：学生表 S（学号，姓名，年龄，性别，系别）、成绩表 SC（学号，课程号，成绩）和课程表 C（课程号，课程名，开设系别，任课教师）。关系模型表示为：

S（SNO,SNAME,AGE,SEX,SDEPT）

SC（SNO,CNO,GRADE）

C（CNO,CNAME,CDEPT,TNAME）

【要求】：在 SQL Server 2005 环境下建立数据库和数据表，录入不少于 10 条测试数据，并用 SQL 查询语句完成下列条件查询：

（1）查询某某老师所授课程的课程号和课程名。

（2）检索年龄大于 22 岁的男学生的学号和姓名。

（3）检索选修某某老师所授课程的学生学号。

（4）统计所有学生选修的课程门数。

（5）求选修 C1 课程的学生的平均年龄（假设 C1 为课程号）。

（6）求某某老师所授课程的每门课程的学生平均成绩。

（7）查询姓李的所有学生的姓名和年龄。

（8）在 SC 中检索成绩为空值的学生学号和课程号。

（9）往表 S 中插入一个学生元组（"S10"，"李魏军"，19，"男"，"应用化学工程系"）。

（10）在基本表 SC 中删除尚无成绩的元组。

（11）把某某课不及格的成绩全改为空值。

（12）把低于平均成绩的女同学的成绩提高 10%。

# 第3部分　数据组织与处理

❖ **知识目标：**

＊了解数据结构的基本概念和算法的复杂度分析。

＊学会线性表的逻辑定义、存储结构及基本操作。

＊学会栈和队列的存储表示和基本操作。

＊学会串的基本概念、存储结构及基本运算的实现。

＊学会数组的基本概念、基本运算，稀疏矩阵和广义表的定义及基本操作。

＊学会树的基本术语，存储结构，二叉树的定义、性质及应用。

＊了解图的定义、基本术语、存储方式及相关操作。

❖ **技能目标：**

＊掌握计算机加工的数据结构的特性，以便为应用涉及的数据选择适当的逻辑结构、存储结构及相应的算法，并初步了解对算法的时间分析和空间分析技术。

＊掌握数据的组织方法和实现方法，并进一步养成良好的程序设计能力。

＊具备利用计算机及算法设计思想解决本专业和相关领域中程序设计的能力。

**素养宝典**

## 养成善于进行时间管理的好习惯

英国博物学家赫胥黎说得很形象："时间是最不偏私的，给任何人都是二十四小时，同时时间是最偏私的，给任何人都不是二十四小时。"时间不可以缺少，时间不可以替代，时间不可以存储，时间不可以增减，但时间可以管理。人生最宝贵的两项资产，一项是头脑，一项是时间。无论你做什么事情，即使不用脑子，也要花费时间。因此，管理时间的水平高低，会决定你事业和生活的成败。

在职场上，学会习惯时间管理，是职业素养的一个基本要求。第五代时间管理追求的目标是在我们实现个人效益和社会效益的同时，还能够享受更加舒适的生活，这使时间管理上升到了一种新的境界。所以，生活中你如何看待时间、如何运用时间，完全是心态和心境的反映，良好的时间管理，是一种习惯的养成。

# 任务 3.1  顺序表的逆置问题

## 3.1.1  案例描述

已知一个数据序列 L(79，65，84，62，91)，现要求只使用一个元素的辅助空间将该数据序列逆序存储。

又如 SAGM 系统中职工津贴表如表 3 - 1 所示，表中每一行代表一条职工津贴记录，它有工号和津贴两部分组成，现要在该表中插入一条新纪录怎么做？

表 3 - 1  职工津贴表

| 工号 | 津贴 |
| --- | --- |
| 1 | 980 |
| 2 | 850 |
| 3 | 1000 |

## 3.1.2  案例分析

L 中的五个数据之间存在一定的先后次序。表 3 - 1 中每一行是一条职工津贴记录，每个职工的工号不同，所以可以用工号作为每个数据元素唯一的标识。因为职工的工号排列有先后次序，所以在表中可以按工号形成一对一的次序关系，即整个二维表就是职工津贴数据的一个线性序列。所以，上面两个例子都具有下面的公共特点：无论是单一数据还是具有结构的记录，同一表中的数据元素的类型都是相同的，数据元素之间都存在一对一的次序关系，这种关系称为线性数据结构。

以数据序列 L 的逆置存储为例，有如下 2 种情况：

(1)数据序列为空或长度为 1，不做任何处理。

(2)数据序列长度大于或者等于 2 时，设两个变量 i 和 j，分别记录数据序列中第一个和最后一个元素的位置，若 i < j，首先交换这两个元素，然后修改 i 和 j 的值，使得它们分别指向数据序列中的第二个元素和倒数第二个元素，依此类推，直到 i ≥ j 为止。

这是对简单数据类型数据的处理，表 3 - 1 中的数据是由简单数据组成的记录，该如何存储并运算呢？

## 3.1.3  知识准备

### 3.1.3.1  数据结构的基本概念

**1）数据**

数据(Data)是对客观事物的符号表示，是指所有能输入计算机并被计算机程序处理的符号集合。在计算机科学中，数据分为数值数据和非数值数据。数值数据包括整数、实数、复数等，主要用于科学计算、工程计算、财会和商务处理等方面；非数值数据包括字符、文字、图形、图像、动画、语音、视频等。例如，一个利用数值分析方法解代数方程的程序，其处理对象就是整数和实数；一个文字处理程序的处理对象是字符串。

**2）数据元素**

数据元素（Data Element）是组成数据的基本单位，在计算机中通常作为一个整体进行考虑和处理。一个数据元素可以有一个或多个数据项（Data Item）组成，数据项是构成数据的最小单位。例如，在职工津贴记录表（表3－1）中，每一行作为一个基本单位（即数据元素），该表中共有3个数据元素，每个数据元素又由"工号"和"津贴"这2个数据项构成。一般情况下，数据元素也叫节点或记录。

**3）数据项**

数据项（Data Item）是数据不可分割的、具有独立意义的最小数据单元。数据项也称为域或者字段（Field）。数据项一般具有名称、数据类型、长度、默认值等属性。

**4）数据结构**

现实世界的任何问题中，数据元素都不是孤立存在的，他们之间存在着某种关系，这种数据元素相互之间的关系称为结构（Structure）。数据结构是指数据以及数据元素相互之间的联系，可以看作是相互之间存在着某种特定关系的数据元素的集合。数据结构包括数据的逻辑结构、数据的存储结构（物理结构）和数据的运算。

（1）数据的逻辑结构。结构定义中的"关系"描述的是数据元素之间的逻辑关系，又称为数据的逻辑结构。数据的逻辑结构是从逻辑关系上来描述数据，与数据的存储无关。数据的逻辑结构主要分为两大类：线性结构和非线性结构。其中非线性结构由包含集合结构、树形结构和图形结构。

线性结构：该结构中的数据元素类型相同，元素之间存在"一对一"的关系。

集合结构：在集合中，数据元素之间除了"同属于一个集合"外，没有其他关系。

树形结构：该结构中的数据元素之间存在"一对多"的关系。

图形结构：图形结构也叫网状结构，其数据元素之间存在"多对多"的关系。

上述四种基本结构如图3－1所示。

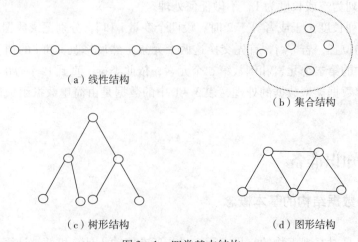

（a）线性结构　　　　　　　　　　（b）集合结构

（c）树形结构　　　　　　　　　　（d）图形结构

图3－1　四类基本结构

从数据结构的概念可知，一个数据结构有两个要素，一个是数据元素的集合，一个是关系的集合。因此，在形式上，数据结构通常用一个二元组来表示，其形式定义如下：

$$Data\_Structure = (D, R)$$

其中，D 是数据元素的有限集，R 是 D 上关系的有限集。例如，在计算机科学中，对复数的定义：复数是一种数据结构

$$Complex = (C, R)$$

其中，C 是包含两个实数的集合 {C1，C2}，R = {P}，P 是定义在 C 上的一种关系 { < C1，C2 > }。

（2）数据的存储结构。数据的逻辑结构在计算机中的存储表示称为数据的存储结构，也称物理结构。它包括数据元素本身的存储表示和元素之间关系的存储表示两部分。常用的数据存储结构有以下两种：顺序存储方式和链式存储方式。

顺序存储方式是把逻辑上相邻的元素存储在物理位置相邻的存储单元里，结点之间的逻辑关系有存储单元位置的邻接关系来体现。这种存储方式占用较少的存储空间，不会造成资源浪费；但是由于只能使用相邻的一整块存储单元，因此可能产生较多的内存碎片，而且在进行插入或者删除操作时，需要移动大量的元素，花费更多的时间。

链式存储方式是把逻辑上相邻的元素存储在物理上任意的存储单元里，结点之间的逻辑关系用附加的指针域来体现。每个节点存储单元都分为两个部分：数据域和指针域，数据域存放数据元素本身，指针域存放该元素后继结点的地址。这种存储结构不会出现内存碎片现象，可以充分利用所有的存储单元，而且在进行插入或者删除操作时，不需要大量移动元素，只需修改指针即可。缺点是每个结点需要附加指针域，占用较多的存储空间。

通常情况下，顺序存储方式借助于程序设计语言中的数组来实现，链式存储方式借助于程序设计语言中的指针来实现。

（3）数据的运算。数据的运算是在数据上所施加的一系列操作。运算定义在数据的逻辑结构上，运算的实现要在存储结构上进行。数据的各种逻辑运算都有对应的运算集合，这里介绍几种常用的运算：检索、插入、删除、修改等，插入、删除和修改运算都包含着一个检索运算，以确定插入、删除和修改的位置。

### 3.1.3.2  算法和算法分析

#### 1）算法

算法（Algorithm）是指用于解决特定问题的方法，是对问题求解步骤的一种描述。它是由若干条指令组成的有限序列，其中每一条指令表示计算机的一个或多个操作。

#### 2）算法的特性

算法不同于一般的计算方法，它有自己的一些特性。

（1）有穷性。一个算法必须总是（对任何合法的输入值）在执行有限步骤之后结束，且每一步都可在有穷时间内完成。

（2）确定性。算法中的每一步必须有确切的含义，并且在任何条件下，算法都只有一条执行路径。

（3）可行性。算法中的所有操作都可以通过已经实现的基本运算执行有限次来完成。

（4）有输入。一个算法应该有 0 个或者多个输入，没有输入的算法缺乏灵活性。算法开始时，一般要给出初始数据，这里的 0 个输入是指算法的初始数据在算法内部给出，不需要

外界输入。

（5）有输出。一个算法应该产生一个或者多个结果，即输出。没有输出的算法不具有现实意义。这些输出是同输入之间存在某种特定关系的量。

**3）算法的描述**

算法可以用各种不同的方法来描述，常见的有自然语言、流程图、程序设计语言等。用自然语言描述的算法简单且便于人们阅读和理解，缺点是不够严谨。流程图描述算法过程简洁明了，不能直接在计算机上执行，需要进行编程才能转换成可执行的程序。直接用程序设计语言描述算法比较复杂，常常需要借助于注释加强理解。本书中采用 C 语言作为描述算法的工具。

**4）算法的评价**

解决同一个问题时，往往能编写出许多不同的算法。进行算法评价的目的，一方面便于在众多算法中选择较为合适的一种；另一方面在于对现有算法进行改进，从而设计出更好的算法。

评价一个算法的好坏除了正确性外，主要考虑以下 2 个因素：执行算法所消耗的时间；执行算法所耗费的存储空间，所以可以用时间复杂度和空间复杂度来衡量一个算法的优劣。

（1）时间复杂度。一个算法的时间复杂度（Time Complexity）是指程序运行从开始到结束所需要的时间。

这个时间指该算法中每条语句的执行时间总和，而每条语句的执行时间是该语句的执行次数（或称语句频度）与该语句执行一次所需时间的乘积。设执行每条语句所需的时间均为单位时间，则一个算法的时间耗费就是该算法中所有语句的频度之和。

通常，从算法中选取一种对于所研究的问题来说是基本运算的原操作，以该原操作重复执行的次数作为算法的时间度量。在一般情况下，算法中原操作重复执行的次数是规模 n 的某个函数 $f(n)$，算法的时间复杂度记作 $T(n) = O(f(n))$，表示算法执行时间的增长率和 $f(n)$ 的增长率相同。

**【例 3.1】** 求下列语句的时间复杂度。

①{ + +x; s = 0; }

②for( i = 1, s = 0; i < = n; i + + )

    { + +x; s = s + x; }

③for( i = 1, s = 0; i < = n; i + + )

    for( j = 1; j < = n; j + + )

        { + +x; s = s + x; }

分析如下：

1）将 + +x 看成是基本操作，其语句频度为 1，则时间复杂度为 $O(1)$。

2） + +x 的语句频度为 n，则时间复杂度为 $O(n)$。

3） + +x 的语句频度为 n * n，则时间复杂度为 $O(n^2)$。

常见的时间复杂度按数量级递增排列为：

$$O(1) < O(\log_2 n) < O(n) < O(n\log_2 n) < O(n^2) < O(n^3)$$

（2）空间复杂度。算法的空间复杂度（Space Complexity）指算法从开始运行到结束所需的存储空间，即算法执行过程中所需的最大存储空间。

类似于算法的时间复杂度，算法的空间复杂度也是用数量级来表示的，记作：$S(n) = O(g(n))$。算法所消耗的存储空间包括三部分，即算法本身所占用的存储空间、算法的输入/输出所占用的存储空间和算法在运行过程中临时占用的辅助存储空间。其中，算法本身占用的存储空间与实现算法的源代码长度有关，要压缩这部分存储空间，必须编写较短的代码；算法的输入/输出所占用的存储空间由算法要解决的问题规模决定，与算法本身无关；算法在运行过程中临时占用的辅助存储空间随算法的不同而异。

一般情况下，算法的时间复杂度和空间复杂度是一对矛盾体。有时算法的时间效率高是因为使用了更多的存储空间，有时会因为内存空间不足，需要将数据压缩存储，从而会降低算法的运行时间。

### 3.1.3.3　线性表

**1）线性表的定义及其基本操作**

数据结构中，最简单最常用的就是线性结构。线性结构的特点如下：在数据元素的非空有限集中，存在唯一的一个被称为"第一个"的元素，即首结点；存在唯一的一个被称为"最后一个"的元素，即尾结点；除了首结点外，集合中的每一个元素均只有一个前驱；除了尾结点外，集合中的每一个元素均只有一个后继。

线性表是线性结构的具体实现。线性表是由 $n(n≥0)$ 个具有相同数据类型的数据元素组成的有限序列，通常记作：

$$(a_1，a_2，a_3，\cdots，a_{i-1}，a_i，a_{i+1}，\cdots，a_n)$$

表中相邻元素之间存在序偶关系，即 $<a_{i-1}，a_i>$，其中 $a_{i-1}$ 称为 $a_i$ 的前驱，$a_i$ 称为 $a_{i-1}$ 的后继 $(n≥i≥2)$。表中数据元素的个数 $n(n>=0)$ 称为线性表的长度，长度为 0 的线性表称为空表。在非空的线性表中，每个数据元素都有一个确定的位置，如 $a_1$ 是第一个元素，$a_i$ 是第 i 个元素，i 称为元素 $a_i$ 在线性表中的位序。

线性表中的数据元素可以是简单数据类型，如图 3-2 中一维数组的元素为整型，也可以是其他复杂数据类型，如职工津贴记录表为一个线性表，表中数据元素为结构体类型。

线性表的基本运算有如下几种：

(1)初始化运算 InitList(L)

操作结果：将 L 初始化为空表。

(2)判断线性表为空 EMPETY(L)

操作前提：线性表 L 已存在。

操作结果：如果 L 为空表则返回真，否则返回假。

(3)求线性表的长度 LENGTH(L)

操作前提：线性表 L 已存在。

操作结果：如果 L 为空表则返回 0，否则返回表中的元素个数。

(4)插入操作 ListInsert(L, i, e)

操作前提：表 L 已存在，e 为合法元素值且 $1≤i≤LENGTH(L)+1$。

操作结果：在 L 中第 i 个位置之前插入新的数据元素 e，L 的长度加 1。

(5)定位操作 LocateElem(L, e)

操作前提：表 L 已存在，e 为合法元素值。

操作结果：如果 L 中存在元素 e，则将元素 e 所在位置返回，否则返回 0。

（6）取元素操作 GET(L, i, e)

操作前提：表 L 已存在且非空，i 为合法元素值即 1≤i≤LENGTH (L)。

操作结果：用 e 返回第 i 个元素的值。

（7）删除操作 ListDelete(L, i, e)

操作前提：表 L 已存在且非空，1≤i≤LENGTH (L)。

操作结果：删除 L 的第 i 个数据元素，并用 e 返回其值，L 的长度减 1。

### 2）线性表的顺序存储表示

（1）顺序表。顺序表是线性表的顺序存储结构，是指用一组连续的存储单元依次存储线性表的数据元素。因为内存中的地址空间是线性的，因此，只要知道顺序表首地址和每个数据元素所占地址单元的个数，就可求出第 i 个数据元素的地址，所以顺序表具有按数据元素的序号随机存取的特点。

由于高级程序设计语言中的一维数组在内存中占用连续的存储单元，所以通常用一维数组来表示顺序表，其 C 语言描述如下：

```
#define      DATATYPE    数据类型
#define      MAXSIZE     100
typedef   struct{
        DATATYPE    data[MAXSIZE];      //线性表占用的数组空间
        int     len;      //线性表的长度
} SEQUENLIST;
```

（2）顺序表基本操作的实现：

①初始化操作：

算法思想：构造一个空表，设置表的起始位置、表长及可用空间。

```
void InitList (SEQUENLIST * L)
{   // 构造一个空的线性表
    L - >len = 0;   // 空表长度为 0
}
```

算法的时间复杂度为 O(1)。

②判断线性表为空的操作：

```
int EMPTY(SEQUENLIST * L)
{
    if(L - >len = =0)   return   1;
    else                return   0;
}
```

算法的时间复杂度为 O(1)。

③求表长操作：

```
int LENGTH( SEQUENLIST  * L)
{
    return  L - > len;
}
```

算法的时间复杂度为 O(1)。

④插入操作：

插入操作是在顺序表 L 中的位置 i(1≤i≤LENGTH(L) +1)处插入新元素，通过以下步骤完成：

第一步，检查 i 值是否超出所允许的范围，若超出，则进行"超出范围"错误处理；

第二步，将线性表的第 i 个元素和它后面的所有元素均向后移动一个位置；

第三步，将新元素写入到空出的第 i 个位置上；

第四步，使线性表的长度增 1。

算法描述如下：

```
void ListInsert ( SEQUENLIST  * L, int i, DATATYPE e)
{
    int k;
    if (i < 1 || i > L - > len +1)  printf(" ERROR");  // 插入位置不合法
    else
    { for ( k = L - > len;k > = i;k - - )
        L - > data[k] = L - > data[k - 1];          // 插入位置及之后的元素右移
      L - > data[i - 1] = e;           // 插入 e
      + + L - > len;  // 表长增 1
    }
}
```

例如将变量 x 插入顺序表中第 i 个位置，如图 3 - 2 所示。

| 下标 | 元素 | 位置 |
|---|---|---|
| 0 | $a_1$ | 1 |
| 1 | $a_2$ | 2 |
| … | … | … |
| i–2 | $a_{i-1}$ | i–1 |
| i–1 | $a_i$ | i |
| i | $a_{i+1}$ | i+1 |
| … | … | … |
| n–1 | $a_n$ | n |
| maxsize–1 | … | … |
| 插入前 | | |

| 下标 | 元素 | 位置 |
|---|---|---|
| 0 | $a_1$ | 1 |
| 1 | $a_2$ | 2 |
| … | … | … |
| i–2 | $a_{i-1}$ | i–1 |
| i–1 | x | i |
| i | $a_i$ | i+1 |
| … | $a_{i+1}$ | … |
| n–1 | … | n |
| n | $a_n$ | n+1 |
| maxsize–1 | … | … |
| 插入后 | | |

图 3 - 2　顺序表中插入数据元素前后的情况

顺序表的插入操作，时间主要消耗在数据元素的移动上，在第 i 个位置插入元素 x，共需要移动 $n-i+1$ 个元素。因为 i 的取值范围是 $1 \leqslant i \leqslant n+1$，故有 $n+1$ 个位置可以插入，设在每个位置的插入概率为 $P_i$，在等概率的情况下，$P_i = 1/(n+1)$，则平均移动元素的次数为：

$$AMN = \frac{1}{n+1}\sum_{i=1}^{n+1}(n-i+1) = \frac{1}{n+1}(n+\cdots+1+0)$$

$$= \frac{1}{(n+1)}\frac{n(n+1)}{2} = \frac{n}{2}$$

该算法的时间复杂度为 $O(n)$。

⑤定位操作：

```
int LocateElem (SEQUENLIST * L, DATATYPE e)
|    //在顺序表中查询第一个满足判定条件的数据元素,若存在,则返回它的位序,否则
返回 0
    int i ;   // i 的初值为第 1 个元素的位序
    i = 1;
    while (i < = L - >len && L - >data[i-1]! = e)
       + +i;
    if (i < = L - >len)   return i;
    else   return 0;
|
```

此算法的平均比较次数为：$(n+1)/2$，时间复杂度为：$O(n)$。

⑥取元素操作：

```
DATATYPE   GET(SEQUENLIST * L,int i)
|    //取线性表中第 i 个元素
    if(i <1||i>L - >len)
       return 0;
    else
       return   L - >data[i-1];
|
```

算法的时间复杂度为 $O(1)$。

⑦删除操作。顺序表的删除操作是指将表中第 i 个元素从表中去掉，并返回其值，通过以下步骤完成。

第一步，检查 i 值是否超出所允许的范围（$1 \leqslant i \leqslant LENGTH(L)$），若超出，则进行"超出范围"错误处理；

第二步，将线性表的第 i 个元素的值赋值给变量 e；

第三步，将第 i 个元素后面的所有元素均向前移动一个位置；

第四步，使线性表的长度减 1。

算法描述如下：

```
void ListDelete (SEQUENLIST * L, int i, DATATYPE e)
{
  if ((i < 1) || (i > L - >len))   // 删除位置不合法
      printf("ERROR");
  else
  {  e = L - >data [i-1]);   // 被删除元素的值赋给 e
    for (k = i + 1; k < = L - >len; k + + )
        L - >data[k - 2] = L - >data[k - 1]; // 被删除元素之后的元素左移
    L - >len - - ;
  }
}
```

值得注意的是，在移动数据元素的过程中，先从位置 i+1 的数据元素开始，将位置 i+1 的数据移到位置 i 处，然后再移动位置 i+2 的数据，将位置 i+2 的数据移到位置 i+1 处。

依次类推，直到最后一个数据。如果反过来，从最后一个数据元素开始移动，则会覆盖掉前一位置的数据，从而发生错误。删除操作与插入操作类似，时间主要消耗在数据元素的移动上，该算法的时间复杂度为 O(n)，请读者自行推导。删除顺序表中第 i 个元素的过程如图 3-3 所示。

| 下标 | 元素 | 位置 |
| --- | --- | --- |
| 0 | $a_1$ | 1 |
| 1 | $a_2$ | 2 |
| … | … | … |
| i-2 | $a_{i-1}$ | i-1 |
| i-1 | $a_i$ | i |
| i | $a_{i+1}$ | i+1 |
| … | … | … |
| n-1 | $a_n$ | n |
| maxsize-1 | … | … |
| 删除前 | | |

$e=a_i$

| 下标 | 元素 | 位置 |
| --- | --- | --- |
| 0 | $a_1$ | 1 |
| 1 | $a_2$ | 2 |
| … | … | … |
| i-2 | $a_{i-1}$ | i-1 |
| i-1 | $a_{i+1}$ | i |
| i | … | i+1 |
| | $a_n$ | |
| n-1 | | n |
| maxsize-1 | … | … |
| 删除后 | | |

图 3-3　顺序表中删除数据元素前后的情况

（3）顺序表的优缺点。顺序表用连续的存储空间依次存储逻辑上相邻的各个数据元素，主要优点有：不用为表示元素间的逻辑关系而增加额外的存储空间；可以方便的存取线性表中的任一元素，实现随机访问。其主要缺点为插入和删除数据不方便，需要移动大量的数据元素，影响了运行效率；而且顺序表的长度总有一定的限制，需要预先估算好所用空间的大小，过大会造成存储空间浪费，过小会造成顺序表的溢出。

**3）线性表的链式存储表示**

与顺序表不同，线性表也可采用链式存储结构，即用一组任意的存储单元存储线性表的数据元素，这组存储单元可以是连续的，也可以是不连续的，因此它通过"链"建立起数据元素之间的逻辑关系。

（1）单链表。单链表是通过一组任意的存储单元来存储线性表中的数据元素的，对每个数据元素 $a_i$ 除了存放数据本身的值外，还需要一起存放其后继 $a_{i+1}$ 所在的存储单元的地址。这两部分信息构成了一个"结点"，如图 3-4 所示。存放数据元素信息的单元称为数据域 data，存放其后继地址的单元称为指针域 next，因此 n 个元素的线性表通过每个结点的指针域连成了一个链表。又因每个结点中只有一个指向后继结点的指针，所以称其为单链表。

例如有线性表 L（ZHAO，QIAN，SUN，LI，ZHOU），其在内存中的存储情况如图 3-5 所示。

图 3-4　结点

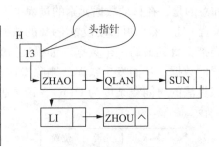

| 存储地址 | 数据域 | 指针域 |
|---|---|---|
| 1 | SUN | 19 |
| 1 | QIAN | 1 |
| 13 | ZHAO | 7 |
| 19 | LI | 25 |
| 25 | ZHOU | NULL |

图 3-5　单链表表示的线性表

通常用头指针来标志一个单链表，如单链表 H，是指单链表的第一个结点的地址放在了指针变量 H 中，头指针为 NULL 则表示一个空表。为了处理空表方便，引入一个头结点，它的 data 域不存储任何信息，next 域中存储指向线性表第一个结点的指针。本书中无特殊说明，以后建立的单链表都为带头指针的单链表。

单链表的结点定义如下：

```
#define   DATATYPE   数据类型
typedef struct LNode {
    DATATYPE    data;
    struct LNode  * next;
} LinkList;
```

（2）单链表基本操作的实现：

①建立单链表。建立单链表就是生成结点并链接结点的过程。建立单链表有头插入和尾插入两种方法。

头插入法建立单链表是指首先建立头结点，然后输入第一个数据元素，将其链接到头结点，之后依次输入其他数据，将输入的数据插入到已建立好的单链表的头结点和第一个结点之间。例如，设输入序列为（12，23，34，45），头插入法创建单链表的过程如图 3-6 所示。

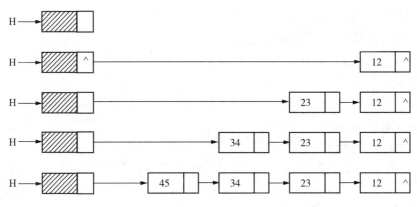

图 3 - 6　头插入法创建单链表

算法源代码如下:

```
LinkList   * HCreateList ( int n )
{// 输入 n 个数据元素的值,建立带头结点的单链表
  LinkList  *H, *p;   int i,x;
  // 先建立一个带头结点的空链表
  H = ( LinkList  * ) malloc ( sizeof (LinkList) );
  H - >next = NULL;
  // 生成 n 个新结点并插入
  for ( i = n; i > 0; --i )
  {  p = ( LinkList * ) malloc ( sizeof (LinkList) );
     scanf ( "% d" ,&x );
     p - >date = x;
     p - >next = H - >next;
     H - >next = p;
  }
  return H;
}
```

算法的时间复杂度为 O(n)。

头插入法创建单链表虽然简单,但数据元素的插入顺序与在单链表中的逻辑顺序相反,若想保持一致,可以采用尾插入法来建立单链表。尾插入法是将新结点插入到单链表的末尾,所以设一个指针 last 指向单链表的尾结点。对输入序列(12,23,34,45)的尾插入法建立单链表的过程如图 3 -7 所示。

算法源代码如下:

```
LinkList   * RCreateList ( int n )
{  // 输入 n 个数据元素的值,建立带头结点的单链表
```

```
LinkList    *H, *p, *last;   int i,x;
// 先建立一个带头结点的空链表
p = ( LinkList   * ) malloc ( sizeof ( LinkList ) );
H = p;
last = p;
p - > next = NULL;
// 生成 n 个新结点并插入
for ( i = n; i > 0; - -i )
{   p = ( LinkList  * ) malloc ( sizeof ( LinkList ) );
    scanf ( "% d" ,&x );
    p - > date = x;
    last - > next = p;
    last = p;
    p - > next = NULL;
}
return H;
}
```

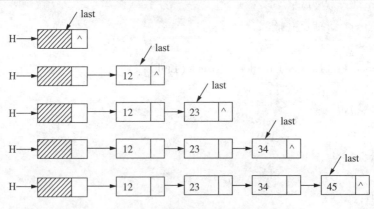

图 3 - 7　尾插入法创建单链表

算法的时间复杂度为 O(n)。

②初始化操作：

```
LinkList * Init_ LinkList ( )
{
   LinkList  * head;
   head = ( LinkList  * ) malloc( sizeof( LinkList ) );
   head - > next = NULL;
   return head;
}
```

算法的时间复杂度为 O(1)。

③判断线性表为空的操作：

```
int EMPTY(LinkList *head)
{
    if(head – >next = = NULL)
        return(1);
    else
        return(0);
}
```

算法的时间复杂度为 O(1)。

④求表长操作：

```
int LENGTH(LinkList *head)
{
    int i = 0;
    LinkList *p;
    p = head;
    while(p – >next! = NULL)
    {
        p = p – >next;
        i + +;
    }
    return(i);
}
```

算法的时间复杂度为 O(n)。

⑤插入操作：

```
void INSERT(LinkList *head,int i, DATATYPE x)
{
    int j;
    LinkList *h, *p;
    h = (LinkList *)malloc(sizeof(LinkList));
    h – >data = x;
    h – >next = NULL;
    p = head;
    j = 0;
    while((p – >next! = NULL)&&(j < i – 1))
    {
        p = p – >next;
        j = j + 1;
    }
    if(j = = i – 1)
```

```
{
    h - > next = p - > next;
    p - > next = h;
}
else
    printf("insert fail");
}
```

算法的时间复杂度为 O(n)。

⑥定位操作：

```
LinkList * LOCATE(LinkList * head,DATATYPE x)
{
    LINKLIST * p;
    p = head - > next;
    while(p! = NULL&&p - > data! = x)
        p = p - > next;
    return(p);
}
```

算法的时间复杂度为 O(n)。

⑦取元素操作：

算法思路：

令 p 为指针变量，首先指向第一个结点，变量 j 为计数器；

依次向后查找，循环结束的条件，p 为空或者 j = i。

如果 p 为空并且 j > i，出错；否则就找到了，用 e 返回第 i 个元素的值。

算法源代码如下：

```
DATATYPE GetElem_L(LinkList * head, int i, DATATYPE e)
{//head 是带头结点的链表的头指针,以 e 返回第 i 个元素
    LinkList * p;
    int j;
    p = head - > next;      //  p 指向第一个结点
    j = 1;                  //  j 为计数器
    while (p && j < i)
    {   p = p - > next;
        + + j;
    }
    if ( ! p)    return ;
    e = p - > data;         // 取得第 i 个元素的值
    return e;
}
```

算法的时间复杂度为 O(n)。

⑧删除操作：

```
void DELETE(LinkList *head,int i)
{
    int j;
    LinkList *p,*q;
    p = head;
    j = 0;
    while((p->next! = NULL)&&(j < i-1))
    {
        q = p->next;
        j = j+1;
    }
    if((p->next! = NULL)&&(j = = i-1))
    {
        q = p->next;
        p->next = q->next;
        free(q);
    }
    else
        printf("delete fail");
}
```

算法的时间复杂度为 O(n)。

**4）单链表的优缺点**

　　单链表的主要优点有：插入和删除数据方便，不需要移动数据元素，只需修改指针的指向关系即可；单链表的长度没有限制，插入数据时在内存中申请存储单元，删除数据时释放存储单元，不会造成存储空间浪费或数据的溢出。缺点是需要为表示元素间的逻辑关系而增加额外的存储空间；不能实现数据的随机访问，读取数据时要从表头开始逐个查找。

　　在实际应用中，对线性表采用哪种存储结构，要视实际问题的要求而定，主要考虑求解算法的时间及空间复杂度。

## 3.1.4　案例实现

　　对线性表 L(79，65，84，62，91)的就地逆置可以利用顺序表和单链表两种方法实现，这里将分别介绍。

### 1）顺序表逆置

```
#define    DATATYPE    int
#define    MAXSIZE     5
typedef    struct{
    DATATYPE    data[MAXSIZE];    // 线性表占用的数组空间
    int         len;              // 线性表的长度
} SEQUENLIST;
void Reverse_L(SEQUENLIST * L)
{//数据元素的交换处理
    int   i,j,n,t;
    n = L - > len;
    if(n = = 0||n = = 1)    return;
    i = 0;
    j = n - 1;
    while(i < j){
      t = L - > data[i];
      L - > data[i] = L - > data[j];
      L - > data[j] = t;
      i + +;
      j - -;
    }
}
void main()
{
    SEQUENLIST * L,list;
    int i,x;
    L = &list;
    InitList(L);                 // 初始化空表
    printf("请依次输入 79,65,84,62,91 这五个数据\n");
    for(i = 1;i < = 5;i + +)
    {
      scanf("%d",&x);
      ListInsert (L, i, x);      // 调用 ListInsert()插入元素
    }
    printf("初始顺序表为:\n");
    for(i = 1;i < = 5;i + +)
      printf("%4d",GET(L,i));
    Reverse_L(L);               // 调用逆置函数
    printf("\n 逆置后顺序表为:\n");
```

```
    for( i = 1 ; i < = 5 ; i + + )
        printf( "% 4d" ,GET( L,i) ) ;
    printf( " \n" ) ;
}
```

注意：进行程序调试之前，请确保将顺序表的基本操作函数放入头文件中，并将该头文件包含，以免编译时出错。本教材后续内容中同类问题不再提示。

运行结果如图 3 – 8 所示。

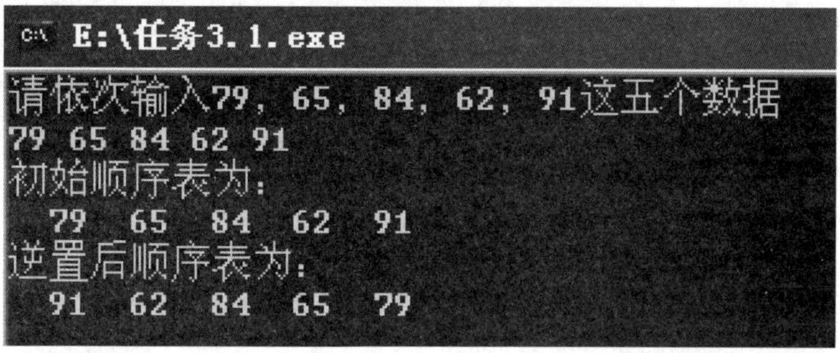

图 3 – 8　运行结果

**2）单链表逆置**

解题思路：

首先从单链表的第一个结点处断开，然后依次取剩余链表中的每个结点，将其作为第 1 个结点插入到链表中去。

```
#define    DATATYPE    int
typedef struct LNode {
    DATATYPE    data;
    struct LNode  * next;
} LinkList;
void Reverse_LinkList( LinkList  * L)
{ // 单链表的逆置操作
    LinkList  * p, * q, * s;
    if( ! L – > next ||! L – > next – > next) return;
    q = L – > next – > next;
    L – > next – > next = NULL;
    while( q)
    {
        s = q – > next;
        q – > next = L – > next;
        L – > next = q;
```

```
        q = s;
    }
}
void print(LinkList * head)
{//输出单链表的元素
    LinkList * p;
    p = head - > next;
    if(p = = NULL)
        printf("该单链表为空表\n");
    while(p! = NULL)
    {
        printf("% d",p - > data);
        p = p - > next;
    }
}
main( )
{
    LinkList * head, * p;
    int i,x;
    head = Init_ LinkList ( );
    head = RCreateList(5);
        printf("初始顺序表为:\n");
    print(head);
    printf(" \n");
    Reverse_LinkList(head);
    printf("逆置后顺序表为:\n");
    print(head);
    printf(" \n");
}
```

## 3.1.5  技能训练

【题目】：请借助结构体数据类型，利用顺序表来实现表 3 - 1 中职工津贴数据的插入操作（这里默认新记录插在末尾），具体源代码如下：

```
//定义员工津贴数据类型
typedef struct {
    int no;
    int money;
```

```
} JinT;
//定义顺序表数据类型
typedef struct
{    JinT    data[100];
     int len;
} SEQUENLIST;
//津贴数据的插入操作
main( )
{
     SEQUENLIST list,*L;
     int i;
     JinT    x;
     JinT    s[3] = {{1,980},{3,850},{4,1000}};
     L = &list;
     InitList(L);
     for(i = 1;i < = 3;i + +)
         ListInsert(L,i,s[i-1]);    // 调用 ListInsert()函数实现津贴数据的插入
     printf("现有职工津贴表为:\n");
     printf("工号        津贴\n");
     for(i = 1;i < = LENGTH(L);i + +)   // 调用 LENGTH()函数获取线性表的长度
         printf("% -10d% -10d\n",GET(L,i).no,GET(L,i).money);   // 调用 GET( )
函数获取每个结点的值
     printf("请在第二行插入一条新纪录:  工号:2,  津贴:880 元\n");
     x.no  = 002;
     x.money  = 880;
     ListInsert(L,2,x);
     printf("添加新纪录后的职工津贴表为:\n");
     printf("工号        津贴\n");
     for(i = 1;i < = LENGTH(L);i + +)
         printf("% -10d% -10d\n",GET(L,i).no,  GET(L,i).money);
}
```

【**要求**】：请读者自己在 C 语言编译环境下(建议 VC)调试运行，独立思考并完成如何利用单链表实现上述操作。

# 任务 3.2　中缀表达式转换为后缀表达式

## 3.2.1　案例描述

请设计一个算法，实现将一个中缀表达式转换成对应的后缀表达式。例如，中缀表达式

$100+(18+7*9)/15-4$，对应的后缀表达式为：$100\ 18\quad 7\quad 9*+15/+4-$。算法运行结果如图 $3-9$ 所示。

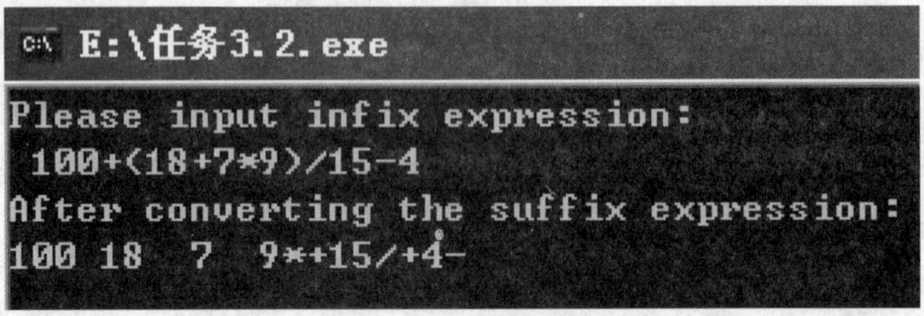

图 $3-9$    中缀表达式转换为后缀表达式

## 3.2.2    案例分析

任何一个表达式都是由运算数和运算符两部分组成的，其中运算数可以是常量、变量或常量的标识符、表达式等；运算符可以是单目运算符、双目运算符等。为了简便，这里仅讨论 + 、 – 、 * 和/这四种基本运算。在计算机中表达式有三种表示形式：前缀、中缀和后缀。这三种表达式的差异主要在于运算符出现的位置不同，平时常见的数学表达式均为中缀表达式，即运算符写在两个运算数中间，例如：$(2+1)*3$。在中缀表达式的计算过程中，既要考虑括号的作用，又要考虑运算符的优先级和运算符出现的先后次序，因此，各运算符实际的运算次序往往同它们在表达式中出现的次序不一致，是不可预测的。为了处理方便，编译程序通常把中缀表达式首先转换为等价的后缀表达式，然后利用后缀表达式的求解规则进行运算。

后缀表达式不包含括号，运算符放在两个运算对象的后面，所有的计算按运算符出现的顺序，严格从左向右进行(不再考虑运算符的优先规则)，如 $(2+1)*3$ 的后缀表达式为 $21+3*$。对后缀表达式的运算，整个计算过程仅需扫描一遍就可完成。

中缀表达式转换成对应的后缀表达式的规则是：把每个运算符都转移到它的两个运算数的后面，同时删除了所有的括号。将中缀表达式转换为对应的后缀表达式可借助于一种特殊的线性表——栈来实现。

## 3.2.3    知识准备

### 3.2.3.1    栈的定义及基本操作

栈(Stack)是限定仅能在表的一端进行插入或删除操作的线性表。通常把允许进行插入和删除操作的一端称为栈顶(top)，另一端称为栈底(bottom)。往栈顶插入元素称为入栈或进栈(push)，删除栈顶元素称为出栈或退栈(pop)。当栈中无元素时，称为空栈。假设栈 $S=\{\ a_i\ |\ a_i\in ElemSet, i=1, 2, \cdots, n, n\geqslant 0\ \}$，则称 $a_1$ 为栈底元素，$a_n$ 为栈顶元素，如图 $3-10$ 所示。根据栈的定义可知，栈底元素最先入栈最后出栈，栈顶元素最后入栈最先出栈，所以，栈又称为后进先出的线性表(Last In First Out)，简称 LIFO 表。

栈的基本操作如下：

(1)初始化操作 InitStack(S)：

操作前提：栈 S 不存在。

操作结果：构造一个空栈 S。

(2)判栈空 StackEmpty(S)：

操作前提：栈 S 已存在。

操作结果：若栈 S 为空栈，返回 1，否则 返回 0。

(3)入栈操作 Push(S, x)：

操作前提：栈 S 已存在。

操作结果：元素 x 成为新的栈顶元素。

(4)取栈顶元素 GetTop(S, x)：

操作前提：栈 S 已存在且非空。

操作结果：用 x 返回 S 的栈顶元素。

(5)Pop(S, x)：

操作前提：栈 S 已存在且非空。

操作结果：删除 S 的栈顶元素，并用 x 返回其值。

(6)清空栈 ClearStack(S)：

操作前提：栈 S 已存在。

操作结果：将 S 清为空栈。

(7)求栈的长度 StackLength(S)：

操作前提：栈 S 已存在。

操作结果：返回 S 的元素个数，即栈的长度。

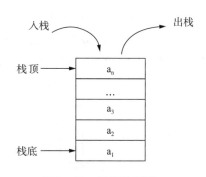

图 3 - 10　栈的示意图

### 3.2.3.2　顺序栈

由于栈是操作受限的线性表，因此线性表的顺序存储结构和链式存储结构对栈都是适合的。采用顺序存储结构的栈叫顺序栈，采用链式存储结构的栈叫链栈。

顺序栈，就是采用一组地址连续的存储单元依次存放自栈底到栈顶的数据元素，同时设置指针 top 指示栈顶元素在顺序栈中的位置。通常也用一维数组来实现。用 C 语言描述顺序栈的数据类型如下：

```
#define DATATYPE 数据类型
#define MAXSIZE 100
typedef   struct{
    DATATYPE data[MAXSIZE];   // 栈空间
    int top;                  // 栈顶指针
}SEQSTACK;
定义一个指向顺序栈的指针：
SEQSTACK   *S;
```

由于 C 语言中数组的下标约定是从 0 开始的，因此采用顺序栈时，应设栈顶指针 S - > top = -1 时表示空栈；元素入栈时，栈顶指针加 1，即 S - > top + +；元素出栈时，栈顶指针减 1，即 S - > top - -；当 top 等于数组的最大下标时，表示栈满，即 S - > top = MAXSIZE - 1。图 3 -11 表示了栈顶指针和栈中数据元素的关系。在图(d)中，元素 $a_6$，$a_5$ 相继出栈，$a_4$

成为新的栈顶，元素个数变成 4 个。由于栈是动态变化的，而数组是静态的，所以在栈的操作中，可能会出现"溢出"现象：当栈空时，再进行出栈操作，会产生"下溢"；当栈满时，再进行入栈操作，会产生"上溢"。因此，在进行出栈和入栈操作前，要先检测栈是否为空或者已满。

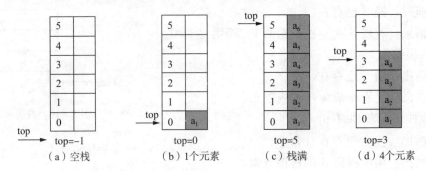

图 3 – 11　栈顶指针和栈中元素的关系

顺序栈的基本操作实现如下：

（1）初始化操作：

```
void InitStack(SEQSTACK   * S)
{
    S – > top = – 1;
}
```

算法的时间复杂度为 O(1)。

（2）判断栈空：

```
int StackEmpty(SEQSTACK   * S)
{
    if(S – > top = = – 1)
        return 1;
    else
        return 0;
}
```

（3）入栈操作：

```
void Push(SEQSTACK   * S, DATATYPE x)
{
    if(S – > top = = MAXSIZE – 1)
        printf("栈已满!");
    else
    { S – > top + + ;
      S – > data[S – > top] = x;
    }
}
```

（4）取栈顶元素：

```
DATATYPE GetTop(SEQSTACK    *S)
{
  DATATYPE x;
  if(StackEmpty(S))
  { printf("栈空!");
    return 0;
  }
  else
    x = S - >data[S - >top];
  return x;
}
```

（5）出栈操作：

```
DATATYPE Pop(SEQSTACK    *S)
{
  DATATYPE x;
  if(StackEmpty(S))
  { printf("栈空!");
    return 0;
  }
  else
    x = S - >data[S - >top];
  S - >top - -;
  return x;
}
```

（6）清空栈：

```
ClearStack(SEQSTACK    *S)
{
  S - >top = -1;
}
```

（7）求栈的长度

```
int StackLength(SEQSTACK    *S)
{
  return S - >top +1;
}
```

【例3.2】 利用顺序栈实现将一个十进制转化成二进制数。

```
void Convert2(SEQSTACK *S,int n)
{// 十进制转换为二进制函数
  int tmp;
  while(n! =0){
    tmp = n%2;
    n = n/2;
    Push (S,tmp);
   }
  while(! StackEmpty(S))
    printf("%d", Pop (S));
}
void main()
{
  SEQSTACK stack, *S;
  int n;
  S = &stack;
  InitStack (S);
  printf("enter a decimal inieger:");
  scanf("%d",&n);
  printf("\nDecimal to binary number:");
  Convert2(S,n);
  printf("\n");
}
```

运行结果为如图 3－12 所示。

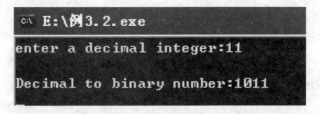

图 3－12　十进制数转换为二进制

### 3.2.3.3　链栈

链栈通常采用不带头结点的单链表来表示，其结点结构与单链表的结构相同。在一个链栈中，栈底就是链表的最后一个结点，栈顶总是链表的第一个结点。一个链栈可以由栈顶指针 top 唯一确定，当 top 值为 NULL 时，表示空栈。图 3－13 为链栈示意图。

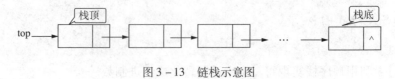

图 3－13　链栈示意图

用 C 语言描述链栈的数据结构如下：

```
typedef struct stacknode
{
    DATATYPE data;
    struct stacknode    * next;
} LINKSTACK;
```

定义一个栈顶指针：LINKSTACK　　* top;

链栈的基本操作实现如下：

（1）初始化操作：

```
LINKSTACK  *  init_stack(LINKSTACK  * top)
{
    top = NULL;
    return top;
}
```

（2）判栈空：

```
int stack_empty(LINKSTACK  * top)
{
    if(top = = NULL)
        return 1;
    else
        return 0;
}
```

（3）入栈操作：

```
LINKSTACK  *  push_stack(LINKSTACK  * top, DATATYPE x)
{
    LINKSTACK  * p;
    p = (LINKSTACK  * )malloc(sizeof(LINKSTACK));
    p - > data = x;
    p - > next = top;
    top = p;
    return top;
}
```

（4）取栈顶元素：

```
DATATYPE   gettop(LINKSTACK  * top)
{
    DATATYPE x;
    if(top = = NULL)
```

```
        x = 0;
    else
        x = top − > data;
    return x;
}
```

（5）出栈操作：

```
LINKSTACK ∗ pop( LINKSTACK ∗ top)
{
    DATATYPE x;
    LINKSTACK ∗ p;
    if( top = = NULL)
        printf( "空栈") ;
    else
    {   x = top − > data;
        p = top;
        top = top − > next;
        free( p) ;
        printf( "% d\n" ,x) ;
    }
    return top;
}
```

## 3.2.4 案例实现

对本节案例，假设将中缀表达式存入字符串 exp 中，转换后的后缀表达式写入字符串 suffix 中。为了转换正确，必须设一个运算符栈 S，在栈底压入一个特殊字符，比如 '#'。运算符栈是用来存放扫描中缀表达式时得到的暂时不能写入后缀表达式中的运算符，待它的两个运算数都写入后缀表达式后，再让它退栈并写入后缀表达式。

中缀表达式转换为后缀表达式的基本思路是：从头到尾扫描中缀表达式的每一个字符，不同类型的字符分别处理如下：

（1）数字时，加入后缀表达式；

（2）运算符：

①若为 '('，入栈；

②若为 ')'，则需要将栈中自栈顶运算符至对应的 '( 之前的所有运算符依次出栈并写入后缀表达式，从栈中删除 '('；

③剩下的运算符中，若其优先级高于栈顶运算符，直接入栈；否则从栈顶开始，依次弹出比当前处理的运算符优先级高和优先级相等的运算符，直到一个比它优先级低的或者遇到了一个左括号就停止。

（3）当扫描中缀表达式结束时，运算符栈中的所有运算符出栈。

利用顺序栈实现，算法的主要代码如下：

```
int pre( char op )
{//返回运算符的优先级
    switch( op ){
    case '+':
    case '-':
        return 1;
    case '*':
    case '/':
        return 2;
    case '(':
    case '#':
    default:
        return 0;
    }
}
void transform( char suffix[ ],char exp[ ])
{
    SEQSTACK stack, *S;
    DATATYPE x;
    char ch;
    int i = 0,j = 0;
    S = &stack;
    InitStack (S);
    push( S,'#');
    while( exp[i]){
        switch( ch){
        case '(':
            Push( S,exp[i]);
            i++;
            break;
        case ')':
            while( S -> data[S -> top]! = '('){
                ch = Pop( S);
                suffix[j++] = ch;
            }
            Pop( S,x);
```

```
                    i + + ;
                    break ;
            case ' + ':
            case ' - ':
            case ' * ':
            case '/':
                while( pre( S - > data[ S - > top ] ) > = pre( exp[ i ] ) ) {
                    ch = Pop( S,x ) ;
                    suffix[ j + + ] = ch ;
                }
                Push( S,exp[ i ] ) ;
                i + + ;
                break ;
            default :
                while( isdigit( exp[ i ] ) ) {
                    suffix[ j + + ] = exp[ i ] ;
                    i + + ;
                }
                suffix[ j + + ] = ' ' ;
            }
            while( S - > data[ S - > top ] ! = '#' ) {
                ch = Pop( S,x ) ;
                suffix[ j + + ] = ch ;
            }
            suffix[ i ] = '\0' ;
    }
}
```

算法分析：在转换过程中，中缀表达式的每个字符均要扫描一次，对于运算数，直接写入后缀表达式；对运算符，需要进行入栈、出栈和写入后缀表达式三个步骤，所以，该算法的时间复杂度为 O( n )。

## 3.2.5　技能训练

【题目】：后缀表达式的计算也可以借助于栈来实现。具体做法是：建立一个栈 S 。从左到右读后缀表达式，如果读到操作数就将它压入栈 S 中，如果读到 n 元运算符（即需要参数个数为 n 的运算符）则取出由栈顶向下的 n 项按操作符运算，再将运算的结果压入栈 S 中。如果后缀表达式未读完，则重复上面过程，最后栈顶元素的值就是整个表达式的计算结果。

【要求】：请大家根据本节所学知识编写后缀表达式的计算算法。

# 任务 3.3　分油问题

## 3.3.1　案例描述

设有大小不等的 3 个无刻度的油桶，分别能够盛满 X，Y，Z 升油(例如 X = 8，Y = 5，Z = 3)。初始时，第一个油桶盛满油，第二、三个油桶为空。试编程寻找一种最少步骤的分油方式，在某一个油桶上分出 T 升油(例如 T = 4)。若找到解，则将分油方法打印出来；否则打印信息"UNABLE"等字样，表示问题无解。运行结果如图 3 – 14 所示。

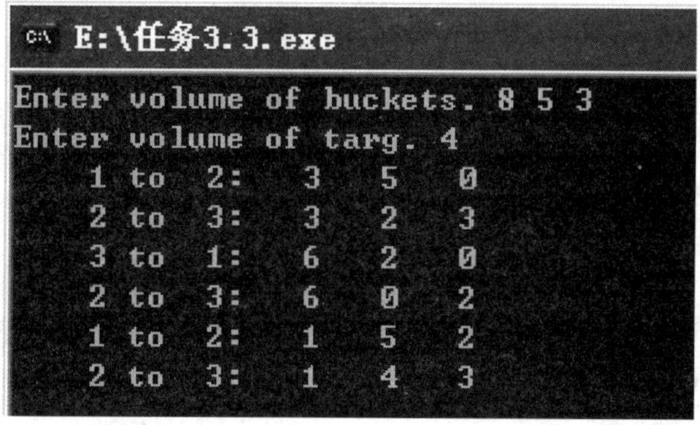

```
E:\任务3.3.exe
Enter volume of buckets. 8 5 3
Enter volume of targ. 4
    1 to  2:    3   5   0
    2 to  3:    3   2   0
    3 to  1:    6   2   0
    2 to  3:    6   0   2
    1 to  2:    1   5   2
    2 to  3:    1   4   3
```

图 3 – 14　X = 8，Y = 5，Z = 3，T = 4 分油方法

## 3.3.2　案例分析

分油过程中，由于油桶上没有刻度，只能将油桶倒满或者倒空。三个油桶盛满油的总量始终等于开始时第一个油桶盛满的油量。从一个容器向另一个容器中倒油，编程时必须考虑：

(1)该容器中有没有油可倒？

(2)其他容器可不可以倒进油？

(3)在满足上述两点的情况下，要考虑当前容器的油可能要全部倒入另一容器，也可能只要倒一部分另一容器已经满了，针对两种不同的情况要做不同的处理。

令三个油桶的盛油情况为倒油过程的状态，则倒油过程就是状态变化的过程。为了记录倒油状态，可以利用一种特殊的线性表——队列来实现。

## 3.3.3　知识准备

### 3.3.3.1　队列的定义及基本操作

队列(Queue)也是一种运算受限的线性表，但它与栈不同，其所有的插入操作均限定在表的一端进行，称为队尾（Rear）；其所有的删除操作则限定在表的另一端进行，称为队头（Front）。队列的结构特点是先进队列的元素先出队列，类似于生活中的排队购票，先来先买，后来后买。假设有队列 Q =（$a_1$，$a_2$，$a_3$，…，$a_n$），则队列 Q 中的元素是按照 $a_1$，$a_2$，$a_3$，…，$a_n$ 的次序依次进队，也只能按照这个次序依次出队。因此，通常把队列叫做"先进先出"的线性表（First In First Out），简称 FIFO 表。图 3－15 为队列示意图。

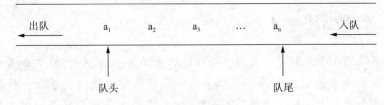

图 3－15　队列示意图

队列的基本操作主要包括以下几种：

（1）初始化操作 InitQueue（Q）：

操作前提：队列 Q 不存在。

操作结果：构造一个空队列 Q。

（2）判断队空 QueueEmpty（Q）：

操作前提：队列 Q 已存在。

操作结果：若 Q 为空队列，则返回 TRUE，否则返回 FALSE。

（3）求队列长度 QueueLength（Q）：

操作前提：队列 Q 已存在。

操作结果：返回 Q 的元素个数，即队列的长度。

（4）读队首元素 GetHead（Q，x）：

操作前提：Q 为非空队列。

操作结果：用 e 返回 Q 的队头元素。

（5）入队操作 EnQueue（Q，x）：

操作前提：队列 Q 已存在。

操作结果：插入元素 e 为 Q 的新的队尾元素。

（6）出队操作 DeQueue（Q，x）：

操作前提：Q 为非空队列。

操作结果：删除 Q 的队头元素，并用 e 返回其值。

### 3.3.3.2　顺序队列

队列也是线性表，其存储方式也有顺序存储和链式存储两种。采用顺序存储方式的队列称为顺序队列；采用链式存储方式的队列称为链队。顺序队列在计算机中一般采用一维数组表示，为了指示队头和队尾的位置，需要设置两个指针变量 front 和 rear，分别指向队列的头和尾。其 C 语言描述的数据类型如下：

```
#define DATATYPE char
#define MAXSIZE   100   // 最大队列长度
typedef struct {
```

```
DATATYPE data[MAXSIZE];
int    front;    // 头指针,若队列不空,指向队列头元素
int    rear;        // 尾指针,若队列不空,指向队列尾元素
} SqQueue;
```

定义一个指向队列的指针:

SqQueue ＊Q;

下面分析顺序队列基本操作的实现。为了运算方便,在此约定:头指针 front 总是指向队列中实际队头元素的前面一个位置,而尾指针 rear 总是指向队尾元素。采用这样的约定后,显然,队列的初始状态为 front = rear = 0,如图 3 – 16(a)所示。假如 A1,A2 依次进队,然后又出队,则 front = rear = 2,此时队列为空,如图 3 – 16(c)。只有当队列中没有元素即队空时,才会出现 front = rear,因此 front = rear 被用作测试队空的条件。当 front = 0,rear = n 时表示队列满,但随着不断做出队操作,大多数时候 front <> 0,而 rear = n,这时却上溢了,这种溢出叫"假溢",这种队列的状态叫"假满",如图 3 – 16(d)。

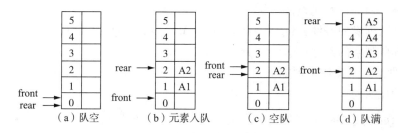

图 3 – 16　队列基本操作分析

为了充分利用空间,解决顺序队列的"假溢出"问题,可以构造循环队列,即将顺序队列的数据区看成是首尾相接的循环结构,如图 3 – 17 所示。

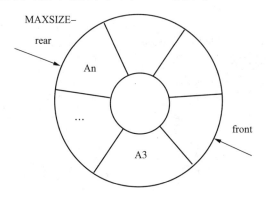

图 3 – 17　循环队列

在循环队列中,每插入一个元素,队尾指针就沿顺时针方向移动一个位置,即:

$$if(Q ->rear +1 == MAXSIZE)\ \ Q ->rear =0;$$

$$else\ Q ->rear = Q ->rear +1;$$

我们可以利用"模运算",将上述操作更简洁的表示为:

$$Q ->rear = (Q ->rear +1)\% MAXSIZE;$$

同样，每删除一个元素，队头指针也执行类似的操作，可描述为：

$$Q -> front = (Q -> front + 1) \% MAXSIZE;$$

循环队列初始化时，$front = 0$，$rear = 0$。如果 MAXSIZE 个元素按次序依次入队，则 $rear = MAXSIZE - 1$，如果再有一个元素入队，则它会被存放在 $Q[0]$ 这个位置，即也会出现 $front = rear = 0$。一般情况下，循环队列队空的时候，$front = rear$，而队满的时候，也是 $front = rear$，该如何区分呢？方法有 3 种：

（1）另设一个布尔变量 Full，根据其值区别队列的空（Full = FALSE）和满（Full = TRUE）；

（2）少用一个元素的空间，即 front 所指的单元始终为空。约定入队前，测试尾指针在循环意义下加 1 后是否等于头指针，若相等则认为队列满；

（3）使用一个计数器 count 记录队列中实际存放元素的个数（队列实际长度），假若 count = MAXSIZE 则队列满。

这里，我们采用第二种方法，因此，循环队列的实际长度为：$( rear - front + MAXSIZE) \% MAXSIZE$。

现把循环队列的基本操作准则总结如下：

（1）循环队列的初始化条件：$Q -> front = Q -> rear = 0$；

（2）循环队列满的条件：$(Q -> rear + 1) \% MAXSIZE = Q -> front$；

（3）循环队列空的条件：$Q -> front = Q -> rear$。

循环队列的基本操作实现如下：

（1）初始化队列：

```
void InitQueue(SqQueue *Q)
{
    Q -> front = Q -> rear = 0;
}
```

（2）判断队空：

```
int QueueEmpty(SqQueue *Q)
{
    if(Q -> front == Q -> rear)
        return 1;
    else
        return 0;
}
```

（3）求队列长度：

```
int QueueLength(SqQueue *Q)
{
    int len;
    len = (Q -> rear - Q -> front + MAXSIZE) % MAXSIZE;
    return len;
}
```

（4）读队首元素：

```
DATATYPE GetHead(SqQueue * Q, DATATYPE x)
{
    if(QueueEmpty(Q))
        x = NULL;
    else
        x = Q -> data[(Q -> front + 1)% MAXSIZE];
    return x;
}
```

（5）入队操作：

```
void EnQueue(SqQueue * Q, DATATYPE x)
{
    if((Q -> rear + 1)% MAXSIZE = = Q -> front)
        printf("Queue Full\n");
    else
    {   Q -> rear = (Q -> rear + 1)% MAXSIZE;
        Q -> data[Q -> rear] = x;
    }
}
```

（6）出队操作：

```
DATATYPE DeQueue(SqQueue * Q, DATATYPE x)
{
    if(QueueEmpty(Q)){
        printf("Queue empty\n");
        x = NULL;
    }
    else
    {   Q -> front = (Q -> front + 1)% MAXSIZE;
        x = Q -> data[Q -> front];
    }
    return x;
}
```

【例 3.3】　这是调用循环队列基本操作的主函数，请观察并分析运行结果。

```
void main()
{
    SqQueue queue, * Q;
```

```
char ch,x;
Q = &queue;
InitQueue(Q);
scanf("%c",&ch);
while(ch! = '\n'){
  EnQueue(Q,ch);
   scanf("%c",&ch);
}
printf("The   Queue   Length :%d\n", QueueLength(Q));
while(! QueueEmpty(Q)){
  ch = DeQueue(Q,x);
   printf("%c",ch);
}
}
```

### 3.3.3.3 链队

队列也可采用链式存储结构，称为链队列。队列中的结点结构和单链表的结点结构一样，其 C 语言描述的数据类型如下：

```
#define DATATYPE char
typedef struct QNode {
    DATATYPE    data;
    struct QNode  * next;
} LinkNode;// 结点类型
typedef struct {
    LinkNode * front, * rear;
} LinkQueue; // 将头尾指针封装在一起的链队列
定义一个指向链队列的指针：
LinkQueue  * Q;
```

为了操作方便，我们给链队列添加一个头结点，并设定头指针指向头结点。这时，链队列的基本操作的实现如图 3 – 18 所示。

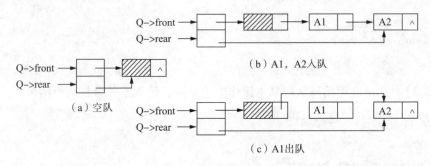

图 3 – 18   链队列元素入队、出队示意图

链队列的基本操作实现如下：

（1）初始化队列：

```
LinkQueue * initQueue( LinkQueue * Q )
{
    LinkNode * p;
    p = ( LinkNode * ) malloc( sizeof( LinkNode ) );
    p - > next = NULL;
    Q - > front = Q - > rear = p;
    return Q;
}
```

（2）判断队空：

```
int QueueEmpty( LinkQueue * Q )
{
    if( Q - > front = = Q - > rear )
        return 1;
    else
        return 0;
}
```

（3）读队首元素：

```
DATATYPE GetHead( LinkQueue * Q, DATATYPE x )
{
    LinkNode * p;
    if( QueueEmpty( Q ) )
        x = NULL;
    else
    {
        p = Q - > front - > next;
        x = p - > data;
    }
    return x;
}
```

（4）入队操作：

```
void EnQueue( LinkQueue * Q, DATATYPE x )
{
    LinkNode * p;
    p = ( LinkNode * ) malloc( sizeof( LinkNode ) );
    p - > data = x;
```

```
    p - > next = NULL;
    Q - > rear - > next = p;
    Q - > rear = p;
}
```

(5)出队操作：

```
DATATYPE DeQueue( LinkQueue  * Q , DATATYPE x)
{
    LinkNode  * p;
    if( QueueEmpty( Q) )
        x = NULL;
    else
    {
        p = Q - > front - > next;
        x = p - > data;
        Q - > front - > next = p - > next;
        if( p - > next = = NULL)
            Q - > rear = Q - > front
        free( p) ;
    }
    return x;
}
```

## 3.3.4　案例实现

　　本案例中使用一个队列 q 记录每次分油时各个油桶的盛油量和倾倒轨迹有关信息，队列中只记录互不相同的盛油状态。如果程序列举出倒油过程的所有不同的盛油状态，经考察全部状态后，未能分出 T 升油的情况，就确定这个倒油问题无解。队列 Q 通过指针 front 和 rear 实现倒油过程的控制。

　　具体算法实现如下：

```
#include < stdio. h >
#define N 100
#define BUCKETS 3
struct Queue{
    int state[ BUCKETS] ; // 各桶盛油量
    int sbucket;          // 源桶
    int obucket;          // 目标桶
    int last;             // 轨迹元素在队列中的下标
```

```
}q[N];// 队列
int full[BUCKETS];
int i,j,k,found,unable,wi,wj,v,T;
int head,tail;
void main()
{   // 输入各桶容量和目标容量
    printf("Enter volume of buckets. ");
    for(i=0;i<BUCKETS;i++)
        scanf("%d",&full[i]);
    printf("Enter volume of T.  ");
    scanf("%d",&T);
    // 设置将初始状态存入倒油状态队列等初值
    q[0].state[0]=full[0];
    for(i=1;i<BUCKETS;i++)
        q[0].state[i]=0;
    q[0].sbucket=0;
    q[0].obucket=0;
    q[0].last=0;
    found=unable=0;
    head=tail=0;
    do
    {// 对状态队列中第一个还未检查过的元素在还未检查完每个倒出的桶且还未找到
解且还未确定无解情况下循环
        for(i=0;i<BUCKETS&&!found&&!unable;i++)
            if(q[head].state[i]>0) //倒出桶有油
                for(j=0;j<BUCKETS&&!found&&!unable;j++)// 在还未检查完每个油桶
且还未找到解且还未确定无解情况下循环
                    if(j!=i&&q[head].state[j]<full[j])
                    {   // 当前桶不是倒出桶且桶还有空,确定本次倒油量
                        if(q[head].state[i]>full[j]-q[head].state[j])
                            v=full[j]-q[head].state[j];
                        else v=q[head].state[i];
                        cwi=q[head].state[i]-v;
                        wj=q[head].state[j]+v;
                        // 在队列中检查倒油后的结果状态是否在队列中出现过
                        for(k=0;k<=tail;k++)
                            if(q[k].state[i]==wi&&q[k].state[j]==wj) break;
                        if(k>tail)
                        {   // 结果状态不在队列中出现,将结果状态和轨迹信息存入队列
```

```
                    tail + + ;
                    q[ tail] . state[ i ] = wi;
                    q[ tail] . state[ j ] = wj;
                    q[ tail] . state[ 3 - i - j ] = q[ head] . state[ 3 - i - j ];
                    q[ tail] . sbucket = i + 1 ;
                    q[ tail] . obucket = j + 1 ;
                    q[ tail] . last = head;
                    // 如有桶达到目标盛油量,则设置找到解标志
                    if( wi = = T | | wj = = T) found = 1 ;
                  }
              }
          if( ! found) // 还未找到解
              {
                  head + + ; // 修正队列第一个还未检查过元素指针
                  if( head > tail) // 队列中的元素都已检查过
                      unable = 1 ; // 设置无解标志
              }
    } while( ! found&& ! unable) ; // 还未找到解且还未确定无解
    if( found) // 找到解,根据倒油步骤的轨迹信息,形成倒油步骤序列
    {
        i = tail;
        j = - 1 ;
        do
        {   // 原倒油步骤逆向,现改为正向
            k = q[ i ] . last;
            q[ i ] . last = j;
            j = i;
            i = k;
        } while( j) ;
        // 输出倒油步骤序列
        for( k = q[ k] . last;k > = 0 ;k = q[ k] . last)
        {
            printf( "%5d to %2d:" ,q[ k] . sbucket,q[ k] . obucket) ;
            for( i = 0 ;i < BUCKETS;i + + )
            printf( "%4d" ,q[ k] . state[ i ] ) ;
            printf( "\n" ) ;
        }
    }
    else printf( "Unable! " ) ;
}
```

请读者自己到 VC6.0 环境下验证，并分析运行结果。

## 3.3.5　技能训练

**【题目】**：迷宫问题：如下图 3 - 19 所示，给出一个 N * M 的迷宫图和一个入口、一个出口。编一个程序，打印一条从迷宫入口到出口的路径。

**【要求】**：黑色方块的单元表示走不通（用 - 1 表示），白色方块的单元表示可以走通（用 0 表示），只能往上、下、左、右四个方向走。如果无路则输出"no way"。

| 入口→ | 0 | -1 | 0 | 0 | 0 | 0 | 0 | 0 | -1 | |
|---|---|---|---|---|---|---|---|---|---|---|
| | 0 | 0 | 0 | 0 | -1 | 0 | 0 | 0 | -1 | |
| | -1 | 0 | 0 | 0 | 0 | 0 | -1 | -1 | -1 | |
| | 0 | 0 | -1 | -1 | 0 | 0 | 0 | 0 | 0 | →出口 |
| | 0 | 0 | 0 | 0 | 0 | 0 | 0 | -1 | -1 | |

图 3 - 19　迷宫问题

# 任务 3.4　文本编辑助手

## 3.4.1　案例描述

文本编辑指对公文书信、报刊杂志、书籍等内容的编辑工作，常用的文本编辑工具有 word、记事本等。文本编辑人员经常需要统计英文小说中某些词汇的出现次数和位置，试编写算法来模拟实现这一任务。假设英文小说存放在一个文本文件中，每个单词不包含空格且不跨行，单词由字符序列构成且区分大小写。程序运行时一次可统计多个词汇，输出每个词出现的次数和位置（行号和列号），该程序称为文本编辑助手。运行结果如图 3 - 20 所示。

## 3.4.2　案例分析

本案例中处理的数据对象是英文短文，整体可看成是一个字符串。现要在这个字符串中查找某个单词（可看成是子串）并记录其出现的位置，利用数据结构中字符串的模式匹配运算可以很方便地实现。

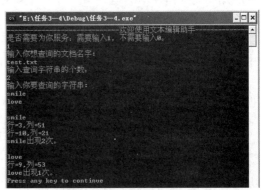

图 3 - 20　文本编辑助手

### 3.4.3　知识准备

#### 3.4.3.1　串的定义

串又称字符串，是一种特殊的线性表，它的每个元素仅由一个字符组成。计算机处理的对象分为数值数据和非数值数据，字符串是最基本的非数值数据。高级程序设计语言中产生了一系列字符串的操作。在信息检索系统、文字编辑程序、自然语言翻译系统等应用中，都是以字符串数据作为处理对象的。

串(string)是由零个或多个字符组成的有限序列，一般记为：

$$s = "a_1 a_2 \cdots a_n" \quad (n \geqslant 0)$$

其中，s 是串名，用双引号括起来的字符串序列是串的值；$a_i(1 \leqslant i \leqslant n)$可以是字母、数字或其他字符；串中字符的个数 n 称为串的长度；串值必须用一对双引号括起来，但双引号本身不属于串，它的作用只是为了避免与变量名或数字常量混淆。比如" temp "是个串，temp 则是变量名;"23"是串，23 则是一个常量。

串有以下几种特殊形式：

(1)空串。长度为 0 的串称为空串，通常用一对相邻的双引号表示，如 s = "";

(2)空格串。由一个或多个空格组成的串称为空格串，它的长度是串中空格的个数。

(3)子串。串中任意个连续的字符组成的子序列称为该串的子串；求子串在串中的起始位置称为子串定位或模式匹配。如 s = " This is a string" , a = "This" , b = " string" , a、b 都是 s 的子串, a 在 s 中的位置是 1, b 在 s 中的位置是 11。空串是任何串的子串。

串的存储指存储串的字符序列, C 语言中采用两种存储方式：

(1)定义字符数组存储串，数组名就是串名，编译时分配存储空间，运行时大小不能改变。这是串的静态存储方式，采用顺序结构。

(2)定义字符指针变量，存储串的首地址，通过字符指针变量访问串值。程序运行时动态分配存储单元，这称为串的动态存储方式，采用链式存储结构和堆存储结构。

串的顺序存储采用一组地址连续的存储单元存储字符序列，一个字符占一个字节，简称顺序串。由于目前多数计算机的存储器地址采用字编码，一个字为一个存储单元，占多个字节，所以串的顺序存储又分为紧缩和非紧缩两种形式。

紧缩格式采用一个字节存储一个字符。该存储方式一个存储单元可以存储多个字符，空间利用率高，但在串的运算中，若要分离某一部分字符时就比较困难。

非紧缩格式采用一个存储单元存储一个字符，该方式以浪费存储空间为代价方便了操作运算。比如一个存储单元可存储 4 个字符，串 s = " hello world"采用紧缩格式需 12 个字节(C 语言中用字符'\0'作为串的终止符)，需 3 个存储单元；而采用非紧缩格式就需要 12 个存储单元。

C 语言中一般采用字符数组存放顺序串，在程序运行前需要预定义串的最大长度，其数据类型描述如下：

```
#define MAXSIZE 100
typedef struct
{ char string[MAXSIZE];
  int length;        // 记录串的长度
}SqString;
```

当进行随机取子串运算时，顺序存储结构比较简便；但对串进行插入、删除等操作时会变得复杂。由于事先预定了串的最大长度，不可改变，所以若出现串值长度超过 MAXSIZE 时，计算机就会丢弃超出 MAXSIZE 部分的字符序列，发生错误。

串的链式存储结构采用单链表。由于串的每个数据元素都是一个字符，用链表存储串值时，存在一个"结点大小"的问题，即每个结点可以存放一个字符，也可以存放多个字符。当结点大小大于 1 时，由于串长不一定是结点大小的整数倍，所以链表中的最后一个结点不一定完全被串值占满。例如图 3 - 21 是串 s = "hello"在结点大小为 4（即每个结点存放 4 个字符）和结点大小为 1 的链表中的存储示意图。

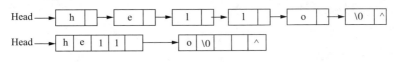

图 3 - 21　串的链式存储

串的链式存储中结点大小为 1 的结构描述如下：

```
typedef struct Node
{ char data;
  struct Node * next;
}LinkString;
```

串的链式存储结构对某些串操作，如连接操作等有一定方便之处，但总的来说不如顺序存储结构灵活，它占用存储空间大且操作复杂。串采用链式存储结构时各种操作的实现和线性表在链式存储结构中的操作类似，故在此不作详细介绍。

### 3.4.3.2　顺序串的基本运算

串的逻辑结构和线性表极为相似，区别仅在于串的数据对象约束为字符集。但串的基本操作和线性表却有很大的差别。在线性表的基本操作中，大多以"单个元素"作为操作对象；而在串的基本操作中，通常以"串的整体"作为操作对象。例如在串中查找某个子串、求取一个子串、在串的某个位置上插入一个子串以及删除一个子串等。下面是对顺序串的基本运算。

**1）串的复制**

串的复制是指将源字符串的内容全部拷贝到另一个目标串中，函数中应保证目标串的长度大于等于源串的长度。

```
void StrCpy( SqString * s1 , SqString * s2 )
{
    int i;
    for( i = 0 ; s2 - > string[ i ] ! = '\0' ; i + + )
      s1 - > string[ i ] = s2 - > string[ i ];
    s1 - > string[ i ] = '\0';
    s1 - > length = s2 - > length;
}
```

**2）串的连接**

串连接时需要考虑可能出现的三种情况，假设定义了两个指针变量 SqString * t1 , * t2：
（1）当 t1 - > length + t2 - > length < MAXSIZE 时，即两串联接得到的 S 串是串 t1 和串 t2

联接的正常结果，S 串的长度等于串 t1 和 t2 的长度之和；

（2）当 t1 − >length < MAXSIZE − 1，但 t1 − > length + t2 − > length > MAXSIZE 时，则两串联接得到的 S 串是串 t1 和串 t2 的一个子串的连接，串 t2 的后面部分被截断，S 串的长度等于 MAXSIZE − 1；

（3）当 t1 − >length = MAXSIZE − 1 时，则两串联接得到的 S 串实际上只是串 t1 的拷贝，串 t2 全部被截断，S 串的长度等 MAXSIZE − 1。

```
void Concat(SqString * S,SqString * t1,SqString * t2)
{   // 由串 t1 和串 t2 连接而成的新串存放在串 S 中。若长度超过规定的长度,则截断
    int i,n = MAXSIZE − 1;
    if(t1 − >length + t2 − >length < = n)
    {   // 第一种情况
        for(i = 0;i < t1 − >length;i + + ))
            S − >string[i] = t1 − >string[i];
        for(i = 0;i < t2 − >length;i + + )
            S − >string[i + t1 − >length] = t2 − >string[i];
        S − >string[i + t1 − >length] = '\0';
        S − >length = t1 − >length + t2 − >length;
    }
    else if(t1 − >length < n)
    {   // 第二种情况
        for(i = 0;i < t1 − >length;i + + )
            S − >string[i] = t1 − >string[i];
        for(i = 0;i + t1 − >length < n;i + + )
            S − >string[i + t1 − >length] = t2 − >string[i];
        S − >string[i + t1 − >length] = '\0';
        S − >length = n;
    }
    else
    {   // 第三种情况
        for(i = 0;i < t1 − >length;i + + )
            S − >string[i] = t1 − >string[i];
        S − >string[i] = '\0';
        S − >length = n;
    }
}
```

**3）串的比较**

两个串的比较用以确定其之间的大于、等于或小于关系。判断条件以字符的 ASCII 码为标准。当两个串的长度相同，且每个对应位置上的字符均一致时，表示这两个串相等；当出现第一个对应位置上的字符不一致时，比较该位置上两个字符的 ASCII 码值的大小，若 s1 串中字符的 ASCII 码值大于 s2 串中字符的 ASCII 码值，表示 s1 > s2；反之，s1 < s2。

```
int StrCompare(SqString * s1,SqString * s2)
{ // s1 > s2,返回值 >0;s1 < s2,返回值 <0;s1 = s2,返回值 =0
  int i;
  for(i =0;i < s1 − > length&&i < s2 − > length;i + + )
    if(s1 − > string[i]! = s2 − > string[i])
      break;
  return s1 − > string[i] − s2 − > string[i];
}
```

**4）计算串长度**

```
int StrLength(SqString ∗ s)
{

  return s − > length;

}
```

**5）串的插入**

串插入操作就是在给定串的指定位置插入另一个串。

```
void StrInsert(SqString ∗ S,SqString ∗ t,int pos)
{//将串 t 插入到串 S 中第 pos 个位置
    int j;
    if(S − > length +t − > length > = MAXSIZE || pos > S − > length +1 || pos < 1)
      printf("overflow");
    else
    {
     for(j = S − > length;j > = pos;j − − )
      S − > string[j + t − > length −1] = S − > string[j −1];
     for(j =0;j < t − > length;j + + )
       S − > string[j + pos −1] = t − > string[j];
     S − > string[S − > length] = '\0';
    }
}
```

**6）子串提取**

```
SqString ∗ SubString(SqString ∗ S,int pos,int len)
{ // 返回 S 串中的第 pos 个字符起长度为 len 的子串
    SqString ∗ sub;
    int i;
    sub = &str;
    if(pos <1 || pos > S − > length || len <0 || len > S − > length − pos +1)
    {
       printf("参数错误");
```

```
            sub - > length = 0;
    }
  else
  {
      for( i = 0; i < len; i + + )  sub - > string[ i ] = S - > string[ pos + i - 1 ];
      sub - > length = len;
  }
return sub;
}
```

### 7）子串的删除

```
int StrDelete( SqString  * S, int pos, int len)
{//删除 S 串中的第 pos 个字符起长度为 len 的子串
    int n;
    if( pos < 1 || pos > S - > length || pos + len > S - > length + 1)
        return 0;
    for( n = pos + len - 1; n < S - > length; n + + )
        S - > string[ n - len ] = S - > string[ n ];
    S - > length = S - > length - len;
    S - > string[ S - > length ] = '\0';
    return 1;
}
```

### 8）子串定位

子串的定位通常称为串的模式匹配，是一种重要的串运算。设 S 和 T 是给定的两个串，在主串 S 中查找子串 T 的过程称为模式匹配。如果在 S 中找到等于 T 的子串，称匹配成功，否则匹配失败。这里的子串也称为模式串。图 3 - 22 为模式串 T = "abcac"和主串 S = "ababcabcacba"的匹配过程。

由上图得知，这是一种简单的模式匹配算法，分别利用计数指针 i 和 j 指示主串 S 和模式串 T 中当前正待比较的字符位置。算法的基本思想是：从主串 S 的第一个字符起和模式串 T 中的第一个字符进行比较，若相等，则继续逐个比较后续字符；否则就回溯，从主串 S 的下一个字符起再重新和模式串字符进行比较，以此类推，直到模式串 T 中的每个字符依次和主串 S 中的一个连续的字符序列相等，称匹配成功，函数值为和模式串 T 中第一个字符相等的字符在主串 S 中的位置，否则称匹配不成功，函数值为 0。

算法的 C 语言实现如下：

```
int Index( SqString  * S, SqString  * T, int pos)
{
    int i = 1, j = 1;
    while( i < = S - > length&&j < = T - > length) {
        if( S - > string[ i - 1 ] = = T - > string[ j - 1 ]) {
            + + i;
```

```
            + +j;
        }
        else{
            i = i - j + 2;
            j = 1;
        }
    }
    if( j > T - > length )
        return i - T - > length;
    else
        return 0;
}
```

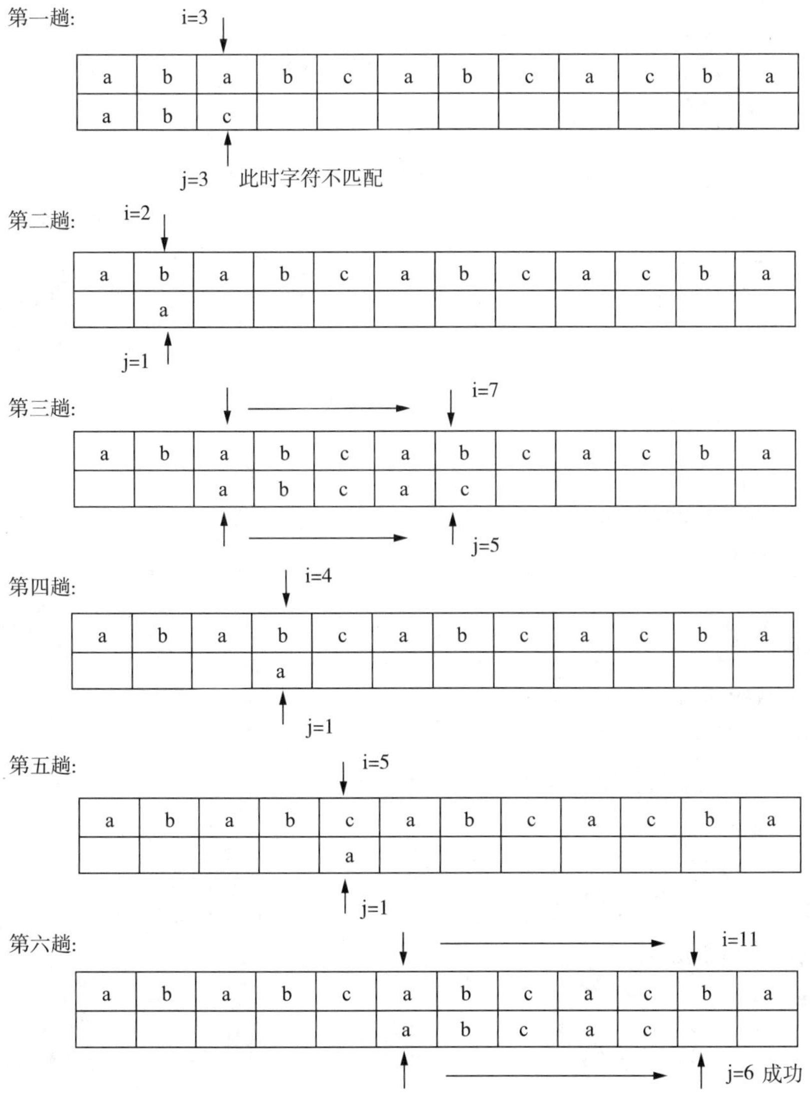

第一趟:                i=3
| a | b | a | b | c | a | b | c | a | c | b | a |
| a | b | c |   |   |   |   |   |   |   |   |   |

j=3    此时字符不匹配

第二趟:      i=2
| a | b | a | b | c | a | b | c | a | c | b | a |
|   | a |   |   |   |   |   |   |   |   |   |   |

j=1

第三趟:                              i=7
| a | b | a | b | c | a | b | c | a | c | b | a |
|   |   | a | b | c | a | c |   |   |   |   |   |

j=5

第四趟:            i=4
| a | b | a | b | c | a | b | c | a | c | b | a |
|   |   |   | a |   |   |   |   |   |   |   |   |

j=1

第五趟:                i=5
| a | b | a | b | c | a | b | c | a | c | b | a |
|   |   |   |   | a |   |   |   |   |   |   |   |

j=1

第六趟:                                    i=11
| a | b | a | b | c | a | b | c | a | c | b | a |
|   |   |   |   |   | a | b | c | a | c |   |   |

j=6 成功

图 3 - 22  模式匹配过程

## 3.4.4　案例实现

本案例实现首先要准备测试数据，比如文本文件为 test. txt；待统计的词汇为：love、smile。

算法的 C 语言实现如下：

```
#define MAXSTRLEN 255                // 最大串长
typedef char SString[MAXSTRLEN +1];     // 串的定长顺序存储表示
int next[MAXSTRLEN];                  // 模式匹配算法中用到的 next
int Index(SString S,SString T,int pos)
{// 模式匹配算法
    int i = pos,j = 1;
    while(i < = S[0]&&j < = T[0])
    {
        if(j = = 0||S[i] = = T[j]){
            + +i; + +j;
        }
        else
            j = next[j];
    }
    if (j > T[0])          return (i - T[0]);
    else        return 0;
}
int lenth(SString str)
{   // 求串长
    int i = 1;
    while(str[i]) i + +;
    return(i - 1);
}
void find(char name[],SString keys)
{// 查找函数
    SString text;   // 用于存放从文本文件读取的一行字符串
    int i = 1,j = 0,k,q = 0;   // i 用于存放行号,j 用于存放列号,k 用于输出格式的控制,q 用于统计出现次数
    FILE  * fp;
    if (! (fp = (fopen(name,"r"))))   // 打开文本文件
```

```
    {
        printf("打开文件出错! \n");
        exit(0);
    }
    keys[0] = lenth(keys);              // 求关键字的长度
    printf("\n% s\n",&keys[1]);         // 打印关键字
    while (! feof(fp))                  // 如果还没到文本文件末尾,则继续循环
    {
        k = 0;
        fgets(&text[1],MAXSTRLEN,fp);
        text[0] = lenth(text);
        j = Index(text,keys,j + 1);
        if (j! = 0)
        {
            printf("行 = % d,列 = % d",i,j);
            k + +;
        }   // 若匹配成功则打印行号和列号
        while(j! = 0)// 若该行找到了关键字,则继续寻找看是否还能匹配成功
        {
            j = Index(text,keys,j + 1);    // 调用模式匹配算法从刚找到的列号后一字符起匹配
            if (j! = 0)
            {
                printf(",% d",j);
                k + +;
            }   // 若匹配成功,则打印列号
        }
        i + +;      // 行号加 1,在下一行中寻找
        q + = k;    // 累加 k 以统计关键字出现次数
        if (k)  printf("\n");   // 输出格式控制
    }
    printf("% s 出现% d 次。\n",&keys[1],q);   // 打印关键字出现次数
}
void main()
{
    char name[50];      // 存储输入的小说路径字符串
    SString words[10];  // 定义字符串数组,用于存储输入的关键字
    int m,n,i;
    printf("-----------------欢迎使用文本编辑助手-----------------");
    while(1)    // 不停循环,直至完成查询或者退出服务
```

```
                {
                    printf("是否需要为你服务:需要输入 1,不需要输入 0。\n");
                    scanf("%d",&m);
                    if(m==1)
                    {
                    printf("输入你想查询的文档名字:\n");
                    scanf("%s",name);
                    printf("输入查询字符串的个数:\n");
                    scanf("%d",&n);
                    printf("输入你要查询的字符串:\n");
                    for (i=0;i<n;i++)  // 用户一次性输入要查找的关键字,words[i][0]
用于存放字符串的长度  scanf("%s",&words[i][1]);
                    for (i=0;i<n;i++)
                      find(name,words[i]);    // 对于每一个关键字,调用查找函数进行查找统计
                    break;
                    }
                else if(m==0)      break;
                else printf("输入错误! \n\n");
                }
        }
```

## 3.4.5　技能训练

**【题目】**:文本加密和解密问题。一个文本串可用事先给定的字母映射表加密。例如,设字母映射表为:

abcdefghijklmnopqrstuvwxyz

ngzqtcobmuhelkpdawxfyivrsj

则字符串"encrypt"被加密为"tkzwsdf"。

**【要求】**:试写一算法将输入的文本串加密后输出,以及另一算法解密后输出。

## 任务 3.5　稀疏矩阵的转置

## 3.5.1　案例描述

　　一个 $m*n$ 的矩阵 A,它的转置矩阵 B 是一个 $n*m$ 的矩阵,且 $A_{ij}=B_{ji}$, $m \geq i \geq 0$, $n \geq j \geq 0$。图 3-23 中矩阵 B 就是矩阵 A 的转置。稀疏矩阵是多数元素为 0 的矩阵,如图 3-24。利用"稀疏"的特点可以大大节省存储空间,那么这个稀疏矩阵该如何存储并实现转置呢?

$$A_{3\times4}=\begin{pmatrix} 1 & 2 & 3 & 4 \\ 5 & 6 & 7 & 8 \\ 9 & 10 & 11 & 12 \end{pmatrix} \quad B_{4\times3}=\begin{pmatrix} 1 & 5 & 9 \\ 2 & 6 & 10 \\ 3 & 7 & 11 \\ 4 & 8 & 12 \end{pmatrix} \quad M=\begin{pmatrix} 0 & 12 & 0 & 0 \\ 0 & 0 & 0 & 8 \\ 0 & 0 & 0 & 0 \end{pmatrix}$$

图 3 – 23   矩阵的转置                    图 3 – 24   稀疏矩阵

## 3.5.2   案例分析

矩阵在表现形式上可看成是具有行、列结构的二维表，每个元素处在确定行和列的交点位置上，与唯一一对行号和列号对应。矩阵是很多科学与工程计算问题中研究的数学对象，在用高级语言编程时，一般采用二维数组来存储矩阵，而对于案例中的稀疏矩阵的存储和转置，我们会用到一种特殊的数组表示形式——三元组。

## 3.5.3   知识准备

### 3.5.3.1   数组

数组作为一种数据结构其特点是结构中的元素本身可以是具有某种结构的数据，但属于同一数据类型。比如：一维数组可以看成是一个线性表，二维数组可以看成是"数据元素是一维数组"的一维数组。因此，数组是线性表的推广，在逻辑结构上，数组是定长线性表在维数上的拓展。

数组是由一组类型相同的数据元素构成的有序集合，每个数据元素称为一个数组元素（简称为元素），每个元素受 $n(n \geq 1)$ 个线性关系的约束，每个元素在 n 个线性关系中的序号 $i_1$、$i_2$、…、$i_n$ 称为该元素的下标，并称该数组为 n 维数组。当 $n=1$ 时称为一维数组，$n=2$ 时称为二维数组，$n>2$ 时称为多维数组。本任务重点讨论二维数组的表示及运算。

数组作为一个具有固定格式和数量的数据集合，通常在各种高级语言中一旦被定义，每一维的长度及上下界都不能改变。对数组通常作以下两种运算：

(1)存取：给定一组下标，读出对应的数组元素。

(2)修改：给定一组下标，存储或修改与其相对应的数组元素。

存取和修改操作本质上只对应一种操作——寻址，而且一般情况下对数组不作插入或者删除运算，因此，一般采用顺序存储结构来表示数组。由于存储单元是一维的结构，而多维数组是多维结构，如何表示呢？

常用的映射方法有两种：

(1)行优先存储：先行后列，先存储行号较小的元素，行号相同者先存储列号较小的元素。

(2)列优先存储：先列后行，先存储列号较小的元素，列号相同者先存储行号较小的元素。

比如：一个2行3列的二维数组，逻辑结构如图 3 – 25(a)所示，其行优先存储表示如图 3 – 25(b)所示，列优先存储表示如图 3 – 25(c)所示。

（a）二维数组逻辑结构

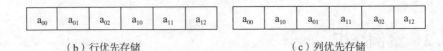

（b）行优先存储　　　　　　　　　　　　（c）列优先存储

图 3-25　二维数组的存储表示

对于数组，一旦定义了维数和各维的长度，系统便可以给它分配存储空间。由于采用了顺序存储，因此可以根据下标方便地求得相应数组元素的存储位置。这里以行优先存储为例加以说明。

假设，二维数组 $A_{m*n}$ 以行序为主存储在内存中，设数组的基址为 $LOC(a_{00})$，每个数据元素占 d 个存储单元。元素 $a_{ij}$ 的存储地址应是数组的基地址加上排在元素 $a_{ij}$ 前面的元素所占的单元数。因为元素 $a_{ij}$ 的前面有 i 行，每一行有 n 个元素，在下标为 i 的这一行中，该元素前还有 j 个数组元素，故元素 $a_{ij}$ 的前面共有 $i*n+j$ 个元素，元素 $a_{ij}$ 的存储地址为：

$$LOC(a_{ij}) = LOC(a_{00}) + (i*n+j)*d$$

同样，二维数组 $A_{m*n}$ 若以列序为主存储在内存中，数组的基址为 $LOC(a_{00})$，每个数据元素占 d 个存储单元，则元素 $a_{ij}$ 的存储地址为：

$$LOC(a_{ij}) = LOC(a_{00}) + (j*m+i)*d$$

【例 3.4】　对于二维数组 $A[3][6]$，当按行优先存储时，元素 $A[1][3]$ 是第几个元素？当按列优先存储时，元素 $A[2][4]$ 是第几个元素？

分析一下，这里 m=3，n=6，当按行优先存储时，元素 $A[1][3]$（i=1，j=3）的序号为：

$$1 + (1*6+3) = 10$$

当按列优先存储时，元素 $A[2][4]$（i=2，j=4）的序号为：

$$1 + (4*3+2) = 15$$

在数值分析中经常遇到一些高阶矩阵，这些矩阵中有许多值相同的元素或者是零元素，为了节省存储空间，对这些矩阵可采用多个值相同的元素只分配一个存储空间，零元素不存储的策略，称为矩阵的压缩存储。

如果值相同的元素或者零元素在矩阵中的分布有一定规律，称此类矩阵为特殊矩阵；如果矩阵中非零元素的个数很少称为稀疏矩阵。下面分别讨论这两类矩阵的压缩存储。

### 3.5.3.2　特殊矩阵的压缩存储

常见的特殊矩阵有对称矩阵和对角矩阵，这两类矩阵都是方阵，即行数和列数相等。

**1）对称矩阵**

对一个 n 阶矩阵 A，若矩阵中所有元素均满足 $a_{ij} = a_{ji}$，则称此矩阵为对称矩阵。如图 3-26 所示。

由于对称矩阵的性质，可以为每一对对称元素分配一个存储空间，以行优先存储方式存储对称矩阵的下三角部分（包括对角线）元素，这样矩阵的存储空间就有 $n^2$ 压缩到了 $n(n+1)/2$ 个存储单元。

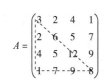

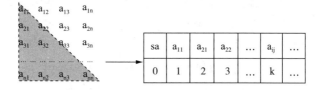

图 3 - 26　对称矩阵　　　　　　　　　图 3 - 27　对称矩阵的压缩存储

假设以一维数组 sa[n(n+1)/2] 存储 n 阶对称矩阵 A，矩阵 A 的元素从 sa 数组下标为 1 的单元开始存储，且只存储下三角（包括对角线）中的元素，如图 3 - 27 所示。此时矩阵上三角中的元素要到对称的位置取，矩阵中任意元素 $a_{ij}$ 存放在一维数组 sa[k] 的对应关系为：

$$k = \begin{cases} i*(i-1)/2 + j & (i \geq j) \\ j*(j-1)/2 + i & (i < j) \end{cases}$$

**2）三角矩阵**

三角矩阵通常指上三角矩阵和下三角矩阵。若 n 阶方阵上三角（不包括对角线）的元素均为常数 c，则称之为下三角矩阵；反之，若 n 阶方阵下三角（不包括对角线）的元素均为常数 c，则称之为上三角矩阵，如图 3 - 28 所示。

$$\begin{pmatrix} a_{11} & c & \cdots & c \\ a_{12} & a_{22} & \cdots & c \\ \vdots & \vdots & \vdots & \vdots \\ a_{x1} & a_{x2} & \cdots & a_{xx} \end{pmatrix} \qquad \begin{pmatrix} a_{11} & a_{12} & \cdots & a_{1x} \\ c & a_{22} & \cdots & a_{2x} \\ \vdots & \vdots & \vdots & \vdots \\ c & c & \cdots & a_{xx} \end{pmatrix}$$

（a）下三角矩阵　　　　　　　　（b）上三角矩阵

图 3 - 28　三角矩阵

上（下）三角矩阵的压缩存储，除了存储其上（下）三角中（包括对角线）的元素外，还要存储常数 c。与对称矩阵的存储类似，可将常数 c 存入一维数组中下标为 0 的位置。

下三角矩阵压缩存储到一维数组后，矩阵元素 $a_{ij}$ 和 sa[k] 的对应关系是：

$$k = \begin{cases} i*(i-1)/2 + j & (i \geq j) \\ 0 & (i < j) \end{cases}$$

上三角矩阵压缩存储到一维数组后，矩阵元素 $a_{ij}$ 和 sa[k] 的对应关系是：

$$k = \begin{cases} (i-1)*(2n-i+2)/2 + j - i + 1 & (i \leq j) \\ 0 & (i > j) \end{cases}$$

**3）对角矩阵**

数值分析中经常出现的另一种特殊矩阵为对角矩阵。以三对角矩阵为例，所有非零元素都集中在以主对角线为中心的带状区域中，除了主对角线和它的上下方两条对角线的元素外，所有其他元素都为零。图 3 - 29 为一个三对角矩阵。

$$\begin{pmatrix} 7 & 9 & 0 & 0 \\ 23 & 4 & 15 & 0 \\ 0 & 14 & 8 & 10 \\ 0 & 0 & 12 & 6 \end{pmatrix}$$

图 3 - 29　三对角矩阵

对于对角矩阵，压缩存储只存非零元素。这些非零元素按行为主序的顺序，从下标为1的位置开始依次存放在一维数组中，下标为0的位置存放数值0。对于任意给定的元素 $a_{ij}$ 和一维数组下标 k 的对应关系是：

$$K = \begin{cases} (i*2+j-2) & (1 \leqslant i \leqslant n,\ j=i-1,\ i,\ i+1) \\ 0 & (其他) \end{cases}$$

### 3.5.3.3  稀疏矩阵的压缩存储

在特殊矩阵中，非零元素的分布都有明显的规律。在实际应用中还会遇到这样一种矩阵，非零元素少且分布没有明显规律。假设 m 行 n 列的矩阵含 t 个非零元素，则称：

$$\delta = \frac{t}{m \times n}$$

为稀疏因子。通常认为 $\delta \leqslant 0.05$ 的矩阵为稀疏矩阵。

按照压缩存储的思想，只存储稀疏矩阵中的非零元素。为了检索方便，在存储单元中必须带有明显的辅助信息，即同时存储非零元素的值和它的行号及列号。对稀疏矩阵的存储通常采用两种方式：三元组表示法和十字链表表示法。这里只介绍三元组表示法。

一个三元组(行号，列号，非零元素值)可以唯一的确定稀疏矩阵中的一个非零元素，因此稀疏矩阵由表示非零元素的三元组线性表确定。图 3-30 为稀疏矩阵 M 的三元组表示，三元组表是否与矩阵 M 唯一对应？

$$M = \begin{pmatrix} 7 & 0 & 0 & 0 \\ 0 & 0 & 3 & 0 \\ 0 & 8 & 0 & 0 \\ 0 & 0 & 0 & 0 \end{pmatrix} \longrightarrow$$

| i | j | v |
|---|---|---|
| 1 | 1 | 7 |
| 2 | 3 | 3 |
| 3 | 2 | 8 |

（a）稀疏矩阵M　　　（b）稀疏矩阵M的三元组表

图 3-30　稀疏矩阵及其三元组表示

如果在 M 中再增加第5行且元素均为0，其三元组表示仍然是图 3-30(b)，但是此时的 M 已经发生了变化，也就是说只记录非零元素的信息不能完全描述一个稀疏矩阵，还要增加表示矩阵的行数和列数，才能唯一对应。

数据类型说明如下：

```
#defint MAXSIZE 100
#defint DATATYPE int
typedef struct
{
    int i, j;                   // 行号,列号
    DATATYPE  v;                // 非零元素值
} triple3tp;
typedef struct
{
    int mu, nu,tu;              // 行数,列数,非零元素个数
    triple3tp   data[MAXSIZE];  // 三元组表
} TSMatrix;
```

三元组表示法可以节省存储空间，但矩阵的运算在算法上可能要复杂些。当矩阵的非零元素的位置或个数变动时，三元组就不适合做稀疏矩阵的存储结构，这时采用十字链表比较合适(参见其他数据结构参考书)。

## 3.5.4　案例实现

本案例中已有稀疏矩阵 M，假设其转置矩阵为 N。TSMatrix 类型的变量 a 和 b 分别表示 M 和 N。三元组表示的稀疏矩阵转置时分为两步：

(1)将每个三元组的行号、列号交换；

(2)按新的行号排列三元组。

第一步比较容易，交换 i 和 j 的值即可；第二步是将 b. data 三元组以矩阵 N 的行(即 M 的列)为主序进行转置。对 M 中的每一列 col，通过从头至尾扫描三元组表 a. data，找出所有列号等于 col 的那些三元组，将它们的行号和列号互换后依次放入 b. data 中，便可得到 N 的按行优先的压缩存储表示。

算法的 C 语言描述如下：

```
void trans_TSMatrix(TSMatrix a,TSMatrix *b)
{  // 稀疏矩阵 M 和 N 采用三元组表 a 和 b 表示
    int p,q,col;
    b - >mu = a. mu ;
    b - >nu = a. nu ;
    b - >tu = a. tu ;
    if(b - >tu ! =0)
    {
        for(col =1 ;col < = a. nu ;col + + )
            for(p =1 ;p < = a. tu ;p + + )
                if(a. data [p]. j = = col)
                {
                    b - >data [q]. i = a. data [p]. j ;
                    b - >data [q]. j = a. data [p]. i;
                    b - >data [q]. v = a. data [p]. v ;
                    q + + ;
                }
    }
}
void main( )
{
    TSMatrix M,N;
    int k;
    printf("输入行数:");
```

```
        scanf("%d",&M. mu );
        printf("输入列数:");
        scanf("%d",&M. nu );
        printf("输入非0元素个数:");
        scanf("%d",&M. tu   );
        printf("输入矩阵 M(i,j,v):\n");
        for(k =1;k < = M. tu ;k + +)
            scanf("%d,%d,%d",&M. data [k]. i ,&M. data [k]. j ,&M. data [k]. v );
        printf("输入矩阵 M 的三元组为:\n");
        for(k =1;k < = M. tu ;k + +)
            printf("%4d|%4d|%4d\n",M. data [k]. i ,M. data [k]. j ,M. data [k]. v );
        trans_TSMatrix(M,&N);
            printf("M 的转置矩阵的三元组为:\n");
        for(k =1;k < = N. tu ;k + +)
            printf("%4d|%4d|%4d\n",N. data [k]. i ,N. data [k]. j ,N. data [k]. v );
    }
```

程序的运行结果如图 3 −31 所示。

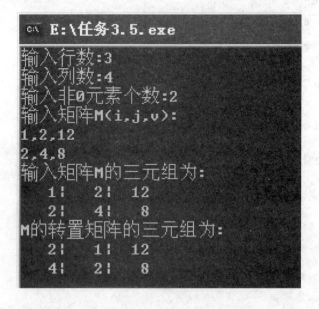

图 3 −31　稀疏矩阵的转置

## 3.5.5　技能训练

【题目】：假设有 n 阶稀疏矩阵 M 和 N(采用三元组表示)。

【要求】：试编程实现 Q = M + N、Q = M − N 和 Q = M * N 这三种运算。

# 任务 3.6　族谱问题

## 3.6.1　案例描述

某张氏家族的族谱如图 3－32 所示。请编写一个算法，输入任意一个人的名字，在家谱中查找是否有这个人，比如张三。

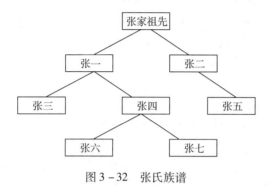

图 3－32　张氏族谱

## 3.6.2　案例分析

观察张氏族谱，其结构就像一棵倒放的树一样，数据之间具有层次关系，是一种一对多的关系。这样的结构在客观世界中广泛存在，比如学校的组织结构图，操作系统的树形目录等。这种结构在数据结构中称为树。

在张氏族谱中查找"张三"，也就是要把族谱中的各个结点值按照某种次序逐个和"张三"比较，若找到，则输出该结点的位置，若没找到，则输出不存在。

那么树形结构在计算机中要如何表示、存储及运算呢？

## 3.6.3　知识准备

### 3.6.3.1　树的定义和基本术语

**1）树的定义**

树是 n（n≥0）个结点的有限集。若 n＝0，称为空树；在任意一棵非空树中：

（1）有且仅有一个称为根的结点 root。

（2）当 n＞1 时，其余结点可分为 m（m＞0）个互不相交的有限集 $T_1$，$T_2$，…，$T_m$，其中每一个子集本身又是一棵符合本定义的树，称为根 root 的子树。

例如，图 3－33（a）表示空树，（b）表示只有根结点的树，（c）表示一般的树。（c）中 A 是树根，它有三棵子树，这三棵子树分别以 B、C、D 为根，而 D 为根的子树又可分成两棵子树。

(a)空树          (b)只有根节点的树          (c)一般的树

图 3 – 33  树

**2）树的基本术语**

树的基本术语主要有：

（1）结点：包含一个数据元素和若干指向其他结点的分支信息。

（2）结点的度：结点拥有的子树的个数。如图 3 – 33（c）中 A 的度为 3，B 的度为 1。

（3）叶子结点或终端结点：度为 0 的结点。如图 3 – 33（c）中的 C、E、F 和 G。

（4）分支结点或非终端结点：度不为 0 的结点。

（5）树的度：树中所有结点度的最大值。

（6）孩子、双亲、兄弟、祖先、子孙结点：结点的子树称为该结点的孩子，该结点称为孩子的双亲；同一个双亲的孩子结点间互称兄弟；结点的祖先是从根到该结点所经分支上的所有结点；以某结点为根的子树中的任一结点都称为该结点的子孙。如图 3 – 33（c）中 B、C、D 互为兄弟，A 是它们的双亲，除 A 外所有结点都是它的子孙，B、A 是 E 的祖先。

（7）结点的层次：根结点的为第 1 层，根的孩子为第 2 层，依此类推。

（8）树的深度：树中叶子结点所在的最大层次。

（9）有序树和无序树：如果将树中结点的各子树看成从左到右是有次序的，则称该树为有序树；否则称为无序树。

（10）森林：是 m（m≥0）棵互不相交的树的集合。

**3）数形结构和线性结构的比较**

树是一种非线性结构，其和线性结构的比较如表 3 – 2 所示。

表 3 – 2    树形结构和线性结构的区别

| 线性结构 | | 树形结构 | |
|---|---|---|---|
| 第一个数据元素 | 无前驱 | 根结点 | 无前驱 |
| 最后一个数据元素 | 无后继 | 多个叶子结点 | 无后继 |
| 其他数据元素 | 一个前驱、一个后继 | 树中其他结点 | 一个前驱、多个后继 |

### 3.6.3.2  二叉树

二叉树是树形结构的一个重要类型，许多实际问题抽象出来的数据结构都是二叉树的形式。可以证明，所有树都能转换为唯一的一棵二叉树与其对应，不失一般性，而且二叉树的结构简单，规律性强，存储结构和算法设计都较为容易。因此，二叉树是非常重要的树形结构。

**1）二叉树的定义**

二叉树或为空树，或是由一个根结点加上两棵分别称为左子树和右子树的、互不相交的二叉树组成。二叉树的定义也是一个递归定义。

二叉树是一种特殊形态的树，它与一般树的区别在于：每个结点最多可有两棵子树（不存在度大于 2 的结点）；左子树和右子树的次序不能颠倒（有序树）。

二叉树有五种基本形态，如图 3 – 34 所示。

（a）空二叉树　　（b）只有根结点　　（c）右子树为空　　（d）左子树为空　　（e）左右子树非空

图 3 - 34　二叉树的五种基本形态

**2）二叉树的性质**

(1)性质 1：在二叉树的第 i 层上至多有 $2^{i-1}$ 个结点（$i \geq 1$）。

(2)性质 2：深度为 k 的二叉树上至多含 $2^k - 1$ 个结点（$k \geq 1$）。

(3)性质 3：对任何一棵二叉树，若他含有 $n_0$ 个叶子结点，$n_2$ 个度为 2 的结点，则必存在关系式：

$$n_0 = n_2 + 1。$$

证明：因为二叉树中全部结点数 $n = n_0 + n_1 + n_2$（叶子数 + 1 度结点数 + 2 度结点数），又因为二叉树中全部结点数 $n = B + 1$（总分支数 + 根结点，因为除根结点外，每个结点必有且仅有一个直接前趋，即一个分支进入）；而总分支数 $B = n_1 + 2 * n_2$（1 度结点必有 1 个直接后继，2 度结点必有 2 个）。

三式联立可得：$n_0 + n_1 + n_2 = n_1 + 2n_2 + 1$，即 $n_0 = n_2 + 1$。

这里介绍两类特殊的二叉树：

①满二叉树：指的是深度为 k 且含有 $2^k - 1$ 个结点的二叉树，如图 3 - 35 所示。

②完全二叉树：树中所含的 n 个结点和满二叉树中编号为 1 至 n 的结点一一对应，如图 3 - 36所示。

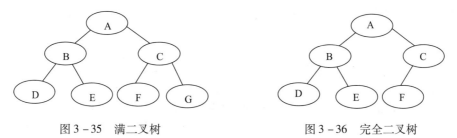

图 3 - 35　满二叉树　　　　　　　　　图 3 - 36　完全二叉树

(4)性质 4：具有 n 个结点的完全二叉树的深度为 $\lfloor \log_2 n \rfloor + 1$。

证明：设完全二叉树的深度为 k，则根据第二条性质和完全二叉树的定义得 $2^{k-1} - 1 < n \leq 2^k - 1$ 或 $2^{k-1} \leq n < 2^k$，于是 $k - 1 \leq \log_2 n < k$，因为 k 只能是整数，因此，$k = \lfloor \log_2 n \rfloor + 1$。

(5)性质 5：若对含 n 个结点的二叉树从上到下且从左至右进行 1 至 n 的编号，则对二叉树中任意一个编号为 i 的结点：

①若 $i = 1$，则该结点是二叉树的根，无双亲；否则，编号为 $\lfloor i/2 \rfloor$ 的结点为其双亲结点。

②若 $2i > n$，则该结点无左孩子；否则，编号为 2i 的结点为其左孩子结点。

③若 $2i + 1 > n$，则该结点无右孩子结点；否则，编号为 2i + 1 的结点为其右孩子结点。

**3）二叉树的存储结构**

(1)顺序存储结构。二叉树的顺序存储指按二叉树的结点"自上而下、从左至右"编号，用一组连续的存储单元存储。这样，结点的前驱后继关系不一定就是它们在逻辑上的相邻关系。根据二叉树的性质，完全二叉树和满二叉树采用顺序存储比较合适，如图 3 - 37 所示为图 3 - 36 中完全二叉树的顺序存储。

| A | B | C | D | E | F |
|---|---|---|---|---|---|

图 3 – 37　图 3 – 36 中完全二叉树的顺序存储

而对于一般的二叉树，必须先转为完全二叉树，即将各层空缺处统统补上"虚结点"，其内容为空，如图 3 – 38 所示。显然这样会造成存储空间的浪费，而且插入和删除操作不方便。二叉树顺序存储最坏的情况是单支树，如图 3 – 39 所示，一棵深度为 k 的单支树，只有 k 个结点，却需要分配 $2^k - 1$ 个存储单元。

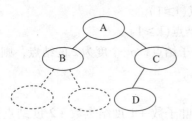

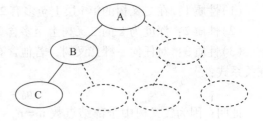

图 3 – 38　一般二叉树转换为完全二叉树　　　图 3 – 39　单支二叉树转换为完全二叉树

二叉树的顺序存储表示 C 语言描述为：

```
#define    MAXSIZE    100        // 二叉树的最大结点数
#define    DATATYPE    char
typedef struct
{
    DATATYPE[MAXSIZE];
    int btnum;
}BTSEQ;
```

（2）链式存储结构。二叉树的链式存储结构是指用一个链表来存储一棵二叉树，通常有二叉链表存储和三叉链表存储两种形式。二叉链表存储时除了结点本身的数据信息，还要存储该结点的左、右孩子结点的存储地址。三叉链表存储是在二叉链表存储的基础上增加了当前结点的双亲结点的存储地址。究竟采取何种存储方式要根据具体问题需求而定。这里只介绍二叉链表存储方式。

二叉链表中的每个结点具有三个域，其中 data 域存放结点的数据信息，lchild 和 rchild 分别存放其左孩子和右孩子的存储地址，如图 3 – 40 所示。

| lchild | data | rchild |
|---|---|---|

图 3 – 40　二叉链表的结点结构

二叉树的二叉链表存储表示可用 C 语言描述为：

```
#define    MAXSIZE    100
#define DATATYPE char
typedef struct node {      // 结点结构
    DATATYPE    data;
    struct node  * lchild, * rchild;      // 左右孩子指针
}BTLINK;
```

任何一棵二叉树都可以用二叉链表存储，不论是完全二叉树还是非完全二叉树。图 3 – 41

为二叉树的二叉链表存储表示图。

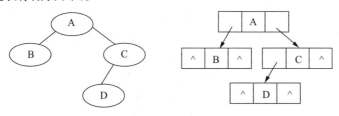

图 3-41   二叉树的二叉链表存储

### 4）二叉树的运算

二叉树的主要运算有构造二叉树和二叉树的遍历。下面将介绍采用二叉链表存储时这两种操作的具体实现算法。

(1)构造二叉树。构造二叉树时，首先将任意一棵二叉树按照完全二叉树进行编号，然后输入各个结点的编号和数据值，根据输入的结点信息建立新的结点，并根据结点编号利用二叉树的性质 5 将该结点链接到二叉树的对应位置上。算法设置一个一维数组 q，用来存储每个结点的地址值，q[i]中存放编号为 i 的结点的地址值。算法实现如下：

```
BTLINK * CreateBiTree( )
{
    BTLINK * q[ MAXSIZE ];
    BTLINK * s;
    char ch ;
    int i,j;
    printf( "请输入二叉树各结点的编号和值:\n" );
    scanf( "% d,% c" ,&i,&ch );
    while( i! = 0&&ch! = #')
    {   s = ( BTLINK * ) malloc( sizeof( BTLINK ) );   // 生成一个结点
        s - > data = ch;
        s - > lchild = NULL;
        s - > rchild = NULL;
        q[ i ] = s;
        if( i! = 1 )
        {  // 不是根结点时要判断
            j = i/2;   // 结点 i 的双亲结点编号
            if( i% 2 = = 0 )       q[ j ] - > lchild = s;
            else                  q[ j ] - > rchild = s;
        }
        printf( "请输入二叉树各结点的编号和值:\n" );
        scanf( "% d,% c" ,&i,&ch );
    }
    return q[ 1 ];   // q[1]中存放的是根结点的地址
}
```

（2）二叉树的遍历。二叉树的遍历指按某条搜索路线遍访每个结点且不重复。它是树结构插入、删除、修改、查找和排序运算的前提，是二叉树一切运算的基础和核心。二叉树的遍历要牢记一种约定，即对每个结点的查看都是"先左后右"，根据访问规则不同，可分为先序遍历、中序遍历和后序遍历。

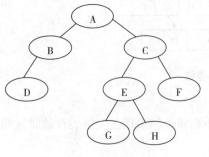

图 3 - 42　二叉树

先序遍历二叉树的操作定义为：

若二叉树为空树，则退出；否则，

①访问根结点；

②先序遍历左子树；

③先序遍历右子树。

图 3 - 42 所示二叉树的先序遍历结果为：A、B、D、C、E、G、H、F。先序遍历操作定义是以递归的形式给出的，下面为其递归算法。

```
DLR( BTLINK  * bt )
{  if ( bt !  = NULL )
    {    //非空二叉树
        printf( "% c" ,bt - >data ) ;       // 访问根结点
        DLR( bt - >lchild ) ;            // 递归遍历左子树
        DLR( bt - >rchild ) ;            // 递归遍历右子树

    }

}
```

中序遍历二叉树的操作定义为：

若二叉树为空树，则退出；否则，

①中序遍历左子树；

②访问根结点；

③中序遍历右子树。

图 3 - 42 所示二叉树的中序遍历结果为：D、B、A、G、E、H、C、F。中序遍历的递归算法为：

```
LDR( BTLINK  * bt)
{  if( bt !  = NULL)
    {

        LDR( bt - >lchild ) ;
        printf( "% c" ,bt - >data ) ;
        LDR( bt - >rchild ) ;

    }

}
```

图 3 - 42 所示二叉树的后序遍历结果为：D、B、G、H、E、F、C、A。后序遍历二叉树的操作定义为：

若二叉树为空树，则退出；否则，

①后序遍历左子树；

②后序遍历右子树。

③访问根结点；

后序遍历的递归算法为：

```
LRD（BTLINK ＊bt）
{   if(bt ！ ＝NULL)
    {
            LRD( bt - >lchild);
            LRD( bt - >rchild);
            printf(" % c",bt - >data);
    }
}
```

（3）二叉树遍历的简单应用。利用 main 函数调用上述四个函数，创建图 3 - 42 所示二叉树，并对其进行前序、中序和后序遍历的算法如下：

```
void main( )
{
    BTLINK ＊bt;
    bt ＝CreateBiTree( );
    printf("先序遍历的结果：  ");
    DLR( bt);
    printf(" \n");
    printf("中序遍历的结果：  ");
    LDR( bt);
    printf(" \n");
    printf("后序遍历的结果：  ");
    LRD( bt);
    printf(" \n");
}
```

运行结果如图 3 - 43 所示。

图 3 - 43　二叉树的遍历

### 3.6.4　案例实现

族谱问题在本案例中，可以归结为在一个二叉链表中查找指定结点 x 的过程。利用二叉树的任何一种遍历方法都可以实现，这里我们用先序遍历解决。首先判断当前结点是否是要找的结点，如果是，则查找成功，返回结点的地址；如果不是，则分别到它的左子树和右子树中进行查找。算法如下：

```c
# include < stdio. h >
# include < string. h >
#define MAXSIZE 100
typedef struct tree
{
    char data[20];
    struct tree * lchild;
    struct tree * rchild;
}ZPBTLINK;
ZPBTLINK * CreateZPTree( )
{
    ZPBTLINK * q[MAXSIZE];
    ZPBTLINK * s;
    char ch[20];
    int i,j;
    printf("请输入二叉树各结点的编号和值:\n");
    scanf("%d,%s",&i,&ch);
    while(i! =0&&strcmp(ch,"#")! =0)
    {   s = (ZPBTLINK * )malloc(sizeof(ZPBTLINK));
        strcpy(s - >data ,ch);
        s - >lchild = NULL;
        s - >rchild = NULL;
        q[i] = s;
        if(i! =1)
        {   j = i/2;
            if(i%2 = =0)   q[j] - >lchild = s;
            else             q[j] - >rchild = s;
        }
        printf("请输入二叉树各结点的编号和值:\n");
        scanf("%d,%s",&i,&ch);
    }
```

```
        return q[1];
}
ZPBTLINK  * find(ZPBTLINK  * bt,char  * x)
{
        ZPBTLINK  * p;
        if ( bt!  = NULL)
        {
                if( strcmp( bt − > data  ,x) = = 0)
                {
                        p = bt;
                        return p;
                }
                else
                {
                    p = find( bt − > lchild  ,x);
                    if( p = = NULL)
                       p = find( bt − > rchild  ,x);
                    return p;
                }
        }
        else
                return NULL;
}
void main( )
{
        ZPBTLINK    * t, * p;
        char x[10];
        printf("请输入要找的人的名字:");
        gets( x);
        t = CreateZPTree( );
        p = find( t,x);
        if( p!  = NULL)        printf("find\n" );
        else      printf("not find\n" );
}
```

程序运行结果如图 3 - 44 所示。

结果是 find，证明张三在这个族谱当中。

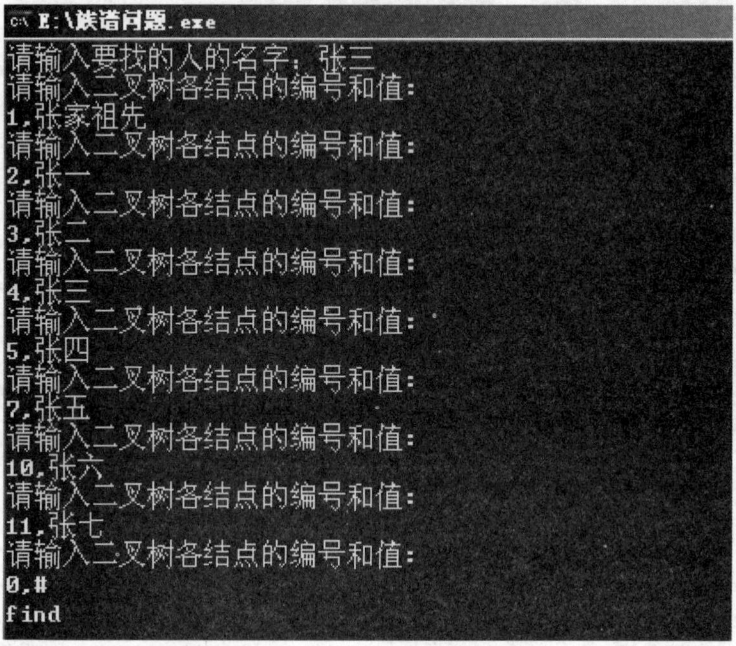

图 3 - 44　族谱问题

## 3.6.5　技能训练

【题目】：练习二叉树各种遍历算法。

【要求】：试编程实现：

(1)统计二叉树中叶子结点的个数。

(2)求二叉树的深度(后序遍历)。

# 任务 3.7　哈夫曼编码问题

## 3.7.1　案例描述

利用哈夫曼编码进行通信可以大大提高信道利用率，缩短信息传输时间，降低传输成本。但是，这要求在发送端通过一个编码系统对传输数据先编码，在接收端将传来的数据进行译码。试为这样的信息发送站设计一个哈夫曼编码器。

## 3.7.2　案例分析

实现哈夫曼编码的过程分为两部分：

（1）构造哈夫曼树；

（2）在哈夫曼树上求结点的编码。

那么，什么样的树是哈夫曼树？如何构造哈夫曼树？如何利用哈夫曼树进行编码呢？这是我们本案例要重点解决的问题。

## 3.7.3　知识准备

**1）哈夫曼树的基本概念**

在学习哈夫曼树之前，首先认识几个基本概念：

（1）路径和路长：如果 $n_1$，$n_2$，$n_3$，…，$n_k$ 是树中的结点序列，并且 $n_i$ 是 $n_{i+1}(1 \leqslant i \leqslant k-1)$ 的双亲，则序列 $n_1$，$n_2$，$n_3$，…，$n_k$ 称为从 $n_1$ 到 $n_k$ 的一条路径。路径上的结点个数减 1 称为路长。

（2）树的路径长度：从树根到每一结点的路径长度之和。

（3）带权路径长度：在树的实际应用中，树的每个结点经常被赋予一个具有某种意义的数值，我们把这个数值称为该结点的权值。结点到根的路径长度与结点上权值的乘积称为带权路径长度。

（4）树的带权路径长度：树中所有叶子结点的带权路径长度之和，记做 Weighted Path Length，简称 $WPL = \sum\limits_{i=1}^{n} w_i l_i$，其中 n 为叶子结点的个数，$w_i$ 是结点 i 的权值，$l_i$ 是树根到结点 i 的路长。

（5）哈夫曼树：带权路径长度最小的二叉树。

例如图 3 – 45 所示的三棵二叉树，他们都有四个叶结点，权值分别为 7，5，2，4，第三棵树的 WPL 最小，所有它是一棵哈夫曼树。因为结点 c 和结点 d 的位置交换不影响 WPL 的值，因此哈夫曼树是不唯一的。

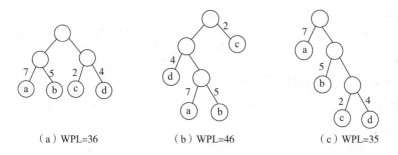

（a）WPL=36　　　　　　（b）WPL=46　　　　　　（c）WPL=35

图 3 – 45　具有不同 WPL 的二叉树

**2）构造哈夫曼树**

如何对给定的 n 个权值构造一棵哈夫曼树呢？可通过以下四个步骤完成。

（1）由给定的 n 个权值 $\{w_1, w_2, …, w_n\}$ 构成 n 棵二叉树的集合（即森林）F = $\{T_1, T_2, …, T_n\}$，其中每棵二叉树 $T_i$ 中只有一个带权为 $w_i$ 的根结点，其左右子树均空。

（2）在 F 中选取两棵根结点的权值最小的树做为左右子树构造一棵新的二叉树，且置新的二叉树的根结点的权值为其左右子树上根结点的权值之和。

（3）在 F 中删去这两棵树，同时将新得到的二叉树加入 F 中。

(4)重复(2)和(3),直到 F 只含一棵树为止,这棵树便是哈夫曼树。

假设给定权值{10,7,6,3,2},哈夫曼树的构造过程如图 3-46 所示。

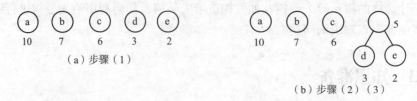

（a）步骤（1）                    （b）步骤（2）（3）

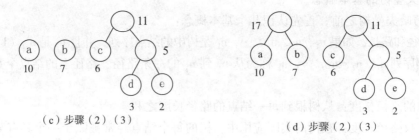

（c）步骤（2）（3）              （d）步骤（2）（3）

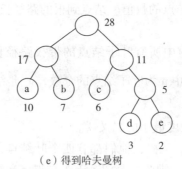

（e）得到哈夫曼树

图 3-46  哈夫曼树的构造过程

构造哈夫曼树的算法如下:

```c
#include < stdio. h >
#include < string. h >
#define MAXVALUE 10000
#define n 7
#define m 2 * n - 1
#define MAXBIT 10
typedef struct
{
    int weight;
    int parent;
    int lchild;
    int rchild;
} HTNODE;
void huffmantree( HTNODE ht[ ])
```

```
{// 构造哈夫曼树
    int i,j,p1,p2,w1,w2;
    for(i = 0;i < 2 * n - 1; + + i)
    {    ht[i]. weight = 0;
         ht[i]. parent = ht[i]. lchild = ht[i]. rchild = - 1;
    }
    printf(" \n input % d weight:",n);
    for(i = 0;i < n;i + + )
        scanf(" % d",&ht[i]. weight );
    for(i = n;i < 2 * n - 1;i + + )
    {    p1 = p2 = 0;
         w1 = w2 = MAXVALUE;
         for(j = 0;j < = i - 1;j + + )
         if( ht[j]. parent < 0 && ht[j]. weight < w1 )
         {    w2 = w1;
              w1 = ht[j]. weight;
              p2 = p1;
              p1 = j;
         }
         else if( ht[j]. parent < 0 && ht[j]. weight < w2 )
         {
              w2 = ht[j]. weight ;
              p2 = j;
         }
         ht[p1]. parent = i;
         ht[p2]. parent = i;
         ht[i]. lchild = p1;
         ht[i]. rchild = p2;
         ht[i]. weight = ht[p1]. weight + ht[p2]. weight ;
    }
}
```

**3）哈夫曼树的应用**

（1）判定问题。在解决某些判定问题时，利用哈夫曼树可以得到最佳判定算法。例如，要编制一个将百分制转换为五级分制的程序。显然，此程序很简单，只要利用条件语句便可完成。如：

```
if ( a < 60) b = "bad";
    else if ( a < 70) b = "pass";
```

```
        else if（a<80）b = "general"；
            else if（a<90）b = "good"；
                else b = "excellent"；
```

这个判定过程可以由图 3 – 47 所示的判定树来表示。

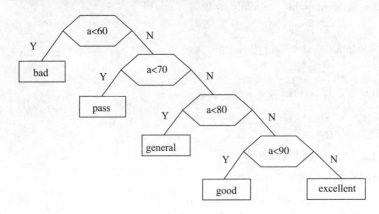

图 3 – 47　二叉树判定

如果上述程序需反复使用，而且每次的输入量很大，则应考虑上述程序的质量问题，即其操作所需要的时间。因为在实际中，学生的成绩在五个等级上的分布是不均匀的，假设其分布规律如表 3 – 3 所示。

表 3 – 3　学生成绩分布规律

| 分　数 | 0 ~ 59 | 60 ~ 69 | 70 ~ 79 | 80 ~ 89 | 90 ~ 100 |
|---|---|---|---|---|---|
| 比例数 | 0.05 | 0.15 | 0.40 | 0.30 | 0.10 |

则 80% 以上的数据需进行三次或三次以上的比较才能得出结果。10000 个数据需要判断次数：$500 * 1 + 1500 * 2 + 4000 * 3 + 3000 * 4 + 1000 * 4 = 31500$ 次。假定以 5，15，40，30 和 10 为权构造一棵有五个叶子结点的哈夫曼树，则可得到如图 3 – 48 所示的判定过程，它可使大部分的数据经过较少的比较次数得出结果。

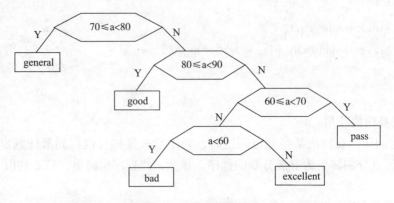

图 3 – 48　哈夫曼树判定

但由于每个判定框都有两次比较，将这两次比较分开，得到如图 3 – 49 所示的判定树，按此判定树可写出相应的程序。若按图 3 – 49 的判定过程进行操作，则 10000 个数据总共仅

需进行 $500*3+1500*3+4000*2+3000*2+1000*2=22000$ 次。

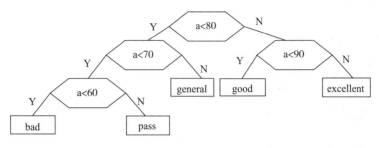

图 3 - 49　最佳哈夫曼树判定

（2）哈夫曼编码。哈夫曼树的另一个应用就是哈夫曼编码。在远程通讯中，通常要将待传字符转换成由二进制组成的位串。假设要传送的字符为"ABACCDA"，若编码规则为：A—00，B—01，C—10，D—11，则"ABACCDA"将转换为"00010010101100"，在接收方只要按编码规则进行解码就可以了。但是，在传输数据的过程中，人们总是希望传输的数据长度尽可能的短，若将编码设计为长度不等的二进制编码，即让待传字符串中出现次数较多的字符采用尽可能短的编码，则转换的二进制位串长度便可能减小。因此，对要传送的字符"ABACCDA"，若编码为：A—0，B—00，C—1，D—01，则"ABACCDA"将转换为"000011010"。这时接收方在解码时遇到了问题，比如前四个字符"0000"就可能被解码为"AAAA"、"ABA"或者"BB"，发生了二义性，这在实际应用中是不允许的。所以，要设计长度不等的编码，则必须任何一个字符的编码都不是同一字符集中另一个字符编码的前缀，这种编码称作前缀编码。利用哈夫曼树可以构造一种不等长的二进制编码，并且构造所得的哈夫曼编码是一种最优前缀编码，也就是说使所传电文的总长度最短。具体做法是：统计字符集中每个字符出现的概率，以概率作为权值构造哈夫曼树，对于得到的哈夫曼树所有的左分支赋值"0"，右分支赋值"1"，从根结点出发，到每个叶子结点经过的路径扫描得到的二进制位串就是对应叶结点的编码。

例如，对上述字符串"ABACCDA"，A、B、C、D 四个字符出现的概率分别为 0.43，0.14，0.29，0.14，构造哈夫曼树及哈夫曼编码如图 3 - 50 所示。A、B、C、D 各字符编码为 {0，110，10，111}，其平均编码长度为 $1*0.43+3*0.14+2*0.29+3*0.14=1.85$，而前面采用两位二进制编码的长度为 2，可见哈夫曼编码是比较好的编码方法。

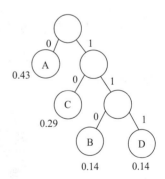

图 3 - 50　构造哈夫曼树及哈夫曼编码

【例 3.5】　设有 4 个字符 d，i，a，n，出现的频度分别为 7，5，2，4，怎样编码才能使它们组成的报文在网络中传得最快？

解答：该问题要先构造哈夫曼树，参考教材中 huffmantree( ) 程序完成，接下来利用哈夫曼编码来实现，编码结果是 d = 0，i = 10，a = 110，n = 111。

哈夫曼编码的算法 C 语言描述如下：

```
void huffmannode( HTNODE ht[ ] )
{
```

```
int i,start,c,p;
char cd[m];
char hc[n][MAXBIT];
cd[m-1] = '\0';
for(i=0;i<n;i++)
{   start = m-1;
    c = i;
    p = ht[i].parent;
    while(p! = -1)
    {
        if(ht[p].lchild == c)
            cd[--start] = '0';
        else
            cd[--start] = '1';
        c = p;
        p = ht[p].parent;
    }
    strcpy(hc[i],&cd[start]);
}
for(i=0;i<n;i++)
printf("\n%3d: %s",ht[i].weight,hc[i]);
printf("\n");
}
```

### 3.7.4 案例实现

在本案例中，假设该信息发送站通信时出现的字符集为{A、B、C、D、E、F、G}，各字符的权值分别为{7，19，2，6，8，3，21}，设计的哈夫曼编码器如图 3 –51 所示。

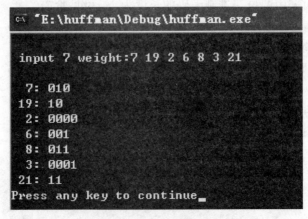

图 3 –51　哈夫曼编码器

## 3.7.5　技能训练

【题目】：设有正文 AADBAACABDAABCCDA，字符集为 A，B，C，D。

【要求】：利用哈夫曼编码，设计一套二进制编码方案，使得上述正文的编码最短。

# 任务3.8　最小代价通信网问题

## 3.8.1　案例描述

假设要在五个城市之间建立通信联络网，要求任意两个城市之间要有直接或间接的通信线路，已知每两个城市之间通信线路的造价，如何建立该网络既能满足要求又能使总造价最低？

## 3.8.2　案例分析

本案例中，可把每个城市表示成一个结点，每对结点之间的边表示他们之间存在通信线路，边上的数值表示通信线路的造价，可抽象出图 3 - 52 所示的图形。

该图形中结点和结点之间存在多对多的关系，这就是数据结构中的另一种非线性结构——图状结构，简称图。本案例的求解就是著名的最小生成树问题。本任务将重点介绍有关图的基本知识和简单应用。

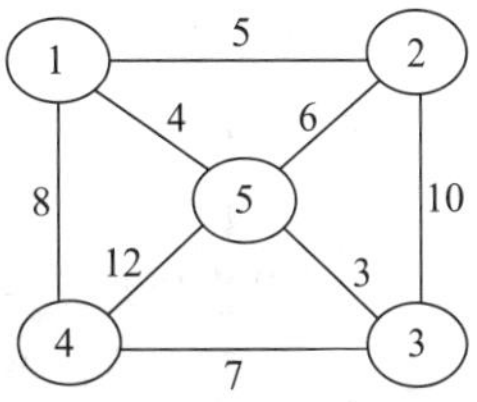

图 3 - 52　五个城市间的通信造价图

## 3.8.3　知识准备

### 3.8.3.1　图的基本知识

**1）图的定义**

图（Graph）是一种网状数据结构，其形式化定义为 G =（V，E），其中 V 是顶点的有穷非空集合，E 是两个顶点之间关系的集合。顶点之间的关系可用有序对来表示，若 < v，w > ∈E，则 < v，w > 表示从顶点 v 到顶点 w 的一条弧（arc），并称 v 为弧尾（tail）或起始点，称 w 为弧头（head）或终端点，此时图中的边是有方向的。若图中的关系均为弧，则称这样的图为有向图，如图 3 - 53（a）所示的图 $G_1$。若 < v，w > ∈E，必有 < w，v > ∈E，则 E 是对称关系，这时以无序对（v，w）来代替两个有序对 < v，w > 和 < w，v >，表示 x 和 y 之间的一条边（edge）。若图中的关系均为边的关系，则此时的图称为无向图，如图 3 - 53（a）所示的图 $G_2$。

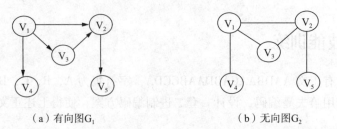

（a）有向图G₁ (b)无向图G₂

图 3-53 有向图和无向图

在有向图 $C_1$ 中，$V(G_1) = \{v_1,\ v_2,\ v_3,\ v_4,\ v_5\}$，$E(G_1) = \{<v_1,\ v_2>,\ <v_1,\ v_3>,\ <v_1,\ v_4>,\ <v_2,\ v_5>,\ <v_3,\ v_2>\}$。在无向图 $C_2$ 中，$V(G_2) = \{v_1,\ v_2,\ v_3,\ v_4,\ v_5\}$，$E(G_2) = \{(v_1,\ v_2),\ (v_1,\ v_3),\ (v_1,\ v_4),\ (v_2,\ v_5),\ (v_3,\ v_2)\}$。

**2）图的基本术语**

（1）完全图、稀疏图与稠密图。设 n 表示图中顶点的个数，用 e 表示图中边或弧的数目，不考虑图中每个顶点到其自身的边或弧，则：

①对于无向图而言，其边数 e 的取值范围是 0 到 n(n-1)/2，我们称有 n(n-1)/2 条边（图中每个顶点和其余 n-1 个顶点都有边相连）的无向图为无向完全图。

②对于有向图而言，其边数 e 的取值范围是 0 到 n(n-1)，我们称有 n(n-1) 条边（图中每个顶点和其余 n-1 个顶点都有弧相连）的有向图为有向完全图。

③对于有很少条边的图（e < nlogn）称为稀疏图，反之称为稠密图。

（2）子图。设有两个图 G = (V，E) 和图 G' = (V'，E')，若 V' ∈ V 且 E' ∈ E，则称图 G' 为 G 的子图，如图 3-54 所示。

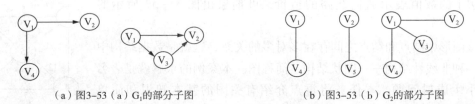

（a）图3-53（a）G₁的部分子图 (b)图3-53（b）G₂的部分子图

图 3-54 子图示意图

（3）邻接点、度、入度和出度。对于无向图 G = (V，E)，如果边(v，v') ∈ E，则称顶点 v，v'互为邻接点，边(v，v')依附于顶点 v 和 v'，或者说边(v，v')与顶点 v 和 v'相关联。对于有向图 G = (V，A)，若弧 <v，v'> ∈ A，则称顶点 v 邻接到顶点 v'，顶点 v'邻接自顶点 v，或者说弧 <v，v'>与顶点 v 和 v'相关联。

对于无向图而言，顶点 v 的度是指和 v 相关联的边的数目，记作 TD(v)。

在有向图中顶点 v 的度有出度和入度两部分，其中以顶点 v 为弧头的弧的数目成为该顶点的入度，记作 ID(v)，以顶点 v 为弧尾的弧的数目称为该顶点的出度，记作 OD(v)，则顶点 v 的度为 TD(v) = ID(v) + OD(v)。一般地，若图 G 中有 n 个顶点，e 条边或弧，则图中顶点的度与边的关系如下：

$$e = \frac{\sum_{i=1}^{n} TD(v_i)}{2}$$

例如图 3 – 53 中，$G_1$ 中顶点 $v_2$ 的入度为 2，出度为 1；顶点 $v_1$ 的入度为 0，出度为 3。$G_2$ 中顶点 $v_2$ 的度为 3，$v_4$ 的度为 1。

（4）权与网。在实际应用中，有时图的边或弧上往往与具有一定意义的数有关，即每一条边都有与它相关的数，称为权。这些权可以表示从一个顶点到另一个顶点的距离或耗费等信息，我们将这种带权的图叫做赋权图或网。无向带权图叫无向网，有向带权图叫有向网。图 3 – 52 就是一个无向网。

（5）路径与回路。在无向图 G = (V, E) 中，从顶点 v 到 v′ 存在一个顶点序列 v，$v_{i0}$，$v_{i1}$，$v_{i2}$，…，$v_{in}$，v′，其中 $(v_{ij-1}, v_{ij}) \in E$，$1 \leq j \leq n$，则称顶点 v 到 v′ 有一条路径。如果图 G 是有向图，则路径也是有向的，顶点序列应满足 $< v_{ij-1}, v_{ij} > \in A$，$1 \leq j \leq n$。路径的长度是指路径上经过的弧或边的数目。在一个路径中，若其第一个顶点和最后一个顶点是相同的，即 v = v′，则称该路径为一个回路或环。若表示路径的顶点序列中的顶点各不相同，则称这样的路径为简单路径。除了第一个和最后一个顶点外，其余各顶点均不重复出现的回路称为简单回路。

如图 3 – 55(a) 中，$G_3$ 中从顶点 1 到顶点 6 有路径{1, 2, 5, 6}，路径长度为 4。有两个简单回路{1, 2, 3, 1}和{5, 6, 7, 5}。

图 3 – 55(b)，$G_4$ 中从顶点 1 到顶点 6 有路径{1, 2, 3, 5, 6}，路径长度为 4，这也是一条简单路径。顶点序列{1, 2, 3, 5, 6, 3, 1}构成了回路，顶点序列{3, 5, 6, 3}构成了一条简单回路。

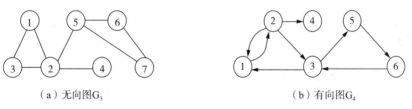

（a）无向图 $G_3$　　　　　　　　（b）有向图 $G_4$

图 3 – 55　带回路的图

（6）连通图。在无向图 G = (V, E) 中，若从 $v_i$ 到 $v_j$ 有路径相通，则称顶点 $v_i$ 与 $v_j$ 是连通的。如果对于图中的任意两个顶点 $v_i$、$v_j \in V$，$v_i$, $v_j$ 都是连通的，则称该无向图 G 为连通图。无向图中的极大连通子图称为该无向图的连通分量，如图 3 – 56 所示。

在有向图 G = (V, A) 中，若对于每对顶点 $v_i$、$v_j \in V$ 且 $v_i \neq v_j$，从 $v_i$ 到 $v_j$ 和 $v_j$ 到 $v_i$ 都有路径，则称该有向图为强连通图。有向图的极大强连通子图称作有向图的强连通分量，如图 3 – 57 所示。

（7）生成树和生成森林。一个含 n 个顶点的连通图的生成树是该图中的一个极小连通子图，它包含图中 n 个顶点和足以构成一棵树的 n–1 条边。如图 3 – 58 是图 3 – 56 中连通图的一个生成树。在非连通图中，由每个连通分量都可得到一个极小连通子图，即一个生成树。这些连通分量的生成树组成了一个非连通图的生成森林。

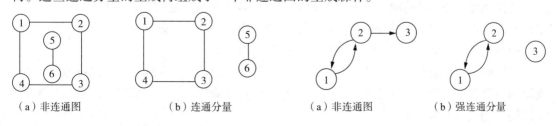

（a）非连通图　　　（b）连通分量　　　　（a）非连通图　　　（b）强连通分量

图 3 – 56　非连通无向图及其连通分量　　　　图 3 – 57　非连通有向图及其连通分量

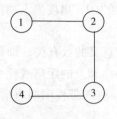

图 3-58　图 3-56 中连通图的生成树

### 3）图的存储

由于图结构中任意两个顶点之间都可能存在“关系”，因此无法以顺序存储映象表示这种关系，即图没有顺序存储结构。

(1)图的数组存储表示。图的“邻接矩阵”是以矩阵这种数学形式描述图中顶点之间的关系。假设图 G=(V，E)中顶点数为 n(n≥1)，则邻接矩阵 A 定义为：

$$A[i][j]=\begin{cases}1 & 若(v_i,\ v_j)或<v_i,\ v_j< \in E\\ 0 & 若(v_i,\ v_j)或<v_i,\ v_j> \notin E\end{cases}$$

图 3-59(a)和图 3-59(b)分别为图 3-53(a)和图 3-53(b)所示图的邻接矩阵。

$$\begin{array}{c c}
 & \begin{array}{ccccc}1 & 2 & 3 & 4 & 5\end{array}\\
\begin{array}{c}1\\2\\3\\4\\5\end{array} & \begin{pmatrix}0 & 1 & 1 & 1 & 0\\ 0 & 0 & 0 & 0 & 1\\ 0 & 1 & 0 & 0 & 0\\ 0 & 0 & 0 & 0 & 0\\ 0 & 0 & 0 & 0 & 0\end{pmatrix}
\end{array}$$

（a）图3-53（a）有向图的邻接矩阵

$$\begin{array}{c c}
 & \begin{array}{ccccc}1 & 2 & 3 & 4 & 5\end{array}\\
\begin{array}{c}1\\2\\3\\4\\5\end{array} & \begin{pmatrix}0 & 1 & 1 & 1 & 0\\ 1 & 0 & 1 & 0 & 1\\ 1 & 1 & 0 & 0 & 0\\ 1 & 0 & 0 & 0 & 0\\ 0 & 1 & 0 & 0 & 0\end{pmatrix}
\end{array}$$

（b）图3-53（b）无向图的邻接矩阵

图 3-59　图的邻接矩阵表示

若 G 为网，其邻接矩阵的定义为：当 $V_i$ 到 $V_j$ 有弧相邻接时，$A_{ij}$ 的值应为该弧上的权值，否则为∞。即：

$$A[i][j]=\begin{cases}W_{ij} & 若(v_i,\ v_j)或<v_i,\ <v_j> \in E\\ \infty & 若(v_i,\ v_j)或<v_j,\ v_j> \notin E\end{cases}$$

其中，$w_{ij}$ 是 $v_i$ 到 $v_j$ 的边或弧上的权值。∞表示一个计算机允许的、大于所有边上权值的数。图 3-52 所示的无向网的邻接矩阵表示如图 3-60 所示。

从图(或网)的邻接矩阵表示容易看出具有以下特点：

①无向图(或无向网)的邻接矩阵为对称矩阵，每一行(或列)中“1”(或权值)的个数恰为该顶点的“度”。矩阵中非零元素的个数等于边的数目的 2 倍。

②有向图(或有向网)的邻接矩阵不一定是对称矩阵。每一行中“1”(或权值)的个数恰为该顶点的“出度”，每一列中的“1”(或权值)的个数为该顶点的“入度”。矩阵中非零元素的个数等于边的数目。

$$\begin{array}{c c}
 & \begin{array}{ccccc}1 & 2 & 3 & 4 & 5\end{array}\\
\begin{array}{c}1\\2\\3\\4\\5\end{array} & \begin{pmatrix}0 & 5 & 0 & 8 & 4\\ 5 & 0 & 10 & 0 & 6\\ 0 & 10 & 0 & 7 & 3\\ 8 & 0 & 7 & 0 & 12\\ 4 & 6 & 3 & 12 & 0\end{pmatrix}
\end{array}$$

图 3-60　无向网的邻接矩阵表示

③对有 n 个顶点的无向图(或无向网)存储时只需存储其下(上)三角即可，只需 $n(n+1)/2$ 个存储单元；而对有 n 个顶点的有向图(或有向网)存储时需要 $n^2$ 个存储单元。

④用邻接矩阵方法存储图，很容易确定图中任意两个顶点之间是否有边相连。但是如果要确定图中有多少条边，则必须按行、列对每个元素进行检测，所花费的时间代价很大，这是用邻接矩阵存储图的局限性。

将图的顶点信息存储在一个一维数组中，并将它的邻接矩阵存储在一个二维数组中即构成图的数组表示。为了表示方便，增加两个整型变量存储顶点和边的数目。图的邻接矩阵表示使用 C 语言描述如下：

```
#define VEXTYPE    int
#define ADJTYPE    int
#define MAXSIZE    100
typedef struct
{
    VEXTYPE vexs[MAXSIZE];                    // 一维数组存放顶点信息
    ADJTYPE arcs[MAXSIZE][MAXSIZE];          // 二维数组存放邻接矩阵
    int vexnum,arcnum;                        // 顶点和边的数目
}MGRAPH;
```

使用邻接矩阵建立无向网的算法如下：

```
#define INFINITY   32767
void create_wuxiangnet(MGRAPH *g)
{
    int i,j,k,n;
    printf("输入顶点数和边数:");
    scanf("%d,%d",&i,&j);
    g->vexnum =i;
    g->arcnum =j;
    for(i=1;i<=g->vexnum;i++)                 // 一维数组0单元不存储顶点信息
    {  printf("第%d个顶点的信息:",i);
       scanf("%d",&g->vexs[i]);
    }
    for(i=1;i<=g->vexnum;i++)
      for(j=1;j<=g->vexnum;j++)
          g->arcs[i][j] = INFINITY;
      for(k=1;k<=g->arcnum;k++)
      {  printf("输入第%d条边的起点和终点的编号:",k);
         scanf("%d,%d",&i,&j);
         while(i<1||i>g->vexnum||j<1||j>g->vexnum)
         {
             printf("编号超出范围,请重新输入!");
             scanf("%d,%d",&i,&j);
         }
         printf("输入边的权值:");
         scanf("%d",&n);
         g->arcs[i][j]=n;
         g->arcs[j][i]=n;
      }
}
```

```
void main( )
{
    MGRAPH graph, * g;
    int i,j;
    g = &graph;
    create_wuxiangnet（g）;
    for( i = 1 ; i < = g - > vexnum ; i + + )
        printf(" % d" , g - > vexs[ i ]);
    printf(" \n" );
    for( i = 1 ; i < = g - > vexnum ; i + + )
    {   for( j = 1 ; j < = vexnum ; j + + )
            printf(" % d" , g - > arcs[ i ][ j ]);
        printf(" \n" );
    }
}
```

（2）图的邻接链表存储表示。图的邻接链表存储是指把和同一顶点 $v_i$ "相邻接"的所有邻接点链接在一个单链表中，这个单链表就称为顶点 $v_i$ 的邻接链表。邻接链表的每个结点包含两部分信息：邻接顶点的信息 adjvex 和指向下一个邻接顶点的指针 next。如果是网，结点中还要包括边的权值信息 data。邻接链表的头指针和顶点信息一起存储在一个一维数组中，数组元素有两部分组成：顶点的信息 vertex 和指向邻接链表的指针 link。图 3 – 61( a )、( b )和( c )分别表示邻接链表的结点结构、数组的结点结构和网的邻接链表的结点结构。

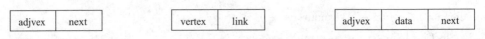

（a）邻接链表的结点结构　　　　（b）一维数组的结点结构　　　　（c）网的邻接链表的结点结构

图 3 – 61　邻接链表表示图(网)的结点结构

图 3 – 62 为图的邻接链表存储示意图。

图的邻接链表表示用 C 语言描述如下：

```
#define VEXTYPE    int
#define MAXSIZE    100
typedef struct adjnode
{   VEXTYPE adjvex;
    struct adjnode  * next;
} ADJNODE;   // 定义邻接链表结点结构
typedef struct
{   VEXTYPE vertex;
    ADJNODE  * link;
} VEXNODE;   // 定义数组结点结构
```

```
typedef struct
{   VEXNODE adjlist[MAXSIZE];
    int vexnum,arcnum;
} ALGraph;
```

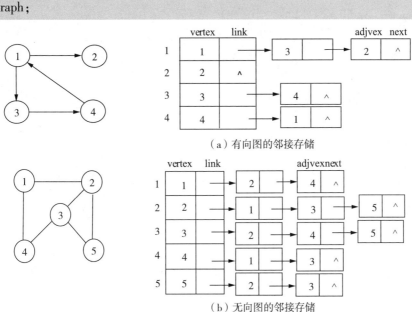

（a）有向图的邻接存储

（b）无向图的邻接存储

图 3 – 62　图的邻接存储表示

输入有向图的顶点和弧建立邻接链表的算法为：

```
void Create_adjgraph(ALGraph *g)
{   int i,j,k;
    ADJNODE *p;
    printf("请输入顶点数和边数:");
    scanf("%d,%d",&i,&j);
    g->arcnum = j;
    g->vexnum = i;
    for(i =1;i < = g->vexnum;i + +)
    {   printf("请输入顶点信息:");
        scanf("%d",&g->adjlist[i].vertex);
        g->adjlist[i].link = NULL;
    }
    for(i =1;i < = g->arcnum;i + +)
    {   printf("请输入第%d条边的起点和终点: ",i);
        scanf("%d,%d",&j,&k);
        while(j <1||j >g->vexnum ||k <1||k >g->vexnum)
        {   printf("编号超出范围,请重新输入!");
            scanf("%d,%d",&j,&k);
        }
```

```
            p = ( ADJNODE  * ) malloc( sizeof( ADJNODE ) ) ;
            p - > adjvex  = k ;
            p - > next  = g - > adjlist [ j ] . link ;
            g - > adjlist [ j ] . link  = p ;
        }
    }
void main( )
{   ALGraph graph, * g ;
    int i ;
    ADJNODE  * p ;
    g = &graph ;
    Create_adjgraph( g ) ;
    for( i = 1 ;i < = g - > vexnum ;i + + )
    {   p = g - > adjlist [ i ] . link ;
        if( p!  = NULL )
        {   printf( "%3d|" ,g - > adjlist [ i ] . vertex ) ;
            while( p!  = NULL )
            {   printf( " - >" ) ;
                printf( "5d" ,p - > adjvex ) ;
                p = p - > next ;
            }
            printf( "^\n" ) ;
        }
        else
            printf( "%3d|^\n" ,g - > adjlist [ i ] . vertex ) ;
    }
}
```

一个图的邻接矩阵表示是唯一的,但其邻接链表表示是不唯一的。这是因为邻接链表中各结点的链接次序取决于建立邻接链表时的算法和输入次序。

邻接链表存储图有如下特点:

①无向图中,第 i 个链表中的表结点数是顶点 $v_i$ 的度。有向图中,第 i 个链表中的表结点数是顶点 $v_i$ 的出度。

②若无向图有 n 个顶点、e 条边,则邻接链表需 n 个存储单元和 2e 个表结点;有向图有 n 个顶点、e 条边,则需 n 个存储单元和 e 个表结点。对于边很少的图,用邻接链表存储比用邻接矩阵要节省存储单元。

③在邻接链表中,要确定两个顶点 $v_i$ 和 $v_j$ 之间是否有边或弧相连,需要遍历第 i 个或第 j 个单链表,不像邻接矩阵那样能方便的对顶点进行随机访问。

#### 4）图的遍历

从图中任一顶点出发，访问输出图中各个顶点，并且使每个顶点仅被访问一次，这样将得到一个线性顶点序列，这个过程叫图的遍历。图的遍历是非常重要的图操作算法，是求解图的连通性、拓扑排序和关键路径等算法的基础。

由于图中顶点关系是任意的，即图中顶点之间是多对多的关系。图可能是非连通图，图中还可能有回路存在，因此在访问了某个顶点后，可能沿着某条路径搜索后又回到该顶点上。为了保证图中的各顶点在遍历过程中访问且仅访问一次，需要为每个顶点设一个访问标志，因此我们为图设置一个访问标志数组 visited[n]，用于标示图中每个顶点是否被访问过。它的初始值为 0（假），表示顶点均未被访问；一旦访问过顶点 $v_i$，则置访问标志数组中的 visited[i] 为 1（真），以表示该顶点已访问。

常见的图的遍历方法有深度优先搜索和广度优先搜索，这两种遍历方式均适用于有向图和无向图。

（1）深度优先遍历。深度优先搜索（Depth First Search，DFS）是指按照深度方向搜索，它类似于树的先根遍历，是树的先根遍历的推广。深度优先搜索连通子图的基本思想是：

① 从图中某个顶点 $v_0$ 出发，首先访问 $v_0$，并修改其访问标志 visited[0] = 1。

② 找出刚访问过的顶点 $v_i$ 的第一个未被访问的邻接点，访问输出并将其标记为已访问。以该顶点为新顶点，重复本步骤，直到当前的顶点没有未被访问的邻接点为止。

③ 返回前一个访问过的且仍有未被访问的邻接点的顶点，找出并访问该顶点的下一个未被访问的邻接点，然后执行步骤（2），直至所有与 $v_0$ 有路径相通的顶点都被访问到。

④ 若此时图中仍有未被访问的顶点，则另选一个未被访问的顶点，开始做深度优先搜索。

可以看出，图的深度优先搜索是个递归的过程，其特点是尽可能向纵深方向进行搜索。

比如图 3 - 62（a）所示的有向图，假设从顶点 1 开始进行深度优先搜索，搜索过程为：首先输出顶点 1，与 1 邻接的顶点有 2 和 3，且都未被访问，按邻接链表存储的顺序选择 3 输出；与 3 邻接的顶点有 4 且未被访问，所以输出 4；与 4 邻接的顶点是 1，但 1 已被访问输出，则退回到顶点 3，与 3 邻接的所有顶点都被访问过了，则退回到顶点 1，与 1 邻接的顶点 2 未被访问，所以输出 2；因为没有与 2 邻接的顶点，则退回顶点 1，此时与 1 有路径相通的所有顶点都被访问输出了，最后得到的线性序列为：1，3，4，2。同理，图 3 - 62（b）无向图的深度优先搜索结果为：1，2，3，4，5。

由于建立邻接链表时输入边的顺序不同，可以得到不同的邻接链表，因此，使用不同的邻接链表进行深度优先搜索，可以得到不同的顶点序列。

深度优先生成树或森林：由图中的全部顶点和深度优先搜索所经过的边即构成了深度优先生成树或森林。通过深度优先搜索可以断定图的连通性问题，如果无向图是连通图，则进行深度优先搜索会得到一棵生成树，若图是非连通图，则会得到深度优先生成森林，森林中树的数目即是非连通图的连通分量的个数。反之亦然，即可以根据深度优先搜索得到的结果来判断图的连通性。对有向图判断连通性的问题较为复杂，这里不再详述。如图 3 - 63 所示为一个非连通无向图的深度优先搜索生成森林。

图采用邻接链表存储结构时深度优先搜索算法的 C 语言描述如下：

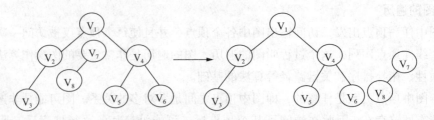

图 3 – 63    非连通图的深度优先搜索生成森林

```
int visited[MAXSIZE] = {0};        //设置标志数组,初始值为0,表示所有结点均未被访问
void dfs(ALGraph *g,VEXTYPE i)
{
    ADJNODE *p;
    if(visited[i]! = 1)
    {
        printf("%4d",g - >adjlist[i].vertex);
        visited[i] = 1;
        p = g - >adjlist[i].link;
        while(p! = NULL)
        {
            if(visited[p - >adjvex] = =0)
                dfs(g,p - >adjvex);
            p = p - >next;
        }
    }
}
```

(2)广度优先搜索。广度优先搜索(Breadth First Search, BFS)是指按照广度方向搜索,它类似于树的层次遍历,是树的按层次遍历的推广。广度优先搜索的基本思想是:

①从图中某个顶点 $v_0$ 出发,首先访问 $v_0$,并修改其顶点标记为已访问。

②依次访问 $v_0$ 的各个未被访问的邻接点,并标记为已访问。

③再分别从这些邻接点(端结点)出发,进行广度优先搜索。访问时应保证:如果 $v_i$ 和 $v_k$ 为当前端结点,$v_i$ 在 $v_k$ 之前被访问,则 $v_i$ 的所有未被访问的邻接点应在 $v_k$ 的所有未被访问的邻接点之前访问。重复(3),直到所有端结点均没有未被访问的邻接点为止。

可以看出,图的广度优先搜索也是一个递归的过程。

同样以图 3 – 62(a)所示的有向图为例,假设从顶点 1 开始进行广度优先搜索,其搜索过程为:首先访问输出顶点 1 并将该顶点标记为已访问;与 1 邻接的顶点有 3 和 2,且均未被访问,将 3 和 2 输出并标记;与 3 邻接的顶点有 4 且未被访问,将 4 输出并标记;2 没有邻接顶点;再看 4 邻接的顶点 1 已被访问输出;至此该有向图中所有顶点都被访问且只被访问了一次,完成了广度优先搜索,得到的线性序列为 1,3,2,4。同理,图 3 – 62(b)无向图的广度优先搜索结果为:1,2,4,3,5。

与深度优先搜索一样，广度优先搜索得到的顶点序列也和建立邻接链表时输入边的顺序有关，遍历得到的顶点序列也是不唯一的。

广度优先生成树或森林：由图中的全部顶点和广度优先搜索所经过的边即构成了广度优先生成树或森林。与深度优先搜索一样，也可以通过广度优先搜索得到的生成树或森林来判断无向图的连通性。

由于广度优先搜索尽可能的先对横向进行遍历，这就要求必须记录每个顶点的访问次序，从而保证先被访问的顶点的邻接顶点也被优先访问。为此，引进一个队列结构保存顶点访问序列，即将被访问的每个顶点入队，当队头顶点出队时，访问其未被访问的邻接点。遍历过程中，图中每个顶点至多入队一次。

图采用邻接链表存储结构时广度优先搜索算法的 C 语言描述如下：

【提示】教材前面相关任务中详细讲解过队列的基本操作，这里将引用头文件"seqqueue. h"中对循环队列的定义及操作。

```
#include    "seqqueue. h"
int visited[MAXSIZE] = {0};
void bfs( ALGraph  * g, VEXTYPE i)
{
    ADJNODE  * p;
    SqQueue  * q,queue;
    int v;
    q = &queue;
    InitQueue(q);
    visited[i] = 1;
    printf( "%4d",g - > adjlist [i]. vertex);
    EnQueue(q,i);
    while( ! QueueEmpty(q))
    {
        v = GetHead(q);
        DeQueue(q);
        p = g - > adjlist[v]. link;
        while(p!  = NULL)
        {
            if( visited[p - > adjvex] = =0)
            {
                visited[p - > adjvex] =1;
                printf( "%4d",g - > adjlist [p - > adjvex]. vertex);
                EnQueue(q,p - > adjvex);
            }
```

```
        p = p - > next;
    }
}
```

### 3.8.3.2　最小生成树

由图的遍历可知,对于有 n 个顶点的无向连通图进行深度优先搜索或广度优先搜索均可以得到一棵深度优先或广度优先生成树,遍历时选择不同的顶点输出,可以得到不同的生成树。无论生成树的形态如何,所有生成树都有且仅有 n - 1 条边。对于无向连通网,它的所有生成树中必有一棵树边的权值总和最小,我们称这棵生成树为最小生成树。

本节案例中五个城市间最小通信造价问题的求解,就是最小生成树的实际应用。

构造最小生成树可以有多种算法,这里介绍两种典型的构造方法:普里姆(Prim)算法和克鲁斯卡尔(Kruskal)算法。

**1)普里姆(Prim)算法**

假设 G = (V,E)是一个具有 n 个顶点的连通网,T = (U,TE)为预构造的最小生成树。Prim 算法的基本思想如下:

(1)初始时令 U = {$u_0$}($u_0 \in$ V),TE = φ;

(2)在所有 u ∈ U,v ∈ V − U 的边中选一条权值最小的边(u,v)并加入集合 TE,同时将 v 加入 U;

(3)重复步骤(2),直到 U = V 为止。

此时,TE 中必含有 n − 1 条边,则 T = (V,TE)为 G 的最小生成树。可以看出,Prim 算法逐步增加 U 中的顶点,可称为"加点法"。图 3 − 64 所示为五个城市间的通信造价网按照 Prim 算法从顶点 1 出发构造最小生成树的过程。

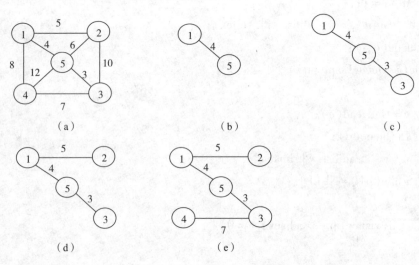

图 3 − 64　Prim 算法构造最小生成树的过程

为了实现这个算法需要设置两个辅助数组 lowcost[ ]和 closest[ ]。每条边的信息包括边的起点、终点和权值。Closest[ v ]记录起点为 v,具有最小权值的边的终点 v′,lowcost[ v ]记录(v,v′)的权值。这里网采用邻接矩阵存储表示,Prim 算法的 C 语言实现如下:

```
void prim(MGRAPH *g)
{   int lowcost[MAXSIZE],closest[MAXSIZE],i,j,k,min;
    for(i=1;i<=g->vexnum;i++)
    {   lowcost[i]=g->arcs[1][i];        //初始最小权值为1到其余顶点的权值
        closest[i]=1;                    //初始起点都为1
    }
    closest[1]=0;
    for(i=2;i<=g->vexnum;i++)
    {   min=32767;
        k=0;                             //k跟踪最小权值对应的顶点
        for(j=2;j<=g->vexnum;j++)
            if((lowcost[j]<min)&&(closest[j]!=0))
            {   min=lowcost[j];
                k=j;
            }
        if(k!=0)
        {   printf("(%d,%d):%d\n",closest[k],k,lowcost[k]);
            closest[k]=0;
            for(j=2;j<=g->vexnum;j++)
                if((closest[j]!=0)&&(g->arcs[k][j]<lowcost[j]))
                {   lowcost[j]=g->arcs[k][j];
                    closest[j]=k;
                }
        }
    }
}
```

**2）克鲁斯卡尔（Kruskal）算法**

假设 G = (V，E)是一个具有 n 个顶点的连通网，T = (U，TE)为预构造的最小生成树。Kruskal 算法的基本思想如下：

（1）初始时另 U = V，TE = $\varphi$。即最小生成树 T 由 G 中的 n 个顶点构成，顶点之间没有一条边，这样 T 中各顶点各自构成一个连通分量。

（2）按权值由小到大的顺序选择边，所选边应满足两个顶点不在同一个顶点集合内，将该边放到生成树边的集合中。同时将该边的两个顶点所在的顶点集合合并；

（3）重复（2），直到所有的顶点都在同一个顶点集合内。

可以看出，Kruskal 算法逐步增加最小生成树的边，与普里姆算法相比，可称为"加边法"。图 3 - 64(a)五个城市间的通信造价网按照 Kruskal 算法构造最小生成树的过程如图 3 - 65 所示。

对图 3 - 64(a)所示的无向连通网使用 Kruskal 算法构造最小生成树的具体做法为：

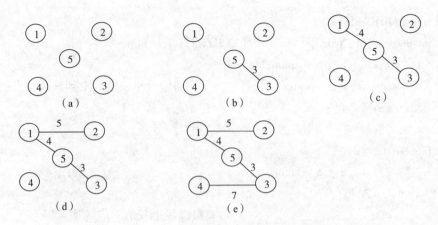

图 3 – 65    Kruskal 算法构造最小生成树的过程

①初始时 U = {1, 2, 3, 4, 5}, TE = φ, 如图 3 – 65(a)所示。

②将网中所有边按权值从小到大排序, 得到序列(5, 3), (1, 5), (1, 2), (5, 2), (4, 3), (1, 4), (2, 3), (4, 5)。

③取排列中的第一条边(5, 3), 它连通了 T 中的两个不同的分量, 因此将其加入 TE, 则 TE = {(5, 3)}, 如图 3 – 65(b)所示。

④顺序向后取排列序列的第二条边(1, 5), 它也连通了 T 中两个不同的分量, 因此将其加入 TE, 则 TE = {(5, 3), (1, 5)}, 如图 3 – 65(c)所示。

⑤顺序向后取排列序列的第三条边(1, 2), 它也连通了 T 中两个不同的分量, 因此将其加入 TE, 则 TE = {(5, 3), (1, 5), (1, 2)}, 如图 3 – 65(d)所示。

⑥顺序向后取排列序列的第四条边(5, 2), 它不能连通 T 中两个不同的分量, 因此不能将其加入 TE。

⑦顺序向后取排列序列的第五条边(4, 3), 它也连通了 T 中两个不同的分量, 因此将其加入 TE, 则 TE = {(5, 3), (1, 5), (1, 2), (4, 3)}, 如图 3 – 65(e)所示。至此 T 中只有一个连通分量, 完成最小生成树的构造过程。

普里姆(Prim)算法和克鲁斯卡尔(Kruskal)算法均能成功构造无向连通网的最小生成树, 两者的区别是 Prim 算法适用于稠密图, Kruskal 算法适用于稀疏图。在实际问题的应用中要灵活选择, 这里对 Kruskal 算法的具体实现不再赘述, 大家可查阅其他数据结构类书籍。

## 3.8.4   案例实现

本案例中已分别用 Prim 算法和 Kruskal 算法构造了五个城市间通信线路图的最小生成树, 已知最小通信代价为 19。下面给出计算机模拟实现的 C 语言代码, 主函数调用了前面定义的 create_ wuxiangnet(g)函数和 prim(g)函数。

```
void main( )
{
    MGRAPH net, * g;
    g = &net;
```

```
    create_wuxiangnet(g);
    prim(g);
}
```

程序运行结果如图 3 – 66 所示。

```
"E:\BestNet\Debug\BestNet.exe"
输入顶点数和边数: 5,8
第1个顶点的信息: 1
第2个顶点的信息: 2
第3个顶点的信息: 3
第4个顶点的信息: 4
第5个顶点的信息: 5
输入第1条边的起点和终点的编号: 1,2
输入边的权值: 5
输入第2条边的起点和终点的编号: 1,5
输入边的权值: 4
输入第3条边的起点和终点的编号: 1,4
输入边的权值: 8
输入第4条边的起点和终点的编号: 2,5
输入边的权值: 6
输入第5条边的起点和终点的编号: 2,3
输入边的权值: 10
输入第6条边的起点和终点的编号: 3,5
输入边的权值: 3
输入第7条边的起点和终点的编号: 3,4
输入边的权值: 7
输入第8条边的起点和终点的编号: 4,5
输入边的权值: 12
(1,5):4
(5,3):3
(1,2):5
(3,4):7
Press any key to continue
```

图 3 – 66　最小代价通信网

## 3.8.5　技能训练

【题目】：如图 3 – 67 所示的一个无向图。

【要求】：设计一个算法，求解一个无向图的连通分量个数，并判定该无向图的连通性。

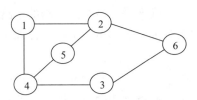

图 3 – 67　最小代价通信网

# 任务 3.9 　最短路径问题

## 3.9.1 　案例描述

图 3-68 是某景区的景点平面图。为方便游客观光游览，预运营环保观光车。现需要一份车行线路图，需标明各个景点的编号、名称和地理位置，不同景点之间的车行道路信息等，并要求任意两景点之间的车行时间最短，以方便游客节省时间。图中箭头方向表示行车方向，数值为需要行驶时间。试编写一个算法，帮助该景区完成此项任务。

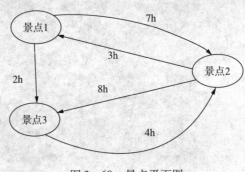

图 3-68 　景点平面图

## 3.9.2 　案例分析

本案例主要包含两个任务：一是景区图的创建；二是给定一个起点和终点，要计算出这两点之间的最短路线。一般情况下，景区地势复杂，受海拔高度等因素影响，两景点之间来回的通行时间可能不同，因此可设景点平面图为一个有向网，以顶点表示景点，边表示景点之间有路相通，权值表示两景点之间的通行时间。要求计算从某个景点到另一景点如何走耗时最短，即是数据结构中的求单源最短路径问题。

## 3.9.3 　知识准备

在一个图中，当两个顶点之间存在多条路径时，其中必然存在一条"最短路径"，即两个顶点之间边或弧的数目最小。对网来说，最短路径指的是路径中边或弧的权值之和最小的那条路径。常见的最短路径问题分为两类：单源最短路径和每一对顶点之间的最短路径。

### 1）单源最短路径

单源最短路径指的是从网中某一顶点出发到其余各顶点的最短路径。单源最短路径是图的一项重要应用，若用一个图表示城市之间的运输网，图的顶点代表城市，图上的边表示两端点对应城市之间存在着运输线，边上的权表示该运输线上的运输时间或单位重量的运费，考虑到两城市间的海拔高度不同，流水方向不同等因素，将造成来回运输时间或运费的不同，所以这种图通常是一个有向网。如何能够使从一城市到另一城市的运输时间最短或者运费最省呢？这就是一个求单源最短路径的问题。

如何求单源最短路径呢？迪杰斯特拉（Dijkstra）提出了一个"按各条最短路径长度递增的次序"产生最短路径的算法。具体做法是设置邻接矩阵 cost 存储有向网，集合 S 存储已找到最短路径的顶点，初始只包含源点 $v_0$；设置数组 dist[n] 记录从源点 $v_0$ 到其余各顶点当前的最短路径，初始时 dist[i] = cost[$v_0$][i]；数组 pre[n] 存储最短路径上终点 v 之前的那个顶点，初始时 pre[i] = $v_0$。初始状态时，S 中只有源点 $v_0$，然后从 V – S 中选择到源点 $v_0$ 路径长度最短的顶点 u 加入 S；S 中每加入一个新顶点 u 都要修改源点 $v_0$ 到集合 V – S 中剩余顶点的当前最短路径长度，V – S 中各顶点的新的当前最短路径长度值为原来的当前最短路径长度值和从源点 $v_0$ 经过顶点 u 到达该顶点的路径长度中的较小者。此过程不断重复，直到集合 V – S 中的顶点全部加入集合 S 为止。图 3 – 69 和表 3 – 4 为运用 Dijkstra 算法求有向网 G 中从顶点 0 出发到其余各顶点的最短路径的过程。

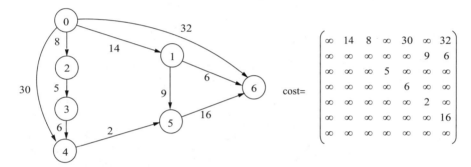

图 3 – 69    有向网 G 及其邻接矩阵

表 3 – 4    用 Dijkstra 算法求单源最短路径的过程

| S | u | dist[1] | dist[2] | dist[3] | dist[4] | dist[5] | dist[6] | pre[1] | pre[2] | pre[3] | pre[4] | pre[5] | pre[6] |
|---|---|---|---|---|---|---|---|---|---|---|---|---|---|
| {0} | – | 14 | 8 | ∞ | 30 | ∞ | 32 | 0 | 0 | 0 | 0 | 0 | 0 |
| {0, 2} | 2 | 14 | 8 | 13 | 30 | ∞ | 32 | 0 | 0 | 2 | 0 | 0 | 0 |
| {0, 2, 3} | 3 | 14 | 8 | 13 | 19 | ∞ | 32 | 0 | 0 | 2 | 3 | 0 | 0 |
| {0, 2, 3, 1} | 1 | 14 | 8 | 13 | 19 | 23 | 20 | 0 | 0 | 2 | 3 | 1 | 1 |
| {0, 2, 3, 1, 4} | 4 | 14 | 8 | 13 | 19 | 21 | 20 | 0 | 0 | 2 | 3 | 4 | 1 |
| {0, 2, 3, 1, 4, 6} | 6 | 14 | 8 | 13 | 19 | 21 | 20 | 0 | 0 | 2 | 3 | 4 | 1 |
| {0, 2, 3, 1, 4, 6, 5} | 5 | 14 | 8 | 13 | 19 | 21 | 20 | 0 | 0 | 2 | 3 | 4 | 1 |

算法的 C 语言描述为：

```
void dijkstraputpath( int v_0 , int j)
{  // 用递归的方法输出顶点 v_0 到 j 最短路径上的各顶点
   int k;
   k = pre[j];
   if( v_0 = = k)   return;
   dijkstraputpath( v_0 , k);
```

```
    printf("%d - - - >",k);
}
void dijkstra(MGRAPH *g)
{   int dist[MAXSIZE],s[MAXSIZE],v0,i,j,k,w,min;
    printf("请输入源点:");
    scanf("%d",&v0);
    for(i=1;i<=g->vexnum;i++)
    {   dist[i]=g->arcs[v0][i];
        pre[i]=v0;
        s[i]=0;
    }
    s[v0]=1;
    for(i=2;i<=g->vexnum;i++)
    {   min=INFINITY;
        for(j=1;j<=g->vexnum;j++)
            if((dist[j]<min)&&(s[j]==0))
            {   min=dist[j];
                w=j;
            }
        s[w]=1;
        for(k=1;k<=g->vexnum;k++)
            if((s[k]==0)&&(dist[w]+g->arcs[w][k]<dist[k]))
            {   dist[k]=dist[w]+g->arcs[w][k];
                pre[k]=w;
            }
    }
        printf("单源最短路径为:\n");
        for(i=2;i<=g->vexnum;i++)
            if(s[i]==1)
            {   printf("%d - - - >",v0);
                dijkstraputpath(v0,i);
                printf("%d",i);
                printf("\t%d\n",dist[i]);
            }
            else
            {   printf("%d - - - >%d",v0,i);
                printf("没有路径相通\n");
            }
}
```

**2）每一对顶点之间的最短路径**

求有向网中每对顶点之间的最短路径是指把网中任意两个顶点 $v_i$ 和 $v_j(i \neq j)$ 之间的最短路径都计算出来。若网中有 n 个顶点，则共需要计算 n(n-1) 条最短路径。解决此问题有两种方法：一是分别以图中的每个顶点为源点共调用 n 次 Dijkstra 算法，因迪杰斯特拉算法的时间复杂度为 $O(n^2)$，所以此方法的时间复杂度为 $O(n^3)$；二是采用弗洛伊德（Floyd）算法，此算法的时间复杂度仍为 $O(n^3)$，但比较简单，易于理解和编程。

假设有向网 G 仍用邻接矩阵 cost 表示，求 G 中任意一对顶点 $v_i$、$v_j$ 间的最短路径。Floyd 算法的基本思想是：将 $v_i$ 到 $v_j$ 的最短路径长度初始化为 cost[i][j]，即弧 $<v_i, v_j>$ 所对应的权值，然后进行如下 n 次比较和修正：

（1）在 $v_i$、$v_j$ 间加入顶点 $v_0$，比较 $(v_i, v_0, v_j)$ 和 $(v_i, v_j)$ 的路径长度，取其中较短的路径作为 $v_i$ 到 $v_j$ 的且中间顶点号不大于 0 的最短路径。

（2）在 $v_i$、$v_j$ 间加入顶点 $v_1$，得 $(v_i, \cdots, v_1)$ 和 $(v_1, \cdots, v_j)$，其中 $(v_i, \cdots, v_1)$ 是 $v_i$ 到 $v_1$ 的且中间顶点号不大于 1 的最短路径，$(v_1, \cdots, v_j)$ 是 $v_1$ 到 $v_j$ 的且中间顶点号不大于 0 的最短路径，这两条路径在上一步中已求出。将 $(v_i, \cdots, v_1, \cdots, v_j)$ 与上一步已求出的且 $v_i$ 到 $v_j$ 中间顶点号不大于 1 的最短路径比较，取其中较短的路径作为 $v_i$ 到 $v_j$ 的且中间顶点号不大于 1 的最短路径。

（3）依此类推，经过 n 次比较和修正，在第 n-1 步，将求得 $v_i$ 到 $v_j$ 的且中间顶点号不大于 n-1 的最短路径，这必是从 $v_i$ 到 $v_j$ 的最短路径。

假设有向网 G 中所有顶点偶对 $v_i$、$v_j$ 间的最短路径长度对应一个 n 阶方阵 D，则在上述步骤中，D 的值不断变化，对应一个 n 阶方阵序列 $D^{(-1)}$，$D^{(0)}$，$D^{(1)}$，$\cdots$，$D^{(k)}$，$\cdots$，$D^{(n-1)}$，其中：

$$D^{(-1)}[i][j] = cost[i][j]$$
$$D^{(k)}[i][j] = Min\{ D^{(k-1)}[i][j], D^{(k-1)}[i][k] + D^{(k-1)}[k][j] \} \qquad 0 \leqslant i, j, k \leqslant n-1$$

最短路径长度记录在 n 阶方阵 D 中，最短路径的顶点序列怎么存储呢？这里假设 n 阶矩阵 path 来保持最短路径上的顶点信息。矩阵 path 的初始值均为 -1，表示 $v_i$ 到 $v_j$ 的最短路径是可达的，中间不需要经过其他顶点。以后，当考虑路径经过顶点 $v_k$ 时，如果能够使路径更短，在修改 $D^{(k-1)}[i][j]$ 的同时修改 path[i][j] 为 k。设经过 n 次探查后，path[i][j] 等于 k，即从 $v_i$ 到 $v_j$ 的最短路径经过顶点 $v_k$，该路径上还有哪些顶点呢？需要查看 path[i][k] 和 path[k][j]，以此类推，直到所查元素为 -1 为止。

图 3-71 为运用 Floyd 算法求图 3-70 有向网 G 中每对顶点间最短路径的过程。

由图 3-70 可知，有向网 G 中每一对顶点间的最短路径有：1->3->2，路长为 6；1->3，路长为 2；2->1，路长为 3；2->1->3，路长为 5；3->2->1，路长为 7；3->2，路长为 4。Floyd 算法的 C 语言实现如下：

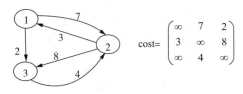

图 3-70　有向网 G 及其邻接存储

$$D^{(-1)}=\begin{pmatrix}\infty & 7 & 2 \\ 3 & \infty & 8 \\ \infty & 4 & \infty\end{pmatrix} \qquad path^{(-1)}=\begin{pmatrix}-1 & -1 & -1 \\ -1 & -1 & -1 \\ -1 & -1 & -1\end{pmatrix}$$

$$D^{(0)}=\begin{pmatrix}\infty & 7 & 2 \\ 3 & \infty & 5 \\ \infty & 4 & \infty\end{pmatrix} \qquad path^{(0)}=\begin{pmatrix}-1 & -1 & -1 \\ -1 & -1 & 1 \\ -1 & -1 & -1\end{pmatrix}$$

$$D^{(1)}=\begin{pmatrix}\infty & 7 & 2 \\ 3 & \infty & 5 \\ 7 & 4 & \infty\end{pmatrix} \qquad path^{(1)}=\begin{pmatrix}-1 & -1 & -1 \\ -1 & -1 & 1 \\ 2 & -1 & -1\end{pmatrix}$$

$$D^{(2)}=\begin{pmatrix}\infty & 6 & 2 \\ 3 & \infty & 5 \\ 7 & 4 & \infty\end{pmatrix} \qquad path^{(2)}=\begin{pmatrix}-1 & 3 & -1 \\ -1 & -1 & 1 \\ 2 & -1 & -1\end{pmatrix}$$

图 3-71　Floyd 算法求有向网 G 中每对顶点间最短路径的过程

```
void floydputpath(int i,int j)
{  //用递归的方法输出顶点 i 和 j 最短路径上的各顶点
    int k;
    k = path[i][j];
    if(k = = -1)    return;
    floydputpath(i,k);
    printf("%d - - - >",k);
    floydputpath(k,j);
}

void floyd(MGRAPH *g)
{   int D[MAXSIZE][MAXSIZE],i,j,k;
    for(i = 1;i < = g - >vexnum;i + +)
        for(j = 1;j < = g - >vexnum;j + +)
        {   D[i][j] = g - >arcs[i][j];
            path[i][j] = -1;
        }
    for(k = 1;k < = g - >vexnum;k + +)
    {  for(i = 1;i < = g - >vexnum;i + +)
            for(j = 1;j < = g - >vexnum;j + +)
                if((D[i][k] + D[k][j] < D[i][j])&&(i! = j)&&(i! = k)&&(j! = k))
                {   D[i][j] = D[i][k] + D[k][j];
                    path[i][j] = k;
                }
    }
    printf("\n 输出最短路径:\n");
```

```
for(i = 1;i < = g - > vexnum;i + + )
  for(j = 1;j < = g - > vexnum;j + + )
  { if(i = = j)    continue;
    printf(" % d - - - > ",i);
    floydputpath(i,j);
    printf(" % d",j);
    printf(" \t% d",D[i][j]);
    printf(" \n");
  }
}
```

## 3.9.4  案例实现

图 3 – 70 就是本案例构造的景点有向网，顶点代表景点编号，权值代表两景点之间的车行时间。我们利用 floyd 算法，将创建有向网等相关头文件导入，利用计算机实现各景点间最短车行路线计算的 C 语言代码如下：

```
#include < stdio. h >
#include" graph. h "                  // 图的结构定义
#include" create_youxiangnet. h "      // 创建有向网
#include" floyd. h "                   // floyd 算法
main( )
{
    MGRAPH net, * g;                   // 有向网的数据定义
    g = &net;
    create_youxiangnet(g);            // 接受键盘输入,生成有向网
    floyd(g);                         // floyd 算法,计算每一对顶点间的最短路径
}
```

程序运行结果如图 3 – 72 所示。

## 3.9.5  技能训练

【题目】：A 城市是一个有 n 个景点的旅游胜地，公交公司为方便游客，在每个景点都设置了公共汽车站，并开通了 m 条公交线路。每条公交线路从设置在某个景点的公交车站出发，途经若干个景点，最后到达终点。

【要求】：设一名游客位于编号为 start 的景点，他要去编号为 end 的景点，他希望求解出从 start 到 end 的最少换车次数。旅游景点和对应的公交线路可用一个有向图描述，用于创建图的数据及含义如表 3 – 5 所示。若两个景点有直达公交车，则对应的两个顶点之间画一

条权值为 1 的弧，那么从景点 x 到景点 y 的最少上车次数就是顶点 x 到顶点 y 的最短路径长度，最少上车次数减去 1 就是最少的换车次数。

图 3-72   模拟景区平面图最短路径计算

**表 3-5   数字与线路对应关系**

| 输入数据 | 含义 |
|---|---|
| 7 3 | 共 7 个旅游景点(0-6 依次编号)，并设了 3 条单向公交线路 |
| 0 6 | 起始景点和终止景点 |
| 5 6 -1 | 第一条线路：从 5 号景点出发，到达 6 号景点，-1 表示本条线路结束 |
| 3 6 2 5 -1 | 第二条线路：从 3 号景点出发，依次经过 6 号、2 号，到达 5 号景点 |
| 1 0 2 4 -1 | 第三条线路：从 1 号景点出发，依次经过 0 号、2 号，到达 4 号景点 |

根据表 3-5 中数据构造有向图如下图 3-73 所示。

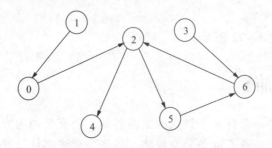

图 3-73   景区公交线路图

观察图 3-73 可知，从起始景点 0 到终止景点 6 的具体通行线路为 0->2->5->6，在景点 2 和 5 共换乘 2 次。现请利用计算机来模拟计算。

# 第4部分　算法设计与应用

❖ **知识目标：**

＊学会递归算法的思想和设计方法。

＊学会直接插入排序、冒泡排序、选择排序的思想和算法设计。

＊学会穷举算法和逻辑推断算法的思想和设计技巧。

＊了解贪心算法的特性和实现算法的思路。

＊了解分治算法的基本思想和特性。

＊了解动态规划的思想和设计思路。

❖ **技能目标：**

＊掌握各种算法的核心思想和适用条件，理解算法之间的相通性。

＊能够利用各种算法求解实际问题，熟练进行各种算法的时间复杂度分析。

## 素养宝典

### 放松心态，压力才会变成动力

生命如旅行，若蜗牛负重，何以轻松上阵？唯有抛却肩头挂碍，才能走得步履从容！每个人的生活中都有压力，这些压力来自各个方面，工作、学业、感情……然而，为什么有的人在压力之下，活得轻松自在，有的人却每天都愁眉苦脸呢？

其实，这样的人如你我一样，都是普普通通的人，如果你问这些人有什么秘诀，那么他一定会回答你："很简单，你把压力变成动力不就好了吗？"这个问题看似很复杂，实际上却很简单，那就是"放松心态"。如果从现在开始反省以前的种种做法，学会放松心态，你就会发现，压力没有想象的那么恐怖，相反，它还会成为一种激励，让你鼓起勇气奋力前行。正如一位化学家所说："我为什么成功？因为我懂得调整心态，不再让压力占据我的心灵！"

面对压力，生活中的不少人都会表现出极端痛苦，越发抱怨，就愈加悲观沮丧，没有及时积极总结开拓，反而无知地沦落。在他们的眼里，压力是阻力，是一种负担和包袱。因此，得不到快乐也就理所当然了。

压力是现代生活中很平常的一部分，能否通过它得到快乐的生活，关键就看自己的选择。懂得反省，懂得如何改变自己的心理状态，那么压力就不可怕，反而会成为收获快乐的助推器。

# 任务4.1　猴子吃桃问题

## 4.1.1　案例描述

猴子吃桃问题：猴子第一天摘下若干个桃子，当即吃了一半，还不过瘾，又多吃了一个；第二天早上又将剩下的桃子吃掉一半，又多吃了一个。以后每天早上都吃了前一天剩下的一半零一个。到第10天早上想再吃时，见只剩下一个桃子了。用计算机算出猴子第一天共计摘了多少桃子？

## 4.1.2　案例分析

这其实是一道经典的算法应用题目，我们对待这类实际应用问题时，首先构造数学模型，重点是分析问题规律，然后选择合适的算法求解。

针对本题我们发现后一天的桃子数目加1，然后乘以2刚好是前一天的桃子数。假设a(i)表示第i天的桃子数，则有：

$$a(1) = (a(2) + 1) * 2$$
$$a(2) = (a(3) + 1) * 2$$
$$a(3) = (a(4) + 1) * 2$$
$$a(4) = (a(5) + 1) * 2$$
$$……$$
$$a(9) = (a(10) + 1) * 2$$
$$a(10) = 1$$

函数构造：

$$f(n) = \begin{cases} (f(n+1) + 1) * 2 & 1 \leq n < 10 \\ 1 & n = 10 \end{cases}$$

转化为分段函数后，我们发现函数自己在调用自己，函数的出口是当n的值为10时，这样我们自然想到了一个解题思路，用递归算法来实现。

## 4.1.3　知识准备

### 4.1.3.1　递归的定义与特点

递归策略只需少量的程序就可实现出解题过程所需的多次重复计算，大大地减少了程序的代码量。递归的能力在于用有限的语句来定义对象的无限集合。用递归思想写出的程序往往十分简洁易懂。

【递归算法】若一个算法直接或间接的调用自己本身，则称这个算法是递归算法。

递归算法存在如下特点：

（1）问题的定义是递推的。比如第10天桃子数目是1个，那么第9天是(1+1)*2即4个，第8天是10个，第7天是22个等，如图4-1所示。

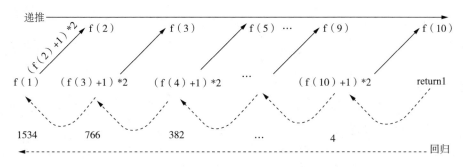

图4-1 递推与回归

（2）问题的解法存在自调用。

每次调用在规模上都有所缩小；

相邻两次调用之间有紧密的联系，前一次要为后一次做准备（通常前一次的输出就作为后一次的输入）；

在问题的规模极小时必须用直接给出解答而不再进行自调用，因而每次递归调用都是有条件的，无条件递归调用将会成为死循环而不能正常结束。

### 4.1.3.2 递归的设计方法

递归算法求解问题的基本思想是：对于一个较为复杂的问题，把原问题分解成若干个相对简单且类同的子问题，这样较为复杂的原问题就变成了相对简单的子问题；而简单到一定程度的子问题可以直接求解；这样，原问题就可递推得到解。

注意：并不是每个问题都适宜于用递归算法求解。适宜于用递归算法求解的问题的充分必要条件是：

（1）问题具有某种可借用的类同自身的子问题实现的性质，即相似性；

（2）某一有限步的子问题有直接的解存在。

当一个问题存在上述两个基本要素时，设计该问题的递归算法的方法是：

（1）把对原问题的求解设计成包含有对子问题求解的形式（递归函数构造）。

（2）设计递归出口（停止条件）。

### 4.1.3.3 应用举例

【例4.1】 求一个非负整数n的阶乘。阶乘公式：n! = n * (n-1) * (n-2) * ... * 2 * 1。

（1）寻找相似性，化简问题。

$$n! = n * (n-1) * (n-1) * (n-2) * (n-3) ... * 2 * 1 \quad n > 1$$

$$n! = n * (n-1)! \quad n > 1$$

（2）确定出口。数学知识告诉我们，当n的值为0或1时，n! = 1。

（3）构造递归函数模型。

$$f(n) = \begin{cases} n * f(n-1)! & n > 1 \\ 1 & n = 0 \\ 1 & n = 1 \end{cases}$$

（4）编程实现。

```
#include < stdio. h >
int f( int n)
{
    if( n < 0)    printf( "ERROR\n" );
    if( n = = 1 || n = = 0)
        return 1;
    else
        return f( n - 1) * n;
}
void main( )
{
    int n;
    printf( "请输入一个正整数:\n" );
    scanf( "% d" , &n);
    printf( "% d 的阶乘是% d\n" , n, f( n) );
}
```

运行结果图 4 - 2 所示。

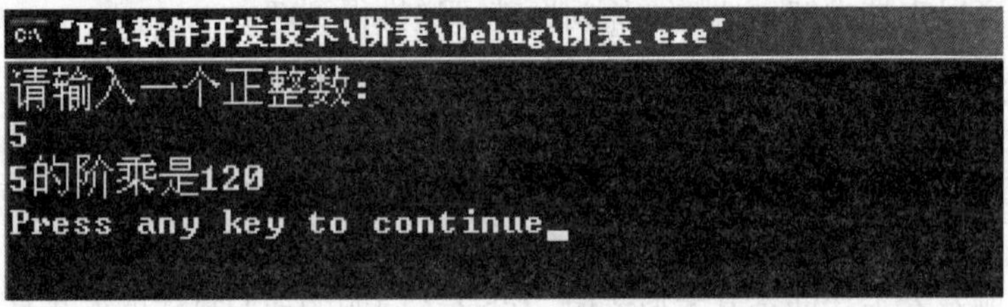

图 4 - 2　阶乘运行结果

【例 4.2】　设计求解委员会问题的算法。

委员会问题是: 从一个有 n 个人的团体中抽出 k( k≤n) 个人组成一个委员会, 计算共有多少种构成方法。

(1)化简问题。从 n 个人中抽出 k( k≤n) 个人的问题是一个组合问题。把 n 个人固定位置后, 从 n 个人中抽出 k 个人的问题可分解为两部分之和: 第一部分是第一个人包括在 k 个人中, 第二部分是第一个人不包括在 k 个人中。对于第一部分, 则问题简化为从 n - 1 个人中抽出 k - 1 个人的问题; 对于第二部分, 则问题简化为从 n - 1 个人中抽出 k 个人的问题。图 4 - 3 给出了 n = 5, k = 2 时问题的分解示意图。

(2)确定出口。其实题目要求告诉我们, 当把人员全部选择或者一个都不选时, 方案只有一种, 即 k = n 或 k = 0。

(3)构造递归函数模型。

$$f(n, k) = \begin{cases} f(n-1,\ k-1) + f(n-1,\ k) & k < n \\ 1 & k = 0 \\ 1 & k = n \end{cases}$$

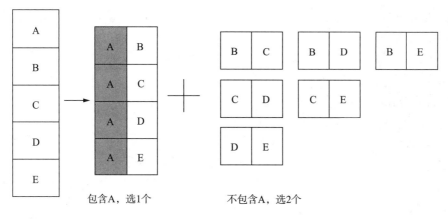

图 4-3　5 选 2 的组合形式

(4) 编程实现。

```
#include < stdio. h >
int f( int n,int k)
{
    if( k > n || k < 0)   printf( "ERROR\n" ) ;
    if( k = = n || k = = 0)
        return 1 ;
    else
        return f( n - 1,k - 1) + f( n - 1,k) ;
}
void main( )
{
    printf( "从 5 个人里找出两个委员的情况有%d 种\n",f(5,2)) ;
}
```

运行结果图 4 -4 所示。

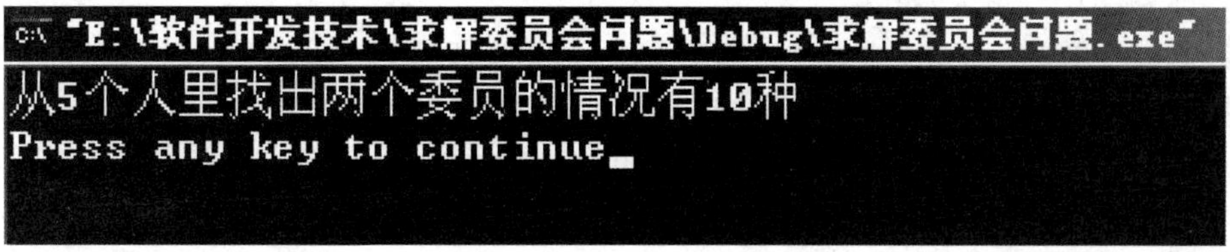

```
C:\ "E:\软件开发技术\求解委员会问题\Debug\求解委员会问题.exe"
从5个人里找出两个委员的情况有10种
Press any key to continue_
```

图 4 -4　委员会问题

## 4.1.4　案例实现

递归的优越性还表现在代码简洁上，本案例实现的 C 语言代码如下。

```
#include <stdio. h>
int f( int n )
{
    if( n > = 1&&n < 10)
      return ( f( n + 1 ) + 1 ) * 2;
    else
      return 1;
}
void main( )
{
    printf( "猴子第一天共摘了% d 个桃子\n", f( 1 ) );
}
```

运行结果如图 4 - 5 所示。

图 4 - 5    猴子吃桃问题

当然实现结果的途径还不只递归算法这一种，对于本案例利用数组的规律赋值和链结构存储也可以实现，这里不再阐述。

## 4.1.5    技能训练

【题目】：利用递归算法完成下列问题。

(1)求数组中的最大数；

(2)1 + 2 + 3 + ... + n；

(3)求 n 个自然数的最大公约数与最小公倍数；

(4)观察图 4 - 6 所示的杨辉三角形，分析问题规律，设计程序输出前 n 行。

```
                    1
                 1     1
              1     2     1
           1     3     3     1
        1     4     6     4     1
     1     5    10    10     5     1
  1     6    15    20    15     6     1
1     7    21    35    35    21     7     1
```

图 4 - 6    杨辉三角形

【要求】：所有题目使用 C 语言编写程序，测试输入 n 值验证代码的正确性。

## 任务 4.2　SAGM 系统津贴数据排序

### 4.2.1　案例描述

在 SAGM 系统中，要求能够方便的对本部门的月度职工津贴数据、余额数据和部门总额进行统计，比如查找部门月度最高津贴值和最低津贴值，统计津贴数据的分布区间等操作。现要求对表 4-1 月度职工津贴表数据按照津贴数值从高到低排列，计算机将如何实现它？

表 4-1　月度职工津贴数据表

| 工号 | 津贴 | 工号 | 津贴 |
|---|---|---|---|
| 1 | 980 | 5 | 820 |
| 2 | 800 | …… | …… |
| 3 | 1050 | 40 | 750 |
| 4 | 780 | | |

### 4.2.2　案例分析

对月度职工津贴数据表按津贴数据从高到低排列，其实就是以津贴为关键字，对表中记录进行降序排序。排序是数据处理是一种重要的运算。在查看数据记录时，经常会对数据以某关键字为基准进行升序或降序操作，以便于观察和统计。

大多软件产品在用户需求里面都要求对数据进行排序操作，因此学好并熟练使用排序算法设计程序，已经成为软件编程的一门基本功。本节我们重点学习排序的基本知识及常用的典型排序算法的应用。

### 4.2.3　知识准备

#### 4.2.3.1　排序的基本概念
**1）排序的定义**

设文件由 n 个记录 $\{R1，R2，……，Rn\}$ 组成，n 个记录对应的关键字集合为 $\{K1，K2，……，Kn\}$。所谓排序就是将这 n 个记录按关键字大小递增或递减重新排列。

为了实现方便，本任务讨论的排序算法均使用顺序存储方式，且按关键字递增排序，记录中仅包含一个关键字项，数据类型为整型，其数据结构如下：

```
#define MAXSIZE 100
#define KEYTYPE int
typedef struct{
    KEYTYPE   key；
｝RecNode；
```

### 2）稳定排序和不稳定排序

当待排序记录中的关键字均不相同时，则任何一组记录排序后的结果是唯一的；否则，当待排序记录中的关键字有两个或两个以上相同时，排序结果不唯一。假设 $K_i = K_j$，排序前 $K_i$ 领先 $K_j$，如果经过某种排序算法排序后 $K_i$ 仍能领先 $K_j$，则称这种排序方法是稳定的；否则，称这种排序方法是不稳定的。

### 3）内部排序和外部排序

根据排序过程中使用的存储设备的不同，可将排序分成内部排序和外部排序两类。整个排序过程都在内存进行的排序，称为内部排序；反之，若排序过程中要进行数据的内、外存交换，则称之为外部排序。内部排序适用于记录较少的文件，而记录个数太多，不能一次性放入内存的大文件适合使用外部排序。

内排序是排序的基础，按使用的策略不同，内部排序方法可分为五类：插入排序、交换排序、选择排序、归并排序和分配排序。本任务主要介绍几种常用的内部排序方法。

### 4）排序算法分析

排序算法很多，不同的算法有不同的优缺点，没有哪种算法在任何情况下都是最好的。评价一种排序算法好坏的标准主要有两条：

（1）执行时间和所需的辅助空间，即时间复杂度和空间复杂度。

（2）算法本身的复杂程度，比如算法是否易读、是否易于实现。

而几乎所有的排序算法都有两个基本操作：

（1）比较两个记录的关键字大小。

（2）根据比较结果，改变记录的位置。

因此，在分析排序算法的时间复杂度时，主要分析关键字的比较次数和记录的移动次数。

#### 4.2.3.2　插入排序

插入排序的基本思想是：在一个已排好序的记录序列中，每次将一个待排序记录按其关键字大小有序的插入其中，使新记录序列依然有序，直到所有待排序记录全部插入完成。

### 1）直接插入排序

（1）算法思想。直接插入排序的基本思想是：假设待排序记录存放在数组 $A[1...n]$ 中，首先将 $A[1]$ 看作是一个有序序列，让 $i$ 从 2 开始，依次将 $A[i]$ 插入到有序序列 $A[1...i-1]$ 中，$A[n]$ 插入完毕则整个过程结束，$A[1...n]$ 成为有序序列。

（2）算法演示。假设待排序序列为 $A[n] = \{25, 54, 8, 54', 15, 1\}$，$n = 6$，利用直接插入排序算法的排序过程如下（用【　】表示有序序列）图 4-7 所示。

（3）算法实现。可设数组元素 A[0]作为待插入记录关键值的临时存储区，则第 i 趟排序，即 A[i]的插入过程为：

①暂存记录 A[i]，即 A[0] = A[i]；

②对有序表进行倒序扫描，设 j = i − 1，若 A[j] > A[0]，则记录后移，即 A[j + 1] = A[j]，直到 A[j] < = A[0]结束；

③完成插入 A[j + 1] = A[0]。

算法的 C 语言实现为：

| | 排序前 | 【25】 | 54 | 8 | 54′ | 15 | 1 |
|---|---|---|---|---|---|---|---|
| i=2: | 第1趟 | 【25 | 54】 | 8 | 54′ | 15 | 1 |
| i=3: | 第2趟 | 【8 | 25 | 54】 | 54′ | 15 | 1 |
| i=4: | 第3趟 | 【8 | 25 | 54 | 54′】 | 15 | 1 |
| i=5: | 第4趟 | 【8 | 15 | 25 | 54 | 54′】 | 1 |
| i=6: | 第5趟 | 【1 | 8 | 15 | 25 | 54 | 54′】 |

图 4 - 7　直接插入排序过程示例

```
void lnsertSort( RecNode A[ ], int n)
{    int i, j;
     for( i = 2; i < = n; i + +) //依次插入 A[2], ..., A[n]
     {    A[0] = A[i];
          j = i − 1;
          while( A[0]. key < A[j]. key)    //从右向左在有序区 A[1...i−1]中查找 A[i]的插入位置
          {    A[j + 1] = A[j];    //将关键字大于 A[i]. key 的记录后移
               j − −;
          } //当 A[0]≥A[j]时终止
          A[j + 1] = A[0];        //A[i]插入到正确的位置上
     }
}
```

（4）算法分析：

①算法稳定性：稳定

②时间复杂度：最好情况下，原始数据正序，总比较次数：n − 1，移动次数只考虑每次将 A[i]移动到 A[0]，共移动 2( n − 1)次；最坏情况下，原始数据逆序，总比较次数：( n − 1)( n + 2)/2，总移动次数为：( n − 1)( n + 4)/2；可见，直接插入算法的时间复杂度在最好情况下为 $O(n)$，最坏情况下为 $O(n^2)$。所以，该算法的平均时间复杂度为 $O(n^2)$（可以证明，这里不再赘述）。

③空间复杂度：该算法仅需一个辅助单元 A[0]，故空间复杂度为 $O(1)$。

**2）希尔排序**

（1）算法思想。希尔排序( Shell Sort)的基本思想是：先取一个小于 n 的整数 $d_1$ 作为第一个增量( 步长)，把文件的全部记录分成 $d_1$ 个组，所有距离为 $d_1$ 的倍数的记录放在同一个组中。先在各组内进行直接插入排序，然后，取第二个增量 $d_2 < d_1$ 重复上述的分组和排序，直至所取的增量 $d_t = 1( d_t < d_{t−1} < ... < d_2 < d_1)$，即所有记录放在同一组中进行直接插入排序为止。

（2）算法演示。假设待排序列为 A[n] = { 47, 35, 24, 89, 12, 35′, 86, 55, 22, 8}，n = 10，利用希尔排序算法的排序过程如表 4 - 2 所示。

表 4 - 2　希尔排序过程演示

| 序号 | | 1 | 2 | 3 | 4 | 5 | 6 | 7 | 8 | 9 | 10 |
|---|---|---|---|---|---|---|---|---|---|---|---|
| 原始数据 | | 47 | 35 | 24 | 89 | 12 | 35′ | 86 | 55 | 22 | 8 |
| $d_1=5$ | 组别 | ① | ② | ③ | ④ | ⑤ | ① | ② | ③ | ④ | ⑤ |
| | 排序结果 | 35′ | 35 | 24 | 22 | 8 | 47 | 86 | 55 | 89 | 12 |
| $d_2=2$ | 组别 | ① | ② | ① | ② | ① | ② | ① | ② | ① | ② |
| | 排序结果 | 8 | 12 | 24 | 22 | 35′ | 35 | 86 | 47 | 89 | 55 |
| $d_3=1$ | 组别 | ① | ① | ① | ① | ① | ① | ① | ① | ① | ① |
| | 排序结果 | 8 | 12 | 22 | 24 | 35′ | 35 | 47 | 55 | 86 | 89 |

（3）算法实现。希尔排序实质上是一种分组插入排序，由于在分组内部使用的是直接插入排序，因此该算法只需修改直接插入排序算法中 j 的步长就可以了。算法的 C 语言实现为：

```
void ShellSort( RecNode A[ ],int n)
{    int i,j,d;
     d = n/2;
     while( d > 0)
     {   for( i = d + 1;i < = n;i + + )
         {  A[0] = A[i];   j = i - d;
            while( j > 0&&A[0]. key < A[j]. key)
            {   A[j + d] = A[j];   j = j - d;
            }
            A[j + d] = A[0];
         }
         d = d/2;
     }
}
```

（4）算法分析：

①算法稳定性：希尔排序是不稳定的，从图 4 - 2 可以看出，该例中两个相同关键字 35 在排序前后的相对次序发生了变化。

②时间复杂度：希尔排序的执行时间依赖于增量序列，读者可尝试执行增量序列为 {5，3，2，1} 的情况，以便和图 4 - 2 进行比较。好的增量序列具有如下特征：最后一个增量必须为 1；应该尽量避免序列中的值（尤其是相邻的值）互为倍数的情况；希尔排序的速度一般要比直接插入排序快，一般认为在 $O(\log_2 n)$ 和 $O(n^2)$ 之间。

③空间复杂度：该算法仅需一个辅助单元 A[0]，故空间复杂度为 $O(1)$。

### 4.2.3.3　交换排序

交换排序的基本思想是：两两比较待排序记录的关键字，发现两个记录的次序相反时即进行交换，直到没有反序的记录为止。

应用交换排序基本思想的主要排序方法有：冒泡排序和快速排序。

## 1）冒泡排序

（1）算法思想。冒泡排序是将被排序的记录数组 A[1...n] 垂直排列，每个记录 A[i] 看作是重量为 A[i].key 的气泡。根据重气泡不能在轻气泡之上的原则，从上往下扫描数组 A，凡扫描到违反本原则的两个气泡，就使轻气泡向上"飘浮"，重气泡"下沉"。如此反复进行，直到最后任何两个气泡都是轻者在上，重者在下为止。

（2）算法演示。假设待排序序列为 A[n] = { 25, 54, 8, 54′, 15, 9 }，n = 6，利用冒泡排序算法的排序过程如下图 4 – 8 所示。

①初始时，A[1...n] 为无序序列。

②第一趟扫描：从 A[1] 到 A[n] 依次比较相邻的两个记录关键字的值，若发现轻者在下、重者在上，则交换二者的位置，即依次比较（A[1]，A[2]），（A2]，A[3]），...，（A[n–1]，A[n]）；对于每对气泡（A[j]，A[j+1]），若 A[j+1].key < A[j].key，则交换 A[j+1] 和 A[j] 的内容。第一趟扫描完毕时，最重的气泡就下沉到该区间的底部，即关键字最大的记录被放在最后位置 A[n] 上。

| | | 上 | | | 下 |
|---|---|---|---|---|---|
| 待排序数据: | 25 | 54 | 8 | 54′ | 15 | 9 |
| 第一趟排序: | 25 | 8 | 54 | 15 | 9 | **54′** |
| 第二趟排序: | 8 | 25 | 15 | 9 | 54 | 54′ |
| 第三趟排序: | 8 | 15 | 9 | 25 | 54 | 54′ |
| 第四趟排序: | 8 | 9 | 15 | 25 | 54 | 54′ |
| 第五趟排序: | 8 | 9 | 15 | 25 | 54 | 54′ |

图 4 – 8　冒泡排序过程演示

③第二趟扫描：扫描 A[2...n]，扫描完毕时，次重的气泡下沉到 A[n–2] 的位置上。

④依次类推，最后，经过 n – 1 趟扫描可得到有序序列 A[1...n]。

观察上述排序过程，6 个待排记录，共经过 5 趟冒泡排序，但在第四趟排序结束的时候，这个数据序列已经有序了。由此得出冒泡排序结束的条件：在某一趟排序过程中没有进行记录的交换操作，可认为排序结束。用这种方法可以节省排序时间。

（3）算法实现。该算法的 C 语言实现如下：

```c
void BubbleSort( RecNode A[ ],int n)
{     int i,j;
      int exchange;      // 交换标志,0 代表未交换,1 代表交换
      for(i =1;i < n;i + +){   // 最多做 n –1 趟排序
          exchange =0;      // 本趟排序开始前,交换标志应为 0
          for(j =1;j < = n – i;j + +)
            if(A[ j +1]. key < A[ j]. key){
                A[0] = A[ j +1];
                A[ j +1] = A[ j];
                A[ j] = A[0];
                exchange =1;   // 发生了交换,交换标志置为 1
              }
          if(! exchange)     return;   // 本趟排序未发生交换,提前终止算法
      }
}
```

（4）算法分析：

①算法稳定性：稳定。

②时间复杂度：若记录的初始状态是正序的，一趟扫描即可完成排序，冒泡排序最好的时间复杂度为 O(n)；若初始记录是反序的，需要进行 n－1 趟排序，每趟排序要进行 n－i 次关键字的比较（1≤i≤n－1），且每次比较都必须移动记录三次来达到交换记录位置，冒泡排序的最坏时间复杂度为 O(n²)，故冒泡排序的平均时间复杂度为 O(n²)。虽然冒泡排序不一定要进行 n－1 趟，但由于它的记录移动次数较多，故平均时间性能比直接插入排序要差得多。

③空间复杂度：该算法仅需一个辅助单元 A[0]，故空间复杂度为 O(1)。

### 2）快速排序

（1）算法思想。快速排序又称划分交换排序，是在冒泡排序的基础上改进的一种排序方法。快速排序算法的思想是：设当前待排序的无序区为 A[low…high]，通过一趟快速排序用一个记录 A[i]（称为基准）将无序区划分为左右两个区间：A[low…i－1] 和 A[i＋1…high]，且 A[low…i－1] 区间的值均小于基准 A[i].key，区间 A[i＋1…high] 的值均大于基准 A[i].key。此时，基准记录 A[i] 位于正确的位置 i 上，它无须参加后续的排序。然后分别对左、右两个区间进行快速排序，直至每个区间为空或只有一个元素，整个快速排序结束。

（2）算法演示

从快速排序算法的思想可以看出，整个排序过程存在递归调用。这里定义两个整型变量 i 和 j 作为指针，初值分别为 low 和 high，A[0] 暂存基准记录，快速排序过程为：

1）选定基准 A[0]＝A[low]。

2）j 向前扫描，直到 A[j]＜A[0]，交换 A[i] 赋值为 A，[j]，变量 i 增 1。

3）i 向后扫描，直到 A[i]＞A[0]，将 A[j] 赋值为 A[i]，变量 j 减 1。

4）继续执行②、③，直到 i 等于 j，A[i] 赋值为 A[0]。

5）对序列 A[low..i－1] 及 A[i＋1..high]

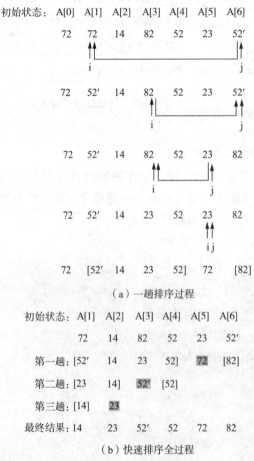

（a）一趟排序过程

（b）快速排序全过程

图 4－9　快速排序算法演示

按照上述规律继续划分，直到序列为空。

假设待排序序列为 A[n]＝{ 72，14，82，52，23，52′}，n＝6。初始时 low＝1，high＝6，设 i＝low，j＝high，一趟快速排序的过程如图 4－9 所示。

（3）算法实现。该算法的 C 语言实现如下：

```
int Partition(RecNode A[], int i, int j)
{ //一趟快速排序过程,并返回被定位的基准记录的位置
  A[0] = A[i]; //用区间的第 1 个记录作为基准
  while(i < j){
    while(i < j&&A[j]. key > = A[0]. key)
      j - - ; // 从右向左扫描,查找第 1 个关键字小于 A[0]. key 的记录 A[j]
    if(i < j)       A[i + +] = A[j];
    while(i < j&&A[i]. key < = A[0]. key)
      i + + ; // 从左向右扫描,查找第 1 个关键字大于 A[0]. key 的记录 A[i]
    if(i < j)         A[j - -] = A[i];
  }
  A[i] = A[0]; // 基准记录放入正确位置
  return i;
}
void QuickSort(RecNode A[], int low, int high)
{  // 对 A[low.. high]快速排序
   int i; // 划分后的基准记录的位置
   if(low < high) // 仅当区间长度大于 1 时才需排序
   {   i = Partition(A, low, high); //对 A[low.. high]做划分
       QuickSort(A, low, i - 1); // 对左区间快速排序
       QuickSort(A, i + 1, high); // 对右区间快速排序
   }
}
```

(4)算法分析:

①稳定性:不稳定

②时间复杂度:快速排序的时间主要耗费在划分操作上,对长度为 k 的区间进行划分,共需 $k-1$ 次关键字的比较。最好情况下,每次划分所取的基准都是当前序列中的"中值",划分后的两个新区间长度大致相等,总的关键字比较次数为 $O(n\log_2 n)$;最坏情况下,每次划分选取的基准恰好都是当前序列中的最小(或最大)值,划分的结果 $A[low.. i-1]$ 为空区间或 $A[i+1.. high]$ 是空区间,且非空区间长度达到最大值。这种情况下,必须进行 $n-1$ 趟快速排序,第 i 趟区间长度为 $n-i+1$,总的比较次数达到最大值 $n(n-1)/2 = O(n^2)$。

因此基准的选择决定了算法的性能,经常采用选取 low 和 high 之间一个随机位置作为基准的方式以改善算法性能。可以证明,快速排序算法的平均时间复杂度为 $O(n\log_2 n)$。在同数量级的排序方法中,快速排序的平均性能最好。但当原文件关键字基本有序时,快速排序的时间复杂度为 $O(n^2)$,而冒泡排序为 $O(n)$,此时应避免使用快速排序算法。

③空间复杂度:快速排序需要一个栈来实现递归,空间复杂度为 $O(n)$。

#### 4.2.3.4 直接选择排序

**1)算法思想**

直接选择排序(Straight Selection Sort)是一种简单的排序方法,它的基本思想是:第一

趟，从待排序的记录中选出关键字最小的记录与第一个记录交换；第二趟再从剩余记录中选出关键字最小的与第二个记录交换；以此类推，直到全部记录排序完毕。

**2）算法演示**

假设待排序序列为 A[n] = { 32，14，52，43，23，52 }，n = 6。直接选择排序的过程如下图4 - 10所示。

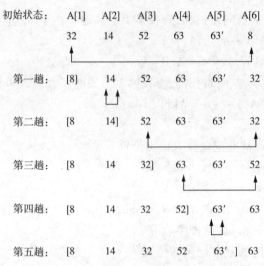

| 初始状态： | A[1] | A[2] | A[3] | A[4] | A[5] | A[6] |
|---|---|---|---|---|---|---|
| | 32 | 14 | 52 | 63 | 63′ | 8 |
| 第一趟： | [8] | 14 | 52 | 63 | 63′ | 32 |
| 第二趟： | [8 | 14] | 52 | 63 | 63′ | 32 |
| 第三趟： | [8 | 14 | 32] | 63 | 63′ | 52 |
| 第四趟： | [8 | 14 | 32 | 52] | 63′ | 63 |
| 第五趟： | [8 | 14 | 32 | 52 | 63′ ] | 63 |

图4 - 10　直接选择排序算法演示

**3）算法实现**

```
void SelectSort( RecNode A[ ],int n)
{   int i,j,k;
    for(i = 1;i < n;i + + )
    {   k = i;
        for(j = i + 1;j < = n;j + + )
          if(A[j].key < A[k].key)
              k = j;
        if(k! = i)
        {  A[0] = A[i];A[i] = A[k];A[k] = A[0];}
    }
}
```

**4）算法分析**

（1）稳定性：不稳定。

（2）时间复杂度：当初始记录为正序时，移动次数为0；记录初态为反序时，每趟排序均要执行交换操作，总的移动次数取最大值3(n - 1)。直接选择排序的平均时间复杂度为 $O(n^2)$。

（3）空间复杂度：仅需一个临时存储单元 A[0]，空间复杂度为 $O(1)$。

**4.2.3.5　各种内部排序算法的比较**

因为不同的排序方法适应不同的应用环境和要求，所以选择合适的排序方法应综合考虑下列因素：

（1）待排序的记录数目 n。

（2）记录的大小（规模）。

（3）关键字的结构及其初始状态。

（4）对稳定性的要求。

（5）语言工具的条件。

（6）存储结构。

（7）时间和辅助空间复杂度等。

总的来说，简单排序算法中直接插入排序最好，快速排序最快，当文件为正序时，直接插入排序和冒泡排序均最佳。当然，不同条件下，排序方法的选择也不同。一般情况下，若 n 较小（如 n≤50），可采用直接插入或直接选择排序；若文件初始状态基本有序（指正序），则应选用直接插入或冒泡排序；若 n 较大，则应采用时间复杂度为 O(nlog$_2$n)的排序方法，比如快速排序、堆排序或归并排序。堆排序和归并排序算法读者请参考其他数据结构书籍，本任务不再讨论。

## 4.2.4 案例实现

为了计算方便，以本案例中表4-1的前5条记录为数据源进行排序，这里调用冒泡排序算法实现的 C 语言实现如下：

```
#define MAXSIZE 100
typedef struct {
    int no;
    int key;
} RecNode;
void main()
{
    RecNode A[MAXSIZE];
    int i,n;
    printf("请输入职工人数:");
    scanf("%d",&n);
    printf("请输入工号和津贴(工号,津贴):\n");
    for(i=1;i<=n;i++)
        scanf("%d,%d",&A[i].no,&A[i].key);
    BubbleSort(A,n);    //调用冒泡排序算法
    printf("职工津贴数据表\n");
    printf("工号-----津贴\n");
    for(i=1;i<=n;i++)
        printf("  %d        %d\n",A[i].no,A[i].key);
}
```

运行结果如图 4－11 所示。

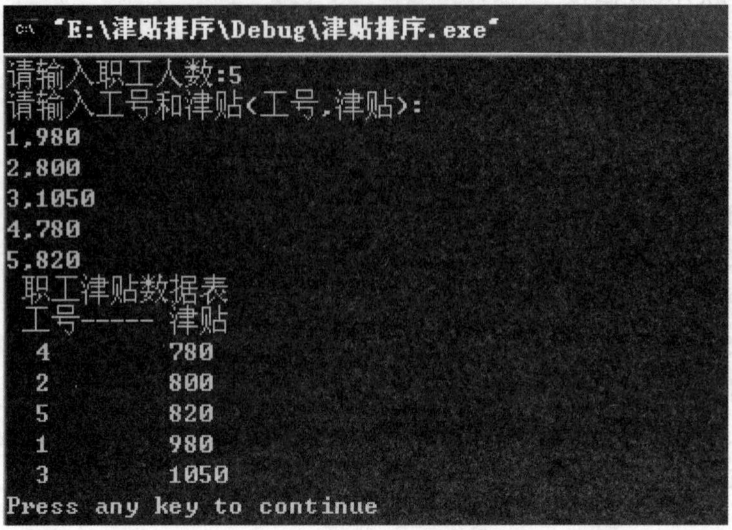

图 4－11　职工津贴数据排序

## 4.2.5　技能训练

【题目】：利用 Rand( )函数，随机产生 10 名同学的成绩，将成绩降序排列。
【要求】：分别使用冒泡、选择和插入三种排序算法实现。

# 任务 4.3　卖鸡蛋问题

## 4.3.1　案例描述

大数学家欧拉在集市上遇到了本村的两个农妇，每人跨着个空篮子。她们和欧拉打招呼说两人刚刚卖完了所有的鸡蛋。

欧拉随便问："卖了多少鸡蛋呢？"

不料一个说："我们两人自己卖自己的，一共卖了 150 个鸡蛋，虽然我们卖的鸡蛋有多有少，但刚好得了同样的钱数。你猜猜看！"

欧拉猜不出。

另一个补充道："如果我按她那样的价格卖，可以得到 32 元；如果她按我的价格卖，可以得到 24.5 元"。

欧拉想了想，说出了正确答案。

我们不是数学家，懒得列出公式来分析。但计算机可以"暴力破解"，就是把所有可能情况都试验一遍，撞上为止!

请写出每人鸡蛋的数目(顺序不限)，用逗号隔开。

## 4.3.2 案例分析

设两个农妇分别卖的鸡蛋数为 x 和 y，相应各自卖鸡蛋的价格设为 a 和 b。由题意得之，两人共 150 个鸡蛋，则 x 和 y 的取值范围是 0 - 150 之间，根据题目所给定的价格约束条件，可得到以下的不定方程:

$$\left.\begin{array}{l} x + y = 150 \\ x * a = y * b \\ x * b = 32 \\ y * a = 24.5 \end{array}\right\} \longrightarrow \begin{cases} x + y = 150 \\ 32 * y * y = 24.5 * x * x \end{cases}$$

此问题可归结为求该不定方程的整数解。在分析确定方程中未知数变化范围的前提下，可通过对未知数可变范围的穷举，验证方程在什么情况下成立，从而得到相应的解。现实生活中，类似这样的问题并不少见，一般地解题思路都是设计合理的算法、借助计算机"暴力破解"实现，应用最多的就是穷举算法。

## 4.3.3 知识准备

### 4.3.3.1 穷举算法基本知识

**1) 定义**

穷举法，常常称之为枚举法，是指从可能的集合中一一穷举各个元素。一般是根据问题中的部分条件(约束条件)将所有可能的解列举出来，然后通过一一验证是否符合整个问题的求解要求，最终得到问题的解。

**2) 特点**

穷举算法的特点主要表现在以下几个方面。

(1)准确性。只要时间足够，正确的穷举得出的结论是绝对正确的。

(2)全面性。因为它是对所有方案的全面搜索，所以它能够得出所有的解。

(3)算法简单，但运行时所花费的时间量大。穷举是最简单，最基础，也是通常被认为非常没效率的算法。

因此，适合穷举策略求解的问题，首先必须满足其问题规模和可能解的规模(个数)不是特别大，且解变量的值的变化具有一定的规律性。因此我们在用穷举方法解决问题时，应尽可能将明显的不符合条件的情况排除在外，以减少程序运行时间。

**3) 实现步骤**

(1)确定问题解的可能搜索范围，程序设计中利用循环或循环嵌套结构实现。

(2)确定符合问题解的判断条件，主要包括直接条件和隐含条件。

(3)进一步优化程序，缩小搜索范围，提高算法效率。

### 4.3.3.2 应用举例

**【例 4.3】** 小明有五本新书，要借给 A、B、C 三位小朋友，若每人每次只能借一本，则可以有多少种不同的借法？

（1）分析问题。该问题从数学角度看其实是个排列问题。即求从 5 个数中取 3 个进行排列的方法的总数。首先对五本书从 1 至 5 进行编号，A、B、C 三个小朋友对应记为变量 a、b、c，那么 a、b、c 的取值范围均为 1 至 5，当 a、b、c 的取值互不相同时，就是满足题意的一种借法。

（2）问题求解。利用三层循环构造搜索范围，符合问题解的判定条件是 a、b、c 三个值互补相同。本例的 C 语言实现如下。

```c
#include <stdio.h>
void main()
{
    int a,b,c,count =1;
    printf("小明的五本书借给 3 个人的方案如下:\n");
    for(a =1;a <=5;a++)   // 穷举第一个人从五本书中借 1 本书的全部情况
        for(b =1;b <=5;b++)  // 穷举第二个人从五本书中借 1 本书的全部情况
            for(c =1;c! =b&&c <=5;c++)   /* 进行算法优化,在 a 和 b 不同时,穷举
第三个人从五本书中借 1 本书的全部情况 */
                if(c! =a&&c! =b)   // 判断第三个人与前两个人借的书是否不同
                    printf(count%4 ? "第%2d 种:%2d,%2d,%2d":"第%2d 种:%2d,%2d,%2d\n",count++,a,b,c);
    printf("\n");
}
```

运行结果如图 4 - 12 所示。

图 4 - 12　借书方案

【例 4.4】　输入一根木棒的长度，将该木棒分成三段，每一段的长度为正整数；输出由这三段小木棒组成的非等边三角形的个数。如输入 10，则输出 2，能组成的两个三角形边长为 2、4、4 和 3、3、4。

（1）分析问题。假设木棒的长度为 n（从键盘输入），分成三段的长度分别为 x，y，z，

则：x + y + z = n；已知三角形的任意两边之和大于第三边，且题目要求非等边三角形，则判定条件为：

$$x + y > z \&\& x + z > y \&\& z + y > x \&\& (x! = y \;||\; z! = x \;||\; y! = z)$$

（2）问题求解。此题还有一个隐含条件，就是输出的三条边不能有重复，因此，在上述条件基础上还需增加"x < = y&&y < = z"条件来控制。本例 C 语言实现代码如下。

```c
#include < stdio. h >
void main( )
{   int n,x,y,z,m = 0;
    printf("请输入一个大于 3 的正整数:");
    scanf("% d",&n);
    for(x = 1;x < n;x + + )
        for(y = 1;y < n - x;y + + )
        {   z = n - x - y;
            if(x + y > z&&x + z > y&&z + y > x&&(x! = y||z! = x||y! = z)&&x < = y&&y < = z)
                printf("% d:% d,% d,% d\n", + + m,x,y,z);
        }
}
```

运行结果如图 4 - 13 所示。

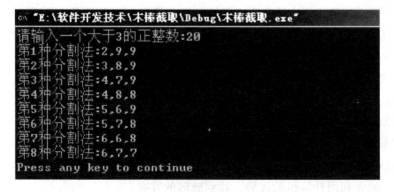

图 4 - 13　木棒截取

## 4.3.4　案例实现

本案例穷举范围可以优化，只需一个变量即可确定搜索范围，C 语言实现如下。

```c
#include < stdio. h >
void main( )
{   int x,y;
```

```
for( x = 1; x < 150; x + + )
  {
    y = 150 - x;
    if( 32 * y * y = = 24.5 * x * x)
      printf( "x = % d, y = % d\n", x, y);
  }
}
```

运行结果如图 4 - 14 所示。

图 4 - 14　案例实现结果

## 4.3.5　技能训练

【题目】：利用穷举算法解决下列问题。

(1) 求解古堡算式。

一天福尔摩斯到某古堡探险，看到门上写着一个奇怪的算式：ABCDE * ? = EDCBA

他对华生说："ABCDE 应该代表不同的数字，问号也代表某个数字!"

华生："我猜也是!"

于是，两人沉默了好久，还是没有算出合适的结果来。

(2) 阿姆斯特朗数。

编一个程序找出所有的三位数到四位数中的阿姆斯特朗数。它的定义如下：若一个 n 位自然数的各位数字的 n 次方之和等于它本身，则称这个自然数为阿姆斯特朗数。

例如：153(153 = 1 * 1 * 1 + 3 * 3 * 3 + 5 * 5 * 5)是一个三位数的阿姆斯特朗数，8208 则是一个四位数的阿姆斯特朗数。

【要求】：请你利用计算机的优势，找到破解的答案。

(1) 把 ABCDE 所代表的数字写出来。

(2) 输出所有三位阿姆斯特朗数。

# 任务 4.4　新娘和新郎

## 4.4.1　案例描述

三对情侣参加婚礼，新郎分别是 A，B，C，三个新娘为 X，Y，Z。有人不知道谁和谁结婚。于是询问了六位新人中的三位，但听到的回答是这样的：A 说他将和 X 结婚，X 说她的未婚夫是 C，C 说她将和 Z 结婚。这个人听后觉得是开玩笑，都是假话。请编程找出谁和谁结婚?

## 4.4.2　案例分析

案例是一个典型的逻辑推理的题目，对这类问题编程求解的关键在于首先找出问题中显式或隐式的关联条件，然后利用计算机所具备的强大的逻辑推断能力，找出能使题目中的逻辑条件成立的可行解。

本题规律是这样，我们将新郎 A，B，C 三人用 1，2，3 表示，那么 X 和 A 结婚可以记做：X = 1，X 与 B 结婚记做 X = 2，Y 不与 A 结婚记做 Y! = 1……，根据题意我们得到如下条件。

$$\begin{cases} X! = 1 & A \text{ 不与 X 结婚} \\ X! = 3 & X \text{ 的未婚夫不是 C} \\ Z! = 3 & Z \text{ 不与 C 结婚} \end{cases} \qquad \begin{cases} X! = Y & \text{隐含条件(同性不能结婚)} \\ Y! = Z & \\ Z! = X & \end{cases}$$

接下来，使用穷举策略，使穷举变量 X、Y、Z 穷尽三个新郎的编号，构造搜索范围，并在循环体内检验所有的约束条件是否成立，找出使逻辑命题成立的解空间 (X，Y，Z)。这种解题思路我们通常称之为逻辑推断算法。

从算法的解题思路中不难看出：三个穷举变量 X、Y、Z 在整个问题的求解中担负着举足轻重的作用。一般地，将这类变量称为逻辑推理题的推理变量。

最后，优化程序，将解空间 (X，Y，Z) 的各个元素值映射为对应新郎的名称，显示出类似于"谁和谁结婚的问题"的信息，作为程序运行结果的输出。

## 4.4.3　知识准备

### 4.4.3.1　逻辑推理算法特性
**1）定义**

逻辑推理就是，当人们听到别人陈述的事情时，通过分析和判断，利用已知的条件构造逻辑表达式，推理得出正确的答案，进行逻辑推理的前提是正确理解题意。因此如何让计算机正确理解题意是算法实现的关键。

**2）两类条件**

逻辑推理问题在近年来的公务员考试、各类智力游戏和计算机软件竞赛中出现频率比较高，它与常见的数学问题不同，它需要使用逻辑表达式来表示各种逻辑关系。逻辑推理题目一般包含两类条件：直接条件与间接条件。

直接条件又称为显性条件或显式条件，是题目中明确给出的命题断言。

间接条件又称为隐性条件或隐式条件，是题目中没有明确指明、但通过题意或通过某些常识、某些条件论述，可以推断出来的、隐含于题目的命题断言。

例题的显式条件分别是 A、X 和 C 讲的三句假话：

①A 说：他和 X 结婚，即 X 的新郎是编号为 1 的 A；A 提出的命题表达为：X = 1；但由于 A 讲的是假话，因此第一个显式条件应为：not(X = 1)，它等价于 (X! = 1)。

②X 说：她的未婚夫是 C；X 提出的命题表达为：X = 3。同理，由于 X 讲了假话，于是第二个显式条件应为：X！= 3。

③第三个显式条件应为：Z！= 3。

以上三个显式条件应同时成立，由此得到显性的综合逻辑表达式：((X！= 1) && (X！= 3) && (Z！= 3))。

例题的隐式条件为：

三个新娘不能结为配偶，于是隐式条件表达为：((X！= Y) && (Y！= Z) && (Z！= X))。

**3）推理变量的应用原则**

在求解逻辑推理问题时，如何设置推理变量，设置多少推理变量，怎么确定推理变量的值域范围，这些往往是问题的难点。

推理变量的设定因题而异，具体问题要具体分析。但总的原则是：

(1) 设定的推理变量应该能够覆盖题目所有可能的情形。

(2) 推理变量应该能够表达出题目所蕴含的所有的命题条件，包括显式条件与隐式条件。

(3) 如果题目采用穷举策略来解，大多数情况下，推理变量与穷举变量往往是一致的。

(4) 一般而言，一道逻辑推理题的推理变量的设定并非只有一种方案，有时可以有几种不同的设定方法，这些不同的推理变量都能使问题得以解决，它们的区别仅在于对解题的算法思路与运行效率产生完全不同的影响。

(5) 推理变量设置得好，往往会使问题求解的过程变得非常简单；反之，可能会增加解题的难度与复杂度。

**4）关键步骤**

(1) 推理变量的正确选择与构造。

(2) 蕴藏于题目之中的显性条件命题与隐性条件命题的挖掘。

(3) 穷举策略的合理应用(多数情况下，穷举变量往往采用推理变量)。

**4.4.3.2　应用举例**

【例 4.5】谁是窃贼：公安人员审问四名窃贼嫌疑犯。已知，这四人当中仅有一名是窃贼，还知道这四人中每人要么是诚实的，要么总是说谎的。在回答公安人员的问题中：

甲说："乙没有偷，是丁偷的。"

乙说："我没有偷，是丙偷的。"

丙说："甲没有偷，是乙偷的。"

丁说："我没有偷。"

编程判断谁是盗窃者。

(1) 分析问题。假设用 A、B、C、D 分别代表四个人，变量的值为 1 代表该人是窃贼。由题目得知：四人中只有一名窃贼，而且这四个人中的每个人要么说真话，要么说假话，而甲、乙、丙三个人都说了两句话："某某没偷，是某某偷的"，故不论该人是否说谎，他提到的两个人中必有一个人是小偷。所以在列出条件表达式时，可以不关心谁在说谎，谁说实话。可以列出下列表达式。

甲说："乙没有偷，是丁偷的。"　　B + D = 1

乙说:"我没有偷,是丙偷的。" B + C = 1

丙说:"甲没有偷,是乙偷的。" A + B = 1

丁说:"我没有偷。" A + B + C + D = 1

其中丁只说了一句话,无法判断其真假,第四个表达式反映了四个人中只有一名窃贼的条件。

(2)问题求解。当然最后一个表达式在程序设计时,进行优化后,可以省略,本例的 C 语言实现如下。

```c
#include < stdio. h >
void main( )
{
    int i,j,a[4],n;
    for(i = 0;i < 4;i + + )                 // 假设只有第i个人为窃贼
    {
      for(j = 0;j < 4;j + + )               // 将第i个人的值设置为1表示窃贼,其余为0
        if(j = = i)      a[j] = 1;
        else             a[j] = 0;
      if(a[1] + a[3] = = 1&&a[1] + a[2] = = 1&&a[0] + a[1] = = 1)// 判定条件是否成立
      {
          printf("窃贼是");   // 找到窃贼
          for(j = 0;j < 4;j + + )
            if(a[j])printf("%c\n",j + 'A');              // 输出结果
      }
    }
}
```

运行结果如图 4 - 15 所示。

图 4 - 15 谁是窃贼的运行结果

【例 4.6】 区分国籍:有六个不同国籍的人 A、B、C、D、E 和 F,分别来自美国、德国、英国、日本、中国和法国。现在已知:

①A 与美国人是医生。

②E 和中国人是教师。

③C 和德国人是律师。

④B 和 F 已经做了父亲,而德国人还未结过婚。

⑤法国人比 A 年龄大；日本人比 C 年龄大。

⑥B 同美国人穿着蓝色衣服，而 C 同法国人穿着黑色衣服。

由上述已知条件，编程求解 A、B、C、D、E 和 F 各是哪国人？

（1）分析问题：

第一步：分别为美国、德国、英国、日本、中国和法国六个不同的国家设置自然数编号 1、2、3、4、5、6。将连接编号与国家名称对应，设置字符串数组 Nation[6][20]，为了输出方便赋值为（"美国"，"德国"，"英国"，"日本"，"中国"，"法国"）。

第二步：为不同国籍的人 A、B、C、D、E 和 F 分别设置对应的六个推理变量 a、b、c、d、e、f，变量的取值为 1 到 6 这六个国家的编号。当某一推理变量值为 k 时，表示对应于该变量的人来自于编号为 k 的国家。

第三步：罗列出题目包含的所有条件命题，并转化为算法能够识别的表达式。例题明确给出了六句条件断言，但每句条件论述包含的信息不止一项，其中有显性的条件命题，也有需要运用分析推理手段才能捕捉到的隐性条件命题。

下面将对于解题有关键作用的信息逐一析取出来：

①"A 与美国人是医生"，言下之意：A 不是美国人，否则不会将 A 与美国人并列在一起来讲；于是得到一个条件命题：a！=1。

②"E 和中国人是教师"，于是有：E 不是中国人，得到命题：e！=5。

③"C 和德国人是律师"，于是有：C 不是德国人，得到命题：c！=2。

④综合考虑上述三个条件知：A 是医生，E 是教师，C 是律师；此外，美国人、中国人与德国人的职业分别是医生、教师及律师。由生活常识知，一个人不能同时从事一种以上的职业。A 既然是医生，就不再会是教师或律师；而中国人的职业是教师，德国人是律师；于是不难推出：A 不是中国人，也不是德国人。由此得到两个条件命题：a！=5 和 a！=2。

⑤同理，C 不是美国人或中国人，E 不是美国人或德国人。于是推出以下四个命题：c！=1；c！=5；e！=1；e！=2。

⑥"B 和 F 已经做了父亲，而德国人还未结过婚"，言下之意：B 和 F 都不是德国人。于是得到以下两个条件命题：b！=2 和 f！=2。

⑦"法国人比 A 年龄大；日本人比 C 年龄大"。年龄不同，肯定不是一个人，因此：A 不是法国人；C 不是日本人。于是得到以下两个条件命题：a！=6 和 c！=4。

⑧"B 同美国人穿着蓝色衣服，而 C 同法国人穿着黑色衣服"。由题意首先得到两个命题：B 不是美国人；C 不是法国人。对应的逻辑表达式为：b！=1 和 c！=6。其次，题意表明：美国人着蓝装，法国人着黑装；B 着蓝装，不着黑装，所以 B 不是法国人；同理，C 不是美国人。转化为逻辑表达式，得到：b！=6 和 c！=1。

第四步：整理以上 17 个逻辑命题表达式：

①去除重复的项目（命题"c！=1"出现两次）；

②把符号相同推理变量的命题排放在一起。

整理后，得到由 16 个逻辑命题表达式为元素的命题集合：

p = {a！=1, a！=2, a！=5, a！=6, b！=1, b！=2, b！=6, c！=1, c！=2, c！=4, c！=5, c！=6, e！=1, e！=2, e！=5, f！=2}。

第五步：为体现"A、B、C、D、E、F 是来自六个不同国家的人，即六个人的国籍各自互不相同"这一隐性约束条件，构造另一逻辑表达式如下：

(a! =b)&&(a! =c)&&(a! =d)&&(a! =e)&&(a! =f)&&(b! =c)&&(b! =d)&&(b! =e)&&(b! =f)&&(c! =d)&&(c! =e)&&(c! =f)&&(d! =e)&&(d! =f)&&(e! =f)。

(2)问题求解。以六个推理变量 a、b、c、d、e、f 为穷举变量，构造多重循环，使每个变量分别取尽六个国家的编号；在循环体内找出使这上述显示和隐形两个命题都能同时成立的解变量组 (a, b, c, d, e, f)，本例 C 语言实现如下。

```c
#include < stdio. h >
void main( )
{
    int a,b,c,d,e,f;
    char Nation[6][20] = {"美国","德国","英国","日本","中国","法国"};
    for( a =1;a < =6;a + + )                    // 利用循环嵌套构建搜索空间
      for( b =1;b < =6;b + + )
        for( c =1;c < =6;c + + )
          for( d =1;d < =6;d + + )
            for( e =1;e < =6;e + + )
              for( f =1;f < =6;f + + )
                if((a! =1)&&(a! =2)&&(a! =5)&&(a! =6)&&(b! =1) // 推理条件
                  &&(b! =2)&&(b! =6)&&(c! =1)&&(c! =2)
                  &&(c! =4)&&(c! =5)&&(c! =6)&&(e! =1)
                  &&(e! =2)&&(e! =5)&&(f! =2)
                  &&(a! =b)&&(a! =c)&&(a! =d)&&(a! =e)
                  &&(a! =f)&&(b! =c)&&(b! =d)&&(b! =e)
                  &&(b! =f)&&(c! =d)&&(c! =e)&&(c! =f)
                  &&(d! =e)&&(d! =f)&&(e! =f))          // 满足条件的输出
                {
                    printf( "A 是%s 人 \n",Nation[a-1]);
                    printf( "B 是%s 人 \n",Nation[b-1]);
                    printf( "C 是%s 人 \n",Nation[c-1]);
                    printf( "D 是%s 人 \n",Nation[d-1]);
                    printf( "E 是%s 人 \n",Nation[e-1]);
                    printf( "F 是%s 人 \n",Nation[f-1]);
                }
}
```

运行结果如4-16所示。

图 4 – 16 区分国籍的运行结果

## 4.4.4 案例实现

从前面算法应用举例中可以看出，逻辑推断适用的领域很多，题型富于变化，本案例只是其中的一方面，其 C 语言实现如下。

```
#include < stdio. h >
void main( )
{   char * xinlang[3] = {"A","B","C"};  // 以新郎编号为下标的数组定义
    int x,y,z;                          // 新娘对应的穷举变量定义
    printf("%s","推断结果:\n");
    for ( x = 1;x < =3;x + + )               // 用穷举变量构造循环结构
      for ( y = 1;y < =3;y + + )
        for ( z = 1;z < =3;z + + )
          if ((x! = y)&&(x! = z)&&(y! = z))
            if ((x! =1)&&(x! =3)&&(z! =3))  // 约束条件的表达式
            { printf("X 的新郎是:%s\n",xinlang[x - 1]);// 输出求解出的夫妻关系
              printf("Y 的新郎是:%s\n",xinlang[y - 1]);
              printf("Z 的新郎是:%s\n",xinlang[z - 1]);
            }
}
```

运行结果如图 4 – 17 所示。

图 4 – 17 案例实现结果

## 4.4.5 技能训练

【题目】：利用逻辑推断算法解决下列问题。

(1)网球比赛。

甲乙两个网球队进行比赛，甲队有队员 A、B、C 三人，乙队有队员 M、N、T 三人。现抽签决定两队对打名单。记者向队员打听比赛的名单，得到以下答复：

A 说：我不和 M 对打；

C 说：我不和 M、T 对打。

(2)委派任务。

某侦察队接到一项紧急任务，要求在 A、B、C、D、E、F 六个队员中尽可能多地挑选若干人去执行该任务，但有以下限制条件：

①A 和 B 两人中至少去一人。

②A 和 D 不能一起去。

③A、E、F 三人中要派两人去。

④B 和 C 都去或者都不去。

⑤C 和 D 两人中去一个。

⑥若 D 不去，则 E 也不去。

【要求】：合理设置推理变量和条件，实现如下要求。

(1)编程推算两队对打的名单。

(2)计算应当让哪几个人去执行任务。

# 任务 4.5    马跳棋盘

## 4.5.1 案例描述

在一个 8×8 的国际象棋盘上，马从任意指定方格出发，按走棋规则移动，要求每个方格只进入一次，走遍棋盘上全部 64 个方格，求出马的行走路线，并按求出的行走路线，将数字 1、2、……、64 依次填入一个 8*8 的方阵，并将该方阵输出。

## 4.5.2 案例分析

国际象棋中马的移动规则叫"马走日"，图 4-18 显示了马位于方格(3,4)时,8 个可能的移动位置。一般来说，当马位于位置(i,j)时，按其移动规则，可以走到下列 8 个位置之一：

(i-2,j+1)、(i-1,j+2)、(i+1,j+2)、(i+2,j+1)

$(i+2, j-1)$、$(i+1, j-2)$、$(i-1, j-2)$、$(i-2, j-1)$

但是，如果$(i, j)$靠近棋盘的边缘，上述有些位置可能超出棋盘范围，成为不允许的位置，因为要保证马的每一步都在棋盘范围内。观察得知，8个可能位置和当前位置$(i, j)$之间的关系可以用两个一维数组$Hx[7]$和$Hy[7]$来表示：

$Hx[7] = \{-2, -1, 1, 2, 2, 1, -1, -2\}$；

$Hy[7] = \{1, 2, 2, 1, -1, -2, -2, -1\}$。

| | 1 | 2 | 3 | 4 | 5 | 6 | 7 | 8 |
|---|---|---|---|---|---|---|---|---|
| 1 | | | 8 | | 1 | | | |
| 2 | | 7 | | | | 2 | | |
| 3 | | | | ● | | | | |
| 4 | | 6 | | | | 3 | | |
| 5 | | | 5 | | 4 | | | |
| 6 | | | | | | | | |
| 7 | | | | | | | | |
| 8 | | | | | | | | |

图 4 - 18　马跳棋盘

位于位置$(i, j)$的马可以走到的新位置是在棋盘范围内的$(i + Hx[j], j + Hy[j])$，其中$j = 0, 1, 2, \cdots, 7$。

马的行走过程实际上是一个深度搜索过程。将棋盘抽象成一个图形结构，将马的起始位置作为起点，对图进行深度优先搜索求解，利用递归实现(具体算法不再赘述)，最终获得的搜索树即马的行走路线。实践证明运用递归算法是完全可行的，它输出的是全部解。但是当棋盘规格为8 * 8时解是非常多的，求解的过程也就非常慢。怎么才能快速地得到部分解呢？

早在1823年，J. C. Warnsdorff就提出了一个有名的算法。该算法规定：在所有可跳的方格中，马只可能走这样一个方格，即从该方格出发，马可以跳的方格数(或叫出口)为最少；如果可跳的方格数相等，则从当前位置看，方格序号小的优先。为什么这样规定？其实这是一种局部调整最优的做法。如果优先选择出口多的方格，那出口少的方格就会越来越多，很可能出现"死结点"(即没有出口又没有跳过的方格)，这样下面的搜索纯粹是徒劳，会浪费很多无用的时间；反过来如果每次都优先选择出口少的方格跳，那出口少的方格就会越来越少，成功的机率就高一点。这种算法称为贪心算法(或贪婪算法)，是本任务要介绍的重点内容。

## 4.5.3　知识准备

### 4.5.3.1　贪心算法基本知识

贪心算法是指在对问题求解时，总是做出在当前看来是最好的选择。它对问题的求解过程不做整体最优考虑，只做局部最优调整。贪心算法不是对所有问题都能得到整体最优解，但对范围相当广泛的许多问题他能产生整体最优解或者是整体最优解的近似解。贪心算法的典型应用有0 - 1背包问题、带有期限的作业排序、最小生成树、单源最短路径等问题。

**1）贪心算法可解决问题的特性**

（1）贪心选择性质：所谓贪心选择性质是指所求问题的整体最优解可以通过一系列局部最优的选择，即贪心选择来达到。这是贪心算法可行的第一个基本要素。

（2）最优子结构性质

当一个问题的最优解包含其子问题的最优解时，称此问题具有最优子结构性质。问题的最优子结构性质是该问题可用贪心算法求解的关键特征。

**2）贪心方法的求解步骤**

贪心算法是根据具体的问题，选取一种量度标准，一种改进了的分级处理方法，其核心问题是根据题意选取一种能产生问题最优解的最优量度标准，然后按此标准对多个输入进行排序，按此顺序一次输入一个量。如果这个输入量和当前该量度意义下的部分最优解加在一起不能产生一个可行解，则不把此输入加入到这个部分解中。这种能够得到某种量度意义下最优解的分级处理方法就是贪心算法。

**3）贪心算法设计求解的核心问题**

对于一个给定的问题，往往可能有好几种量度标准。最初看起来，这些量度标准似乎都是可行的，但是实际上，用其中的大多数量度标准作贪心处理所得到该量度意义下的最优解并不是问题的最优解，而是次优解。因此，选择能产生问题最优解的最优量度标准是使用贪心算法的核心。

**4）贪心算法求解问题的基本思路**

(1)建立数学模型来描述问题。

(2)把求解的问题分成若干个子问题。

(3)对每一子问题求解，得到子问题的局部最优解。

(4)把子问题的局部最优解合成原来问题的一个解。

**5）贪心算法的现实意义**

贪心算法一旦经过证明成立后，它就是一种高效的算法，且策略的构造简单易行。但是，贪心算法不是对所有问题都能得到整体最优解，需要证明后才能真正运用到题目的算法中。

**4.5.3.2 应用举例**

【例 4.7】 0-1 背包问题：已知有 n 种物品和一个可容纳 M 重量的背包，每种物品 i 的重量为 $w_i$，假定将物品 i 的某一部分 $x_i$ 放入背包就会得到 $p_i * x_i$ 的效益（$0 \leqslant x_i \leqslant 1$，$p_i > 0$），采用怎样的装包方法会使装入背包物品的总效益为最大？

问题可形式化描述为：

目标函数：$\sum p_i x_i$ 极大化　　　　$0 \leqslant x_i \leqslant 1$，$p_i > 0$

约束条件：$\sum w_i x_i \leqslant M$　　　　$w_i > 0$，$1 \leqslant i \leqslant n$

假设 n = 3，M = 20，$(p_1, p_2, p_3) = (25, 24, 15)$，$(w_1, w_2, w_3) = (18, 15, 10)$，则按如下三种量度标准进行装包操作的效益计算如表 4-3 所示。

表 4-3 效益计算

| 量度标准 | $x_1, x_2, x_3$ | $\sum w_i x_i$ | $\sum p_i x_i$ |
|---|---|---|---|
| 按效益值的非增次序把物品放到包里 | 1，2/15，0 | 20 | 28.2 |
| 按物品重量的非降次序把物品放到包里 | 0，2/3，1 | 20 | 31 |
| 按 pi/wi 比值的非增次序把物品放到包里<br>（p2/w2，p3/w3，p1/w1）= (24/15, 15/10, 25/18) | 0，1，1/2 | 20 | 31.5 |

通过对比发现：

(1)按效益值的非增次序把物品放到包里，即以目标函数为量度标准时，该标准使得背包每装入一件物品就获得最大可能的效益值增量，但结果是一个次优解，原因是背包容量消耗过快。

（2）按物品重量的非降次序把物品放到包里，即以容量为量度标准时，该标准使得背包每装入一件物品就获得最小可能的容量增量。结果仍是一个次优解，原因是容量在慢慢消耗的过程中，效益值却没有迅速的增加。

（3）按 pi/wi 比值的非增次序把物品放到包里，即选效益值和容量之比为量度标准时，每一次装入的物品使它占用的每一单位容量获得当前最大的单位效益，结果是一个最优解，因为每一单位容量的增加将获得最大的单位效益值。

因此，对该问题的求解要先将物品按 pi/wi 比值的非增次序排序（降序），则可获得该量度标准下的最优解。把这个贪心解与任一最优解相比较，如果这两个解不同，就去找开始不同的第一个 $x_i$，然后设法用贪心解的这个 $x_i$ 去代换最优解的那个 $x_i$，并证明最优解在分量代换前后的总效益值无任何变化。反复进行这种代换，直到新产生的最优解与贪心解完全一样，从而证明了贪心解就是最优解（证明过程略）。

## 4.5.4  案例实现

本案例的 C 语言实现如下。

```c
#include < stdio. h >
#define MAXSIZE 100
#define N 8

// 数据类型定义
int board[8][8];              // 定义棋盘
int Hx[8] = {1, -1, -2,2,2,1, -1, -2};
                              // 存储马各个出口位置相对当前位置行下标的增量数组
int Hy[8] = {2, -2,1,1, -1, -2,2, -1};
// 存储马各个出口位置相对当前位置列下标的增量数组
struct Stack{                 // 定义栈类型
    int i;                    // 行坐标
    int j;                    // 列坐标
    int director;             // 存储方向
}stack[MAXSIZE];              // 定义一个栈数组
int top = -1;                 // 栈指针

// 函数声明
void InitLocation(int xi,int yi); // 马在棋盘上的起始位置坐标
int TryPath(int i,int j);         // 马每个方向进行尝试,直到试完整个棋盘
void Display();                   // 输出马行走的路径

// 起始坐标函数模块
```

```
void InitLocation( int xi,int yi)
{
    int x,y;                        // 定义棋盘的横纵坐标变量
    top + + ;                       // 栈指针指向第一个栈首
    stack[ top]. i = xi;            // 将起始位置的横坐标进栈
    stack[ top]. j = yi;            // 将起始位置的纵坐标进栈
    stack[ top]. director = - 1;    // 将起始位置的尝试方向赋初值
    board[ xi][ yi] = top + 1;      // 标记棋盘
    x = stack[ top]. i;             // 将起始位置的横坐标赋给棋盘的横坐标
    y = stack[ top]. j;             // 将起始位置的纵坐标赋给棋盘的纵坐标
    if( TryPath( x,y))              // 调用马探寻函数,如果马探寻整个棋盘返回1 否则返回0
        Display( );                 // 输出马的行走路径
    else
        printf( "无解");
}
// 探寻路径函数模块
int TryPath( int i,int j)
{
    int find,director,number,min;   //定义几个临时变量
    int i1,j1,h,k,s;                //定义几个临时变量
    int a[8],b1[8],b2[8],d[8];      //定义几个临时数组
    while( top > - 1)               //栈不空时循环
    {
        for( h = 0;h < 8;h + + )    // 用数组 a[8]记录当前位置的下一个位置的可行路
径的条数
        {
            number = 0;
            i = stack[ top]. i + Hx[ h];
            j = stack[ top]. j + Hy[ h];
            b1[ h] = i;
            b2[ h] = j;
            if( board[ i][ j] = = 0&&i > = 0&&i < 8&&j > = 0&&j < 8)      // 如果找到下
一位置
            {
                for( k = 0;k < 8;k + + )
                {
                    i1 = b1[ h] + Hx[ k];
                    j1 = b2[ h] + Hy[ k];
```

```
                if(board[i1][j1] = = 0&&i1 > = 0&&i1 < 8&&j1 > = 0&&j1 < 8)
                    number + + ;            // 记录条数
            }
            a[h] = number;                   // 将条数存入数组 a[8]中
        }
    }
    for(h = 0;h < 8;h + + )        // 根据可行路径条数小到大按下表排序放入数组 d[8]中
    {
        min = 9;
        for(k = 0;k < 8;k + + )
            if(min > a[k])
            {
                min = a[k];
                d[h] = k;        // 将下表存入数组 d[8]中
                s = k;
            }
        a[s] = 9;
    }
    director = stack[top].director;
    if(top > = 63)                           // 如果走完整个棋盘返回 1
        return (1);
    find = 0;                                // 表示没有找到下一个位置
    for(h = director + 1;h < 8;h + + )      // 向八个方向进行探寻
    {
        i = stack[top].i + Hx[d[h]];
        j = stack[top].j + Hy[d[h]];
        if(board[i][j] = = 0&&i > = 0&&i < 8&&j > = 0&&j < 8)  // 如果找到下一位置
        {
            find = 1;        // 表示找到下一个位置
            break;
        }
    }
    if(find = = 1)                   // 如果找到下一个位置进栈
    {
        stack[top].director = director;       // 存储栈结点的方向
        top + + ;                             // 栈指针前移进栈
        stack[top].i = i;
```

```
                stack[top].j = j;
                stack[top].director = -1;        // 重新初始化下一栈结点的尝试方向
                board[i][j] = top + 1;           // 标记棋盘
            }
        else                                     // 否则退栈
            {
                board[stack[top].i][stack[top].j] = 0;// 清除棋盘的标记
                top - -;                         // 栈指针前移退栈
            }
        }
    return (0);
}


// 输出路径函数模块
void Display( )
{
    int i,j;
    for(i = 0;i < N;i + + )
    {
        for(j = 0;j < N;j + + )
            printf("\t%d   ",board[i][j]);    // 输出马在棋盘上走过的路径
        printf("\n\n");
    }
        printf("\n");
}
// 主程序模块
void main( )
{
    int i,j;
    int x,y;
    for(i = 0;i < N;i + + )                   // 初始化棋盘
        for(j = 0;j < N;j + + )
            board[i][j] = 0;
    for( ; ; )
    {
        printf("请输入棋子起始坐标(1 < = x < = 8 and 1 < = y < = 8)\n");
        printf("请输入行坐标 x = ");
        scanf("%d",&x);                       // 输入起始位置的横坐标
```

```
            printf("请输入列坐标 y = ");
            scanf("%d",&y);                    // 输入起始位置的纵坐标
            if(x > =1&&x < =8&&y > =1&&y < =8)break;
            printf("Your input is worng!!! \n");
        }
        printf("从位置%d 开始:\n\n", 8 * (x -1) + y);
        InitLocation(x -1,y -1);               // 调用起始坐标函数
    }
```

运行结果如图 4 - 19 所示。

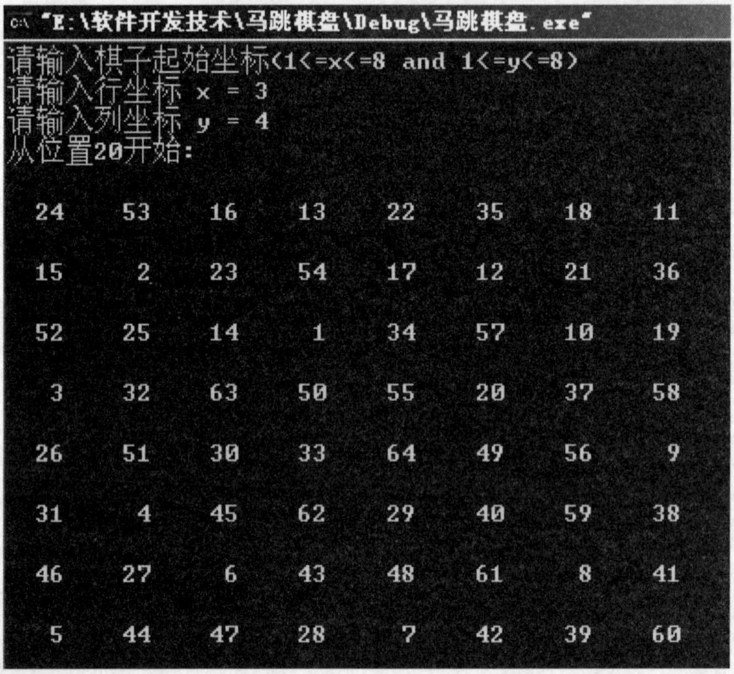

图 4 - 19 案例实现结果

## 4.5.5 技能训练

【题目】:均分纸牌。有 N 堆纸牌,编号分别为 1,2,…,N。每堆上有若干张,但纸牌总数必为 N 的倍数。可以在任一堆上取若干张纸牌,然后移动。移牌规则为:在编号为 1 堆上取的纸牌,只能移到编号为 2 的堆上;在编号为 N 的堆上取的纸牌,只能移到编号为 N-1 的堆上;其他堆上取的纸牌,可以移到相邻左边或右边的堆上。现在要求找出一种移动方法,用最少的移动次数使每堆上纸牌数都一样多。例如 N =4,4 堆纸牌数分别为:①9,②8,③17,④6。移动 3 次可达到目的:

从③取 4 张牌放到④(9 8 13 10) - > 从③取 3 张牌放到②(9 11 10 10) - >从②取 1 张牌放到①(10 10 10 10)。

[输入]：输入 N 的值(1－100)和每一堆扑克牌的张数。

[输出]：输出至屏幕。格式为：所有堆均达到相等时的最少移动次数。

[输入输出样例]：

 4

 9 8 17 6

屏幕显示：3

【要求】：合理设置量度标准，完成如下要求。

(1)分析此题使用贪心算法是否可行。

(2)如果可行请给出分析过程和程序源码；如果不可行请给出理由。

# 第 5 部分　软件测试与维护

❖ **知识目标：**

\* 了解软件测试的基本概念。

\* 知道软件测试策略与方法。

\* 学会黑盒测试与白盒测试方法。

\* 了解软件维护相关知识。

❖ **技能目标：**

\* 掌握软件测试步骤与系统测试方案设计。

\* 掌握黑盒测试及其用例设计。

\* 掌握白盒测试及其用例设计。

\* 掌握软件维护技术。

## 永远记住自己是团队的一份子

素养宝典

　　相传佛教创始人释迦牟尼曾问他的弟子："一滴水怎样才能不干涸？"弟子们面面相觑，无法回答。释迦牟尼说："把它放到大海里去。"

　　在非洲的草原上如果见到羚羊在奔跑，那一定是狮子来了；如果见到狮子在躲避，那就是象群发怒了；如果见到成百上千的狮子和大象集体逃命的壮观景象，那是什么来了——蚂蚁军团！蚂蚁是何等的渺小微弱，任何人都可以随意处置它，但它的团队连兽中之王也要退避三舍。

　　同样的道理，一个人的力量是有限的，只有融入到团队中才能发挥自己最大的能力，团队中有我，我是团队的一员，完美的团队在团队目标达到的同时也实现了自己的目标。

# 任务 5.1　制定 SAGM 的系统测试方案

## 5.1.1　案例描述

### Microsoft 公司的经验教训

在 20 世纪 80 年代初期，Microsoft 公司的许多软件产品出现了"Bug"。比如，在 1981 年与 IBM PC 机一起推出的 BASIC 软件，用户在用"1"（或者其他数字）除以 10 时，就会出错。在 FORTRAN 软件中也存在破坏数据的"Bug"。由此激起了许多采用 Microsoft 操作系统的 PC 厂商的极大不满，而且很多个人用户也纷纷投诉。Microsoft 公司的经理们发觉很有必要引进更好的内部测试与质量控制方法。但是遭到很多程序设计师甚至一些高级经理的坚决反对，他们固执地认为在高校学生、秘书或者外界合作人士的协助下，开发人员可以自己测试产品。在 1984 年推出 Mac 机的 Multiplan（电子表格软件）之前，Microsoft 曾特地请 Arthur Anderson 咨询公司进行测试。但是外界公司一般没有能力执行全面的软件测试。结果，一种相当厉害的破环数据的"Bug"迫使 Microsoft 公司为它的 2 万多名用户免费提供更新版本，代价是每个版本 10 美元，一共花了 20 万美元，可谓损失惨重。

痛定思痛后，Microsoft 公司的经理们得出一个结论：如果再不成立独立的测试部门，软件产品就不可能达到更高的质量标准。IBM 和其他有着成功的软件开发历史的公司便是效法的榜样。但 Microsoft 公司并不照搬 IBM 的经验，而是有选择地采用了一些看起来比较先进的方法，如独立的测试小组，自动测试以及为关键性的构件进行代码复查等。Microsoft 公司的一位开发部门主管戴夫·穆尔回忆说："我们清楚不能再让开发部门自己测试了。我们需要有一个单独的小组来设计测试，运行测试，并把测试信息反馈给开发部门。这是一个伟大的转折点。"

但是有了独立的测试小组后，并不等于万事大吉了。自从 Microsoft 公司在 1984 年与 1986 年之间扩大了测试小组后，开发人员开始"变懒"了。他们把代码扔在一边等着测试，忘了唯有开发人员自己才能阻止错误的发生、防患于未然。此时，Microsoft 公司历史上第二次大灾难降临了。原定于 1986 年 7 月发行的 Mac 机的 Word 3.0，千呼万唤方于 1987 年 2 月问世。这套软件竟然有 700 多处错误，有的错误可以破坏数据甚至摧毁程序。一下子就使 Microsoft 名声扫地。公司不得不为用户免费提供升级版本，费用超过了 100 万美元。

## 5.1.2　案例分析

看来我们怎么强调软件测试的重要性都不过分，没有经过测试就推出的软件产品，无异于给我们自己埋了一颗定时炸弹。软件测试是提高软件质量的重要手段，是软件质量控制的关键措施。因为在需求分析、总体设计、详细设计和实现功能等一系列软件生命周期的生产活动过程中，都是由人参与完成的，每一步都可能存在错误，隐藏缺陷。软件测试的目的正是为了尽可能多地发现软件中隐藏的错误和缺陷，以改正错误、弥补缺陷，进而保证软件质量。

历史上因为软件测试没有搞好，由软件缺陷引发事故付出惨痛代价的案例还有很多，像Intel 计算错误，公司不得不拿 4 个亿来更换芯片；1999 年研发人员没有进行集成测试，导致美国火星探测器坠毁；2000 年全世界为了解决千年虫问题而花费数亿美元等。

由此可以看出，软件测试的重要性不亚于软件开发，测试可以发现一些不可预料的问题，也可以避免一些意想不到的损失。测试是所有工程学科的基本组成单元，是软件开发的重要部分。自从有了程序设计，测试就一直伴随着。统计表明，在典型的软件开发项目中，软件测试工作量往往占软件开发总工作量的 40% 以上。而在软件开发的总成本中，用在测试上的开销要占 30% 到 50%。如果把维护阶段也考虑在内，讨论整个软件生存期时，测试的成本比例也许会有所降低，但实际上维护工作相当于二次开发，乃至多次开发，其中必定还包含有许多测试工作。因此，测试对于软件生产来说是必需的环节，本节重点介绍软件测试的相关概念和基本技术，并制定高校教职工津贴发放管理(SAGM)系统的系统测试方案。

## 5.1.3　知识准备

### 5.1.3.1　软件测试基本概念

#### 1）软件测试的定义

对于软件测试许多专家给出了各种各样的定义。比如以正向思维定义软件测试的 Bill Hetzel 博士认为"评价一个程序和系统的特性或能力，并确定它是否达到期望的结果。软件测试就是以此为目的的任何行为，是一种对软件建立信心的过程"。而反向思维的代表人物 Glenford J. Myers 认为"测试是为发现错误而执行一个程序或者系统的过程"，"一个成功的测试是发现了以前未发现的错误的测试"。和软件测试正向思维的定义一样，软件测试反向思维指的也是软件的执行和运行，而不是全程的软件测试的概念，因此，都是一种狭义上的软件测试定义。

随着软件和 IT 行业的大发展，软件趋向大型化和高复杂度，软件的质量越来越重要。IEEE(Institute of Electrical and Electronics Engineers，电气电子工程师协会)给出了这样的定义："由人工或自动方法来执行或评价系统或系统部件的过程，以验证它是否满足规定的需求，或识别出期望的结果和实际结果的差别"。

因此，广义上讲软件测试是对软件需求分析、设计说明和编码进行复审等软件质量保证工作。狭义上讲软件测试是为了发现错误而执行程序的过程。换言之，软件测试是根据软件开发各个阶段的规格说明和程序的内部结构而精心设计的一些测试用例，并利用这些测试用例去运行程序，发现错误的过程。

从以上对软件测试的定义可以看出，对软件测试的认识是一个由单纯发现错误为目的，到验证确认软件功能特性，评估软件质量为目的的过程。我们也可以说，软件测试是软件投入运行前，对软件的需求分析、设计规格说明和编码的最终复审。

#### 2）基本术语

(1)错误(Error)。人们会犯错误，很接近的一个同义词是过错(Mistake)。程序员编写代码时会出现过错，我们把这种过错叫做 Bug。错误可能会扩散，需求的错误在设计期间可能被放大，在编写代码时还会进一步扩大。

（2）缺陷（Fault）。缺陷是错误的结果，或者就是错误的表现。可以将故障分为过错性缺陷和遗漏性缺陷。如果把某些信息添加进不正确的表示中，就是过错性缺陷；如果缺少了正确的信息，就是遗漏性缺陷。缺陷可能会很难捕获，当设计人员出现遗漏错误时，所导致的缺陷使得本应该表现的内容被遗漏。

（3）失效（Failure）。当包含缺陷的程序执行时会发生失效。注意失效只出现在可执行的表现中，通常是源代码，或更确切地说是被装载的目标代码，并且它也只与过错性缺陷有关。那么如何处理遗漏性缺陷的失效呢？如怎样处理在执行中从来不发生，或可能在相当长的时间不会发生的缺陷呢？米开朗基罗（Michelangelo）病毒就是这种缺陷的例子，这种病毒只有到米开朗基罗3月6日的生日那天发作。采用评审的办法，通过发现缺陷来避免失效的发生，而有效的评审能够找出遗漏性缺陷。

（4）事件（Incident）。当出现失效时，给用户（或客户或测试人员）的提示。并非所有失效都会出现提示。事件说明出现了某失效情况，警告用户注意。

（5）测试（Test）。测试是要处理错误、缺陷、失效和事件。测试采用测试用例执行软件。

（6）基本块（Basic Block）。一个或多个顺序的可执行语句块，不包含任何分支语句。

（7）测试用例（Test Case）。用于特定目标而开发的一组输入、预置条件和预期结果。

**3）软件测试与软件调试的区别**

必须明确，调试和测试是两个不同的概念。软件调试本身的目的是尽可能多地找出程序的错误，进而定位和改正这些错误，使程序能够正常运行。软件测试是按照需求和软件测试技术对调试成功的程序找出潜在的隐患和缺陷，目的是提高程序的质量，进而保证软件质量。

另外，测试是从已知的条件开始，使用预先定义的过程，并且有预知的结果；调试是从未知的条件开始，结束的过程可能不可预计。测试的对象包括软件开发过程中的文档、数据以及代码，而调试的对象一般来说只是代码。

综上，不难得出，测试不等同于调试。软件测试可以发现由于软件存在的缺陷引起的失效；而软件调试是一种开发活动，用来识别引起缺陷的原因和采取解决方案来修改代码。二者都是软件开发周期中必不可缺少的活动。

**4）软件测试的分类**

按照划分方法的不同，软件测试有不同的分类。

（1）按照测试用例的设计方法划分，软件测试可分为黑盒测试、白盒测试和灰盒测试。

（2）按照开发阶段划分，软件测试可分为单元测试、集成测试、确认测试、系统测试和验收测试。

（3）按照测试实施组织划分，软件测试可分为开发方测试（α 测试）、用户测试（β 测试）、第三方测试。

（4）按照测试技术划分，软件测试可分为静态测试和动态测试。同时，还有强度测试、压力测试、性能测试、界面测试、文档测试、安装/反安装测试等。

本书后面任务中将重点介绍黑盒测试和白盒测试方法。

**5.1.3.2　软件测试目标、原则和过程**

**1）软件测试的目标**

软件测试的目标是以较少的用例、时间和人力找出软件潜在的各种错误和缺陷，以确保系统的质量。

从测试的定义我们可以发现测试的目标——是为了发现程序中的错误而进行的过程。一个好的测试方案是极可能发现迄今为止尚未发现的错误的测试方案。

正确认识测试的目标是十分必要的，只有这样，才能设计出最能暴露错误的设计方案。此外，我们应该认识到：测试只能证明程序中错误的存在，但不能证明程序中没有错误。例如为了测试系统的并发能力，测试了 2000 万次没有错误，但是不能证明系统在执行了 2000 万次之后没有问题。

**2）软件测试的基本原则**

在设计和开始有效测试之前，测试人员必需理解软件测试的基本原则。

（1）所有的测试都应追溯到用户需求。正如我们所知：软件测试的目标在于揭示错误。而最严重的错误（从用户角度来看）是那些导致程序无法满足需求的错误。

（2）应该在测试工作真正开始前的较长时间内就进行测试计划。测试计划可以在需求模型一完成就开始，详细的测试用例定义可以在设计模型被确定后立即开始。因此，所有测试应该在任何代码编写前就进行计划和设计。

（3）Pareto 原则应用于软件测试。简单地讲，Pareto 原则暗示着测试发现的错误中的 80% 很可能起源于程序模块中的 20%。当然，问题在于如何孤立这些有疑点的模块并进行彻底的测试。

（4）测试应从"模块"开始，逐步转向"系统"。最初的测试通常把焦点放在单个程序模块上，进一步测试的焦点则转向在集成的模块接口间中寻找错误，最后在整个系统中寻找错误。

（5）穷举测试是不可能的。即使是一个大小适度的程序，其路径排列的数量也非常大。因此，在测试中不可能运行路径的每一种组合。然而，充分覆盖程序逻辑，并确保程序设计中使用的所有条件是有可能的。

（6）为了达到最佳效果，应该由独立的第三方来构造测试。"最佳效果"指最有可能发现错误的测试（测试的主要目标），所以创建系统的软件工程师并不是构造软件测试的最佳人选，程序员也应该避免检查自己的程序。

（7）不充分的测试是不负责任的；过分的测试是一种资源的浪费，同样也是一种不负责任的表现。

另外，测试人员在软件测试环节，还需要遵循以下原则：

①应当把"尽早和不断的测试"作为开发者的座右铭。各种数据统计显示，软件开发过程中，发现错误的时间越晚，修复它所花费的成本越大。

②设计测试用例时应该考虑到合法的输入和不合法的输入以及各种边界条件，特殊情况下要制造极端状态和意外状态，比如网络异常中断、电源断电等情况。

③一定要注意测试中的错误集中发生现象，这和程序员的编程水平和习惯有很大的关系。

④对测试错误结果一定要有一个确认的过程，一般有 A 测试出来的错误，一定要有一个 B 来确认，严重的错误可以召开评审会进行讨论和分析。

⑤制定严格的测试执行计划，并把测试时间安排的尽量宽松，不要希望在极短的时间内完成一个高水平的测试。

⑥回归测试的关联性一定要引起充分的注意，修改一个错误而引起更多的错误出现的现

象并不少见。

⑦妥善保存一切测试过程文档，意义是不言而喻的，测试的重现性往往要靠测试文档。

**3）软件测试过程**

软件测试不仅仅是对程序的测试。软件测试贯穿软件开发的全过程，为了确保软件的质量，对软件测试的过程应进行严格的管理。一般测试的过程是这样的：首先组织成立测试团队，然后设计测试用例，接着执行测试。每次测试都要写出缺陷报告，有时候还要进行回归测试，测试结束后，进行测试分析和软件发布。如图 5 - 1 所示。

测试团队由测试经理和若干测试工程师组成。人员比例通常是 1:3，一个开发工程师对应有三个测试工程师。

然后对测试工程师进行任务分配，一种是按项目分配任务；另一种是按照制定测试计划、设计测试用例、执行测试和测试分析等测试流程划分，流水作业。

前一种适合测试人员较少的情况，后一种适用于测试人员充足的情况。

测试经理的职责是对整个项目进行监督、指导、培训和协调开发人员的工作等。测试工程师的一个重要素质是能够善于沟通、讲求团队合作，在测试过程中要和开发人员经常沟通。

软件发布的重要内容是：对软件测试方法的描述、对软件的评价、软件的版本描述和软件的主要功能说明等。

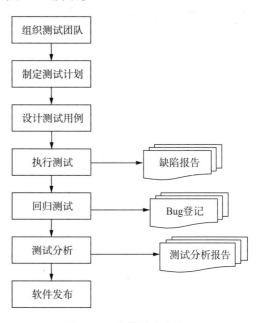

图 5 - 1　软件测试过程

**5.1.3.3　软件测试策略**

软件测试至少要经过如图 5 - 2 所示的 5 个必须的步骤进行，即单元测试、集成测试、确认测试、系统测试和验收测试。单元测试是对用源代码实现的每一个程序单元进行测试，检查各个程序模块是否正确地实现了规定的功能。然后根据设计规定的软件体系结构，把已测试过的模块组装起来，进行集成测试。在组装过程中检查程序结构组装的正确性。确认测试则是检查已实现的软件是否满足了需求规格说明中确定的各种需求，以及软件配置是否完全、正确。最后是系统测试，把已经经过确认的软件纳入实际运行环境中，与其他系统成份组合在一起进行测试。而验收测试是一种软件正式发布前的需要用户参与的测试，主要是验证功能的正确性和需求的符合性。

**1）单元测试**

单元测试(Unit Testing)是针对程序模块进行正确性检验的测试，单元测试需要从程序的内部结构出发设计测试用例，多个模块可以并行地独立进行单元测试。其测试的内容主要包括以下几个方面。

(1)模块接口测试：对通过被测模块的数据流进行测试。为此，对模块接口，包括参数表、调用子模块的参数、全程数据、文件输入/输出操作都必须检查。

(2)局部数据结构测试：设计测试用例检查数据类型说明、初始化、缺省值等方面的问题，还有查清全程数据对模块的影响。

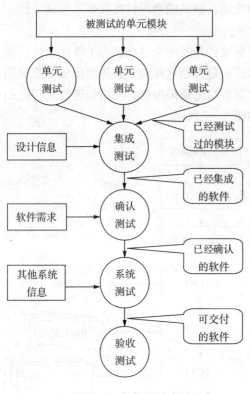

图5-2　软件测试步骤

（3）路径测试：选择适当的测试用例，对模块中重要的执行路径进行测试。对基本执行路径和循环进行测试可以发现大量的路径错误。

（4）错误处理测试：检查模块的错误处理功能是否包含有错误或缺陷。

（5）边界测试：要特别注意数据流、控制流中刚好等于、大于或小于确定的比较值时出错的可能性。

此外，如果对模块运行时间有要求的话，还要专门进行关键路径测试，以确定最坏情况下和平均意义下影响模块运行时间的因素。这类信息对进行性能评价是十分有用的。

**2）集成测试**

集成测试（Integrated Testing）即在单元测试的基础上，把已经测试过的模块按照设计要求组装起来，成为系统。在组装过程中，检查程序结构组装的正确性，进行测试。这时需要考虑以下问题。

在把各个模块连接起来时，穿越模块接口的数据是否会丢失？

一个模块的功能是否会对另一个模块的功能产生不利的影响？

各个子功能组合起来，能否达到预期要求的父功能？

全局数据结构是否有问题？

单个模块的误差累积起来是否会放大，从而达到不能接受的程度？

单个模块的错误是否会导致数据库错误？

在集成测试阶段有时候会用到回归测试（Regression Testing）方法。这种方式采取自顶向下的方式测试被修改的模块及其子模块，然后将这一部分视为子系统，再自底向上测试，以检查该子系统与其上级模块的接口是否匹配。回归测试通常用于当测试发现错误并对错误进行修改后的系统，再用已运行过的测试用例子集进行测试，以验证修改后的软件不会带来另外的错误。

**3）确认测试**

确认测试（Validation Testing）又称有效测试。它的任务是验证软件的有效性，即验证软件的功能和性能及其他特性是否与用户的要求一致。在软件需求规格说明书描述了全部用户可见的软件属性，其中有效性准则包含的信息就是软件确认测试的基础。

**4）系统测试**

所谓系统测试（System Testing），是通过确认测试的软件，作为整个基于计算机系统的一个元素，与计算机硬件、外设、某些支持软件、数据和人员等其他系统元素结合在一起，在实际运行（使用）环境下，对计算机系统进行一系列的集成测试和确认测试。

系统测试的目的在于通过与系统的需求定义作比较，发现软件与系统定义不符合或与之矛盾的地方。系统测试的测试用例应根据需求分析规格说明来设计，并在实际使用环境下来运行。虽然每个测试都有不同的目的，但所有测试都是为了验证系统已正确地集成在一起且完成了指派的功能，系统测试的常用方法有恢复测试法、安全测试法、压力测试法和性能测试法等。

(1)恢复测试法。恢复测试是通过各种方式强制地让系统发生故障并验证其能适当恢复能力的一种系统侧试。若恢复是自动的(由系统自身完成)，则对重新初始化、检查点机制、数据恢复和重新启动都要进行正确性评估。若恢复需要人工干预，则估算平均恢复时间(Mean-Time-To-Repair，MTTR)，以确定其是否在可接受的范围之内。

(2)安全测试法。安全测试的目的在于验证建立在系统内的保护机制是否能够实际保护系统不受非法入侵。引用 Betzer 的话来说：“系统的安全必须经受住正面的攻击，但是也必须能够经受住侧面和背后的攻击。”

(3)压力测试法。压力测试的目的是使软件面对非正常的情形，以一种反常数量、频率或容量的方式执行系统。例如：正常的中断常量为 5 秒，我们设置 20 秒、100 秒来测验。从本质上来说，压力测试者是试图破坏程序。

(4)性能测试法。性能测试用来测试软件在集成环境中的运行性能，性能测试可以发生在测试过程的所有步骤中。性能测试经常与压力测试一起进行，且常需要硬件和软件相配合。也就是说，在一种苛刻的环境中衡量资源(如，处理器周期)的利用往往是必要的。通过检测系统．测试人员可以发现导致效率降低和系统故障的情形。

**5）验收测试**

验收测试(Acceptance Testing)是以用户为主的测试。软件开发人员和质量保证(QA)人员也应参加。由用户参加设计测试用例，使用用户界面输入测试数据，并分析测试的输出结果。一般使用生产中的实际数据进行测试。在测试过程中，除了考虑软件的功能和性能外，还应对软件的可移植性、兼容性、可维护性、错误的恢复功能等进行确认。验收测试常用的方法有 α(alpha)测试和 β(beta)测试。

(1)α(alpha)测试。α 测试是由一个用户在开发环境下进行的测试，也可以是公司内部的用户在模拟实际操作环境下进行的测试。开发者坐在用户旁边，随时记下错误情况和使用中的问题。这种测试是在受控制的环境下进行的。α 测试的目的是评价软件产品的 FURPS(即功能、可使用性、可靠性、性能和支持)，此时的软件版本称 α 版本。

(2)β(beta)测试。β 测试是由软件的多个用户在一个或多个用户实际使用环境下进行的测试。开发者通常不在测试现场。因而，β 测试是在开发者无法控制的环境下进行的软件现场应用。在 β 测试中，由用户记下遇到的所有问题，包括真实的以及主观认定的，定期向开发者报告，开发者在综合用户的报告之后，做出修改，最后将软件产品交付给全体用户使用。只有当 α 测试达到一定的可靠程度时，才能开始 β 测试。

## 5.1.4　案例实现

高校教职工津贴发放管理(SAGM)系统完全基于软件工程的思想开发，采取黑盒测试为主，白盒测试为辅的测试方法，软件测试贯穿整个开发全过程，严格执行单元测试、集成测试、确认测试、系统测试和验收测试过程。其中系统测试方案如下。

### 1）概述

系统测试是关注系统的外部特性。阅读对象为参加测试用例设计和测试执行的测试工程师和项目经理及相关的开发人员。该方案所包含的测试用例范围包括 SAGM 系统的所有功能测试用例、环境测试用例、性能测试用例以及 UI 测试用例等。

### 2）测试资源和环境

（1）硬件配置：

| 关键项 | 数量 | 性能要求 | 期望到位阶段 |
|---|---|---|---|
| 测试 PC 机 | 40 | P4，主频 2.6GHZ，硬盘 300G，内存 2G，此配置是实际用机 | 需求分析阶段 |
| 数据库服务器 | 1 | IBM 塔式服务器，XSERIES＿ 226，Intel Xeon（TM）CPU 3.20GHZ，3.20GHZ 硬盘 1T，内存 2G，此配置是实际用机 | 需求分析阶段 |

（2）软件配置：

| 资源名称/类型 | 配置 |
|---|---|
| 数据库管理系统 | SQL Server2005 |
| 应用软件 | MICROSOFT　OFFICE、VISIO、VISUAL SOURCESAFE、Microsoft Project |
| 客户端前端展示 | IE6.0 |
| 负载性能测试工具 | VS2005； |
| 功能性测试工具 | MANUAL（手工） |
| 测试管理工具 | None |

（3）测试数据本方案的测试数据来源于测试需求及测试用例。

### 3）测试策略

系统测试类型及各种测试类型所采用的方法、工具等介绍如下：

测试优先级说明：

H – 必须测试

M – 应该测试，只有在测试完所有 H 项后才进行测试

L – 可能会测试，但只有在测试完所有 H 和 M 项后才进行测试

（1）功能测试：

| 测试范围 | 验证数据精确度、数据类型、业务功能等相关方面的正确性 |
|---|---|
| 测试目标 | 核实所有功能均已正常实现，即验证系统管理员、教职工、部门管理员是否可以顺利使用需求列表里的功能达成特定目标，系统是否可以完成相应的后台操作 |
| 技　　术 | 采用黑盒测试、边界测试、等价类划分、数据驱动测试等测试方法 |
| 工具与方法 | 手工测试 |
| 开始标准 | 开发阶段对应的功能完成并且测试用例设计完成 |
| 完成标准 | 95% 测试用例通过并且最高级缺陷全部解决 |
| 测试重点与优先级 | 基础数据管理、津贴下发管理、津贴分配管理、津贴审核等功能 |
| 需考虑的特殊事项 | |

## (2)用户界面(UI)测试:

| | |
|---|---|
| 测试范围 | 1. 导航、链接、Cookie、页面结构包括菜单、背景、颜色、字体、按钮名称、TITLE、提示信息的一致性等。<br>2. 友好性、可操作性(易用性)。 |
| 测试目标 | 核实各个窗口风格(包括颜色、字体、提示信息、图标、TITLE 等等)都与基准版本保持一致,或符合可接受标准,能够保证用户界面的友好性、易操作性,而且符合用户操作习惯。 |
| 技　　术 | WEB 测试通用方法 |
| 工具与方法 | 目测 |
| 开始标准 | 界面开发完成 |
| 完成标准 | UI 符合可接受标准,能够保证用户界面的友好性、易操作性,而且符合用户操作习惯 |
| 测试重点与优先级 | |
| 需考虑的特殊事项 | |

## (3)性能测试:

| | |
|---|---|
| 测试范围 | 多用户长时间在线操作时性能方面的测试 |
| 测试目标 | 核实系统在大流量的数据与多用户操作时软件性能的稳定性,不造成系统崩溃或相关的异常现象 |
| 技　　术 | 自动化测试 |
| 工具与方法 | VS2005 |
| 开始标准 | 自动化测试脚本设计并评审通过且项目组移交系统测试 |
| 完成标准 | 系统满足用户需求中所要求的性能要求 |
| 测试重点与优先级 | |
| 需考虑的特殊事项 | |

## (4)安全性测试:

| | |
|---|---|
| 测试范围 | 用户、管理员的密码安全;权限 ;非法攻击 |
| 测试目标 | 1. 用户、管理员的密码管理<br>2. 应用程序级别的安全性:核实用户只能操作其所拥有权限能操作的功能。<br>3. 系统级别的安全性:核实只有具备系统访问权限的用户才能访问系统。 |
| 技　　术 | 代码包或者非法攻击工具 |
| 工具与方法 | 手工测试 |
| 开始标准 | 功能测试完成 |
| 完成标准 | 执行各种非法操作无安全漏洞且系统使用正常 |
| 测试重点与优先级 | |
| 需考虑的特殊事项 | |

（5）兼容性测试：

| 测试范围 | 1. 使用不同版本的不同浏览器、分辨率、操作系统分别进行测试。<br>2. 不同操作系统、浏览器、分辨率和各种运行软件等各种条件的组合测试。 |
|---|---|
| 测试目标 | 核实系统在不同的软件和硬件配置中运行稳定 |
| 技　术 | 黑盒测试 |
| 工具与方法 | 手工测试 |
| 开始标准 | 项目组移交系统测试 |
| 完成标准 | 在各种不同版本不同类项浏览器、操作系统或者其组合下均能正常实现其功能（非 Windows 系统除外） |
| 测试重点与优先级 | |
| 需考虑的特殊事项 | |

（6）回归测试：

| 测试范围 | 所有功能、用户界面、兼容性、安全性等测试类型 |
|---|---|
| 测试目标 | 核实执行所有测试类型后功能、性能等均达到用户需求所要求的标准 |
| 技　术 | 黑盒测试 |
| 工具与方法 | 手工测试和自动化测试 |
| 开始标准 | 每当被测试的软件或其环境改变时在每个合适的测试阶段上进行回归测试 |
| 完成标准 | 95% 的测试用例执行通过并通过系统测试 |
| 测试重点与优先级 | 测试优先级以测试需求的优先级为参照 |
| 需考虑的特殊事项 | 软硬件设备问题 |

### 4）测试实施阶段

| 测试类型 | 测试阶段 | | | | |
|---|---|---|---|---|---|
| | 单元测试 | 集成测试 | 确认测试 | 系统测试 | 验收测试 |
| 功能测试 | × | √ | √ | √ | × |
| 性能测试 | × | √ | √ | √ | × |
| 安全性测试 | × | √ | √ | √ | × |
| 兼容性测试 | × | √ | √ | √ | × |
| 用户界面（UI）测试 | | × | √ | √ | × |
| 回归测试 | 每当被测试的软件或其环境改变时在每个合适的测试阶段上进行回归测试 | | | | |

备注："√"表示由测试组执行，"×"表示由项目组执行。

### 5）测试通过标准

系统无业务逻辑错误和二级的 Bug。经确定的所有缺陷都已得到了商定的解决结果。所设计的测试用例已全部重新执行，已知的所有缺陷都已按照商定的方式进行了处理，而且没有发现新的缺陷。

注：缺陷的严重等级说明：

A：严重影响系统运行的错误；

B：功能方面一般缺陷，影响系统运行；

C：不影响运行但必须修改；

D：合理化建议。

## 6）测试需求及测试用例追溯表

参照测试需求列表及测试用例列表。

## 7）测试用例模板

{用户登录}

| 用例 ID 号 | SAGM – TC – Login – 01 | 用例名称 | 用户登录 | 测试方法 | MANUAL |
|---|---|---|---|---|---|
| 测试目的 | 验证用户登录的流程符合业务逻辑，且用户使用时不会产生疑问 | | | | |
| 前提条件 | 用户登录功能已实现 | | 特殊要求 | 无 | |
| 测试过程 | | | | | |

| 编号 | 输入/动作 | 期望的输出/响应 | 实际情况 |
|---|---|---|---|
| 1 | 使用合法用户名和密码登陆 | 登陆成功 | |
| 2 | 使用错误的用户名或密码登陆 | 显示用户名或密码错误提示信息 | |
| 3 | 用户名为空登陆 | 显示请输入用户名提示信息 | |
| 4 | 改变合法用户名或密码大小写登陆 | 显示用户名或密码错误提示信息 | |
| 5 | 在合法用户名或密码前插入空格 | 显示用户名或密码错误提示信息 | |
| 6 | 在合法用户名或密码中间插入空格 | 显示用户名或密码错误提示信息 | |
| 7 | 在合法用户名或密码后插入空格 | 显示用户名或密码错误提示信息 | |
| 8 | 使用已被禁用的账号登陆 | 显示账号被禁用等相应提示信息 | |
| 9 | 使用已被删除的账号登陆 | 显示不存在此用户等相应提示信息 | |
| 10 | 登陆界面是否支持快捷键，如 Tab，Enter 键 | Tab 键能按照顺序切换焦点，Enter 键能焦点于登陆按钮上 | |
| 11 | 密码为空进行登陆 | 显示请输入密码，密码不能为空提示信息 | |
| 12 | 用户名和密码均为空登陆 | 显示请输入用户名和密码提示信息 | |
| 13 | 用户名中含有全角字符登陆 | 显示用户名或密码错误提示信息 | |
| 14 | 密码中含有全角字符登陆 | 显示用户名或密码错误提示信息 | |

## 8）测试进度

| 测试用例 ID | 开始日期 | 完成日期 | 测试人 | 备注 |
|---|---|---|---|---|
| SAGM – TC – Login – 01 | | | | 用户登录 |
| SAGM – TC – ChPW – 01 | | | | 修改密码 |
| SAGM – TC – GRXX – 01 | | | | 个人信息管理 |
| SAGM – TC – JTCX – 01 | | | | 津贴查询 |
| SAGM – TC – JSXC – 01 | | | | 教师相册 |
| SAGM – TC – JSTXL – 01 | | | | 教师通讯录 |
| SAGM – TC – JTXF – 01 | | | | 津贴下发功能 |
| SAGM – TC – JTXF – 02 | | | | 津贴审核功能 |
| SAGM – TC – JTXF – 03 | | | | 部门余额统计 |
| SAGM – TC – JTXF – 04 | | | | 银行报表 |
| SAGM – TC – JTFP – 01 | | | | 津贴分配功能 |
| SAGM – TC – JTFP – 02 | | | | 签字报表 |
| SAGM – TC – JTFP – 03 | | | | 本部门余额 |

续表

| 测试用例 ID | 开始日期 | 完成日期 | 测试人 | 备注 |
|---|---|---|---|---|
| SAGM – TC – JTFP – 04 | | | | 班主任设定 |
| SAGM – TC – JCSJ – 01 | | | | 部门管理 |
| SAGM – TC – JCSJ – 02 | | | | 教职工管理 |
| SAGM – TC – JCSJ – 03 | | | | 津贴类型管理 |
| SAGM – TC – JCSJ – 04 | | | | 班主任类型管理 |
| SAGM – TC – QX – 01 | | | | 权限分配 |
| SAGM – TC – QX – 02 | | | | 角色功能管理 |
| SAGM – TC – DATA – 01 | | | | 数据库维护 |
| 回归测试 | | | | |

注: 1. 遇到前后台相互结合的部分, 比如在后台操作后需要前台验证的, 要一起进行测试;
    2. 在测试执行过程中, 测试经理要对整体的 SAGM 系统进行测试把关。

## 5.1.5 技能训练

【题目】: 给定某学生学籍管理系统源代码, 在《软件开发技术》省级精品课程网站"学生作品"栏目下载, 地址为: http://jpkc.lzpcc.edu.cn/12/sxj/uploadfiles/2011102512926579.rar。系统登录:

管理员: admin

密　码: 123456

【要求】: 根据高校教职工津贴发放管理(SAGM)系统测试方案, 制定学生学籍管理系统的系统测试方案。

# 任务 5.2　进行部门管理的功能测试

## 5.2.1 案例描述

高校教职工津贴发放管理系统中, 部门是津贴接受和分配的核心实体, 由前面系统测试方案得知, SAGM – TC – JCSJ – 01 是部门管理的测试用例编号, 请合理设计具体案例内容, 并执行部门管理的功能测试。部门管理操作首页如图 5 – 3 所示。

## 5.2.2 案例分析

测试用例的设计是测试过程的一个关键步骤, 按照测试用例的不同出发点, 可以分为黑盒测试和白盒测试。一般来讲, 在单元测试时使用白盒测试, 而其余测试采用黑盒测试。案例中，要进行部门管理的功能测试，重点测试部门的添加、修改、删除等关键功能是否符合设计逻辑，满足用户操作要求，利用黑盒测试法应该能很好的实现它。

本案例中，我们重点学习黑盒测试及其用例设计技术。

您好 【周立民】，角色：【系统管理员】登陆时间是：27/1/2013 PM 3:08:32，目前在线1人　　　设为首页

| 部门名称 | 编辑 | 删除 |
| --- | --- | --- |
| 院办 | 编辑 | 删除 |
| 纪监办公室 | 编辑 | 删除 |
| 党委组织部 | 编辑 | 删除 |
| 党委宣传部 | 编辑 | 删除 |
| 人事处 | 编辑 | 删除 |
| 计财处 | 编辑 | 删除 |
| 教务处 | 编辑 | 删除 |
| 科技处 | 编辑 | 删除 |
| 学生处 | 编辑 | 删除 |
| 后勤处 | 编辑 | 删除 |
| 保卫处 | 编辑 | 删除 |

左侧导航：
- 教师个人信息
- 津贴下发管理
- 津贴分配管理
- 基础数据维护
  - 部门管理
  - 教师管理
  - 津贴类型设置
  - 班主任类型
- 权限角色管理
  - 权限分配
  - 角色和功能管理
- 数据库维护
  - 数据备份恢复

图 5 - 3　部门管理界面(截图)

## 5.2.3　知识准备

### 5.2.3.1　黑盒测试技术简介

黑盒测试指在软件界面上进行的测试，虽然设计黑盒测试是为了发现错误，它们却被用来证实软件功能的可操作性；证实能很好地接收输入，并正确地产生输出；以及证实对外部信息完整性(例如：数据文件)的保持。黑盒测试主要来检验系统的一些基本特征，很少涉及软件的内部逻辑结构，是一种从用户观点出发的测试。如图 5 - 4 所示。

图 5 - 4　黑盒测试图

测试人员把程序当作一个黑盒子，黑盒中的内容完全不知道，只明确要做到什么，测试过程中力求发现下述类型的错误。

(1)功能不正确或者遗漏了功能。

(2)界面错误。

(3)数据结构错误或者外部信息(例如：数据库)访问错误。

(4)性能错误。

(5)初始化和终止错误。

黑盒测试作为软件功能的测试手段，是重要的测试方法，它主要根据规格说明来设计测试用例。从理论上讲，黑盒测试只有采用穷举输入测试，把所有可能的输入都作为测试情况考虑，才能查出程序中所有的错误。实际上测试情况有无穷多个，人们不仅要测试所有合法的输入，而且还要对那些不合法但可能的输入进行测试。这样看来，完全测试是不可能的，所以我们要进行有针对性的测试，通过制定测试用例指导测试的实施，保证软件测试有组

织、按步骤，以及有计划地进行。

黑盒测试行为必须能够加以量化，才能真正保证软件质量，而测试用例就是将测试行为具体量化的方法之一。具体的黑盒测试用例设计方法包括等价类划分法、边界值分析法、错误推测法、因果图法、判定表驱动法、正交试验设计法、功能图法等。

### 5.2.3.2 黑盒测试用例设计

#### 1）等价类划分法

等价类划分是一种典型的黑盒测试方法。它是把所有可能的输入数据，即程序的输入域划分成若干个子集，然后从每一个子集中选取少数具有代表性的数据作为测试用例。它表示对于揭露程序中的错误来说，集合中的每个输入条件是等效的，具有等价特性。因此我们只要在一个集合中选取一个测试数据即可检验程序在一大类情况下的运行情况。

等价类划分为有效等价类和无效等价类两种。

（1）有效等价类。有效等价类指的是对程序的规格说明来说，是有意义的、合理的输入数据所构成的集合。利用它来检验程序是否满足了规格说明所定义的功能和性能。在具体问题中，有效等价类可以是一个，也可以是多个。

（2）无效等价类。无效等价类指的是对程序的规格说明来说，是不合理的或无意义的输入数据所构成的集合。利用它可以检验程序对于异常情况的处理。对于具体的问题，无效等价类至少应有一个，也可能有多个。

确定等价类有以下六条原则：

（1）如果输入条件规定了取值范围或值的个数，则可确定一个有效等价类和两个无效等价类。例如，变量 X 取值是范围是 10 到 50，则有效等价类为"$10 \leqslant X \leqslant 50$"，无效等价类为"$X < 10$"及"$X > 50$"。

（2）输入条件规定了输入值的集合，或是规定了"必须如何"的条件，则可确定一个有效等价类和一个无效等价类。

（3）在输入条件是一个布尔量的情况下，可确定一个有效等价类和一个无效等价类。

（4）在规定了输入数据的一组值（假定 n 个），并且程序要对每一个输入值分别处理的情况下，可确立 n 个有效等价类和一个无效等价类。例如，输入条件说明学历可为：教授、副教授、讲师、助教四种之一，则分别取这四种这四个值作为四个有效等价类，另外把四种职称之外的任何职称作为无效等价类。

（5）在规定了输入数据必须遵守的规则的情况下，可确立一个有效等价类（符合规则）和若干个无效等价类（从不同角度违反规则）。

（6）在已划分的等价类中，各元素在程序处理中的方式如果不同，则应将该等价类进一步的划分为更小的等价类。

在确立了等价类后，要求建立等价类表，列出所有划分出的等价类输入条件、有效等价类和无效等价类。表格格式如表 5-1 所示。

表 5-1  等价类表

| 输入条件 | 有效等价类 | 无效等价类 |
|---|---|---|
| …… | …… | …… |

然后从划分出的等价类中按以下步骤设计测试用例：

（1）为每一个等价类规定一个唯一的编号。

（2）设计一个新的测试用例，使其尽可能多地覆盖尚未被覆盖地有效等价类，重复这一步，直到所有的有效等价类都被覆盖为止。

（3）设计一个新的测试用例，使其仅覆盖一个尚未被覆盖的无效等价类，重复这一步，直到所有的无效等价类都被覆盖为止。

**【例 5.1】** 设有一个新生学籍管理系统，要求用户输入以年月表示的日期。假设日期限定在 2008 年 1 月 ~ 2028 年 12 月，并规定日期由 6 位数字字符组成，前 4 位表示年，后 2 位表示月。现用等价类划分法设计测试用例，来测试程序的"日期校验功能"。

（1）划分等价类并编号。

（2）设计测试用例，以便覆盖所有的有效等价类。表 5 - 2 中列出了 3 个有效等价类，编号分别为①、⑤、⑧。

表 5 - 2　日期校验的等价类表

| 输入等价类 | 有效等价类 | 无效等价类 |
| --- | --- | --- |
| 日期的类型及长度 | ①6 位数字字符 | ②有非数字字符<br>③少于 6 位数字字符<br>④多于 6 位数字字符 |
| 年份范围 | ⑤在 2008 ~ 2028 之间 | ⑥小于 2008<br>⑦大于 2028 |
| 月份范围 | ⑧在 01 ~ 12 之间 | ⑨等于 00<br>⑩大于 12 |

（3）有效等价类测试用例。如表 5 - 3 所示。

表 5 - 3　有效等价类测试用例表

| 测试数据 | 期望结果 | 覆盖的有效等价类 |
| --- | --- | --- |
| 201011 | 输入有效 | ①、⑤、⑧ |

（4）为每一个无效等价类设计一个测试用例，如表 5 - 4 所示。

表 5 - 4　无效等价类测试用例表

| 测试数据 | 期望结果 | 覆盖的无效等价类 |
| --- | --- | --- |
| 09zhou | 无效输入 | ② |
| 20096 | 无效输入 | ③ |
| 2010123 | 无效输入 | ④ |
| 200709 | 无效输入 | ⑥ |
| 202901 | 无效输入 | ⑦ |
| 200900 | 无效输入 | ⑨ |
| 201413 | 无效输入 | ⑩ |

**2）边界值分析法**

边界值分析法就是对输入或输出的边界值进行测试的一种黑盒测试方法。通常作为对等价划分法的补充，这种情况下，其测试用例来自等价类的边界。

　　长期的测试工作经验得出，大量的错误是发生在输入或输出范围的边界上，而不是发生在输入输出范围的内部。因此针对各种边界情况设计测试用例，可以查出更多的错误。

　　使用边界值分析方法设计测试用例，首先应确定边界情况。通常输入和输出等价类的边界，就是应着重测试的边界情况。应当选取正好等于，刚刚大于或刚刚小于边界的值作为测试数据，而不是选取等价类中的典型值或任意值作为测试数据。

　　在使用边界值分析方法设计测试用例时，也要遵循以下几点原则：

　　（1）如果输入条件规定了取值范围，则应取刚达到这个范围的边界的值，以及刚刚超越这个范围边界的值作为测试输入数据。

　　（2）如果输入条件规定了值的个数，则用最大个数，最小个数，比最小个数少1，比最大个数多1的数作为测试数据。

　　（3）针对规格说明的每一个输出条件，也可使用以上两个原则设计测试用例。

　　（4）如果程序的规格说明给出的输入域或输出域是有序集合，则应选取集合的第一个元素和最后一个元素作为测试用例。

　　（5）如果程序中使用了一个内部数据结构，则应当选择这个内部数据结构的边界上的值作为测试用例。

　　（6）分析规格说明，找出其他可能的边界条件。

　　【例5.2】　设有一 NextDate 函数包含三个变量：Month 、Day 和 Year ，函数的输出为输入日期后一天的日期。例如，输入为 2012 年 4 月 17 日，则函数的输出为 2012 年 4 月 18 日。要求输入变量 Month 、Day 和 Year 均为整数值，并且满足下列条件：

　　① $1 \leqslant Month \leqslant 12$

　　② $1 \leqslant Day \leqslant 31$

　　③ $2000 \leqslant Year \leqslant 2050$

　　现用边界值分析法设计测试用例，来测试程序的"输入日期检测"功能。

　　从题目中看出，月份、日期和年都有明确的取值范围，也就是说其有效等价类如下：

　　M1 = {月份：$1 \leqslant$ 月份 $\leqslant 12$}

　　D1 = {日期：$1 \leqslant$ 日期 $\leqslant 31$}

　　Y1 = {年：$2000 \leqslant$ 年 $\leqslant 2050$}

　　依据边界值分析法的第一、二条原则，其边界值测试用例如表 5 - 5 所示。

### 3）错误推测法

　　错误推测法是基于经验和直觉推测程序中所有可能存在的各种错误，从而有针对性的设计测试用例的一种黑盒测试方法。

　　基本思想是：列举出程序中所有可能有的错误和容易发生错误的特殊情况，根据他们选择测试用例。例如，测试一个对线性表（比如数组）进行排序的程序，可推测列出以下几项需要特别测试的情况：

　　输入的线性表为空表；

　　表中只含有一个元素；

　　输入表中所有元素已排好序；

　　输入表已按逆序排好；

　　输入表中部分或全部元素相同。

表 5－5　边界值法测试用例表

| 用例编号 | 测试数据 | | | 期望结果 |
|---|---|---|---|---|
| | Month | Day | Year | |
| TC1 | 6 | 15 | 1999 | Year 超出范围 |
| TC2 | 6 | 15 | 2000 | 2000.6.16 |
| TC3 | 6 | 15 | 2001 | 2001.6.16 |
| TC4 | 6 | 15 | 2030 | 2030.6.16 |
| TC5 | 6 | 15 | 2049 | 2049.6.16 |
| TC6 | 6 | 15 | 2050 | 2050.6.16 |
| TC7 | 6 | 15 | 2051 | Year 超出范围 |
| TC8 | 6 | −1 | 2030 | Day 超出范围 |
| TC9 | 6 | 1 | 2030 | 2030.6.2 |
| TC10 | 6 | 2 | 2030 | 2030.6.3 |
| TC11 | 6 | 30 | 2030 | 2030.7.1 |
| TC12 | 6 | 31 | 2030 | 日期超界限 |
| TC13 | 6 | 32 | 2030 | Day 超出范围 |
| TC14 | −1 | 15 | 2030 | Month 超出范围 |
| TC15 | 1 | 15 | 2030 | 2030.1.16 |
| TC16 | 2 | 15 | 2030 | 2030.2.16 |
| TC17 | 11 | 15 | 2030 | 2030.11.16 |
| TC18 | 12 | 15 | 2030 | 2030.12.16 |
| TC19 | 13 | 15 | 2030 | Month 超出范围 |

错误推测法充分发挥人的经验，在一个测试小组中集思广益，方便实用，特别在软件测试基础较差的情况下，很好地组织测试小组（也可以有外来人员）进行错误猜测，是有效的测试方法。

黑盒测试用例设计方法还有诸如因果图法、场景法、功能图法等，但采取什么方法，还要结合项目开发特点和人员实际，综合运用。

## 5.2.4　案例实现

高校教职工津贴发放管理(SAGM)系统的部门管理，主要测试功能与规格说明的吻合性和操作的易用性。要求部门名称必须是汉字、字母或大小写数字组成，但不能以小写数字开头，不允许重名，如：第三工业中心和第3工业中心就属于同名部门。我们用等价类划分法设计测试用例，来测试"部门管理功能"。

（1）划分等价类并编号，如表 5－6 所示。

表5-6 部门管理功能的等价类表

| 功能 | 输入等价类 | 有效等价类 | 无效等价类 |
|---|---|---|---|
| 添加 | 部门名称 | (1)合法且包含大写数字的部门名称<br>(2)合法且包含小写数字的部门名称<br>(3)程序正常执行 | (4)小写数字开头部门名称<br>(5)已存在的部门名称<br>(6)有非法字符部门名称<br>(7)程序异常提示 |
| 编辑 | 部门名称/<br>相关操作 | (8)合法且包含大写数字的部门名称<br>(9)合法且包含小写数字的部门名称<br>(10)程序更新功能正常执行<br>(11)程序取消功能正常执行 | (12)数字开头部门名称<br>(13)已存在的部门名称<br>(14)有非法字符部门名称<br>(15)程序异常提示 |
| 删除 | 相关操作 | (16)有提示信息且执行正常<br>(17)有提示信息且取消功能正常 | |

（2）设计测试用例并执行。如表5-7所示。

表5-7 部门管理功能的测试用例

| 用例 ID 号 | SAGM - TC - JCSJ - 01 | 用例名称 | 部门管理 | 测试方法 | MANUAL |
|---|---|---|---|---|---|
| 测试目的 | 验证部门管理的功能符合规格说明，且用户使用时不会产生疑问 | | | | |
| 前提条件 | 部门管理功能实现待测 | | 特殊要求 | 无 | |

| | | 测试过程 | | |
|---|---|---|---|---|
| 编号 | 输入/动作 | 期望的输出/响应 | 覆盖情况 | 实际结果 |
| 1 | 输入"第三工业中心"，单击添加 | 添加部门成功 | (1)、(3) | 添加成功 |
| 2 | 输入"第4工业中心"，单击添加 | 添加部门成功 | (2)、(3) | 添加成功 |
| 3 | 输入"5工业中心"，单击添加 | 异常提示 | (4)、(7) | 部门名称不合法提示 |
| 4 | 输入"第3工业中心"，单击添加 | 异常提示 | (5)、(7) | 部门名称重名提示 |
| 5 | 输入"学生￥处"，单击添加 | 异常提示 | (6)、(7) | 名称有非法字符提示 |
| 6 | 选择"第一工业中心"，单击编辑，输入"第五工业中心"，单击更新 | 更新成功 | (8)、(10) | 更新成功 |
| 7 | 选择"第五工业中心"，单击编辑，输入"第1工业中心"，单击更新 | 更新成功 | (9)、(10) | 更新成功 |
| 8 | 选择"学生处"，单击编辑，再单击取消 | 取消编辑操作 | (11) | 取消正常 |
| 9 | 选择"第1工业中心"，单击编辑，输入"1工业中心"，单击更新 | 异常提示 | (12)、(15) | 部门名称不合法提示 |
| 10 | 选择"第1工业中心"，单击编辑，输入"第一工业中心"，单击更新 | 异常提示 | (13)、(15) | 部门名称重名提示 |
| 11 | 选择"第1工业中心"，单击编辑，输入"第&#工业中心"，单击更新 | 异常提示 | (14)、(15) | 名称有非法字符提示 |
| 12 | 选择"第1工业中心"，单击删除，在提示框中单击确定 | 删除有提示 | (16) | 正常删除 |
| 13 | 选择"第4工业中心"，单击删除，在提示框中单击取消 | 删除有提示 | (17) | 正常取消删除 |

## 5.2.5　技能训练

【题目】：某程序规定：输入三个整数 a、b、c 分别作为三边的边长构成三角形。通过程序判定所构成的三角形的类型，当此三角形为一般三角形、等腰三角形及等边三角形时，分别计算。

【要求】：用等价类划分方法为该程序进行测试用例设计。

# 任务 5.3　完成一个程序段的检查

## 5.3.1　案例描述

开发过程中经常会进行程序逻辑结构的状态检查，来确定程序的后续状态或者检测预期结果与真实状态是否相符。现有如下程序段（C 语言编写）。

函数 FunX 用来判断变量 X 的值，参数分别为整形变量 A、B 和 X，且 B≤X。

```c
int FunX(int A, int B, int X)
{
  if(A > 1 && B == 0)   X = X/A;
  if(A == 2 || X > 1)   X = X + 1;
  return X;
}
```

请依据程序的逻辑结构，合理设计测试用例，测试程序段（模块）在各种条件的执行结果。

## 5.3.2　案例分析

案例中特意强调检查程序状态，确定实际状态是否与预期的状态一致。因此，我们利用白盒测试方法能很好的实现这一要求。

白盒测试通常用来对软件的过程性细节做检查。这种方法是把测试对象看作一个打开的盒子，它允许测试人员利用程序内部的逻辑结构及有关信息，设计或选择测试用例，通常要画出程序段的流程图，标记程序路径，然后对所有逻辑路径进行测试。

本案例中，我们重点学习白盒测试及其用例设计技术。

## 5.3.3　知识准备

### 5.3.3.1　白盒测试技术简介

白盒测试又称结构测试，是透明盒测试，逻辑驱动测试或基于程序的测试。白盒测试的原理是：已知产品的内部工作过程，可以通过测试证明每种内部操作是否符合设计规格要求，所有内部成分是否已经做过检查。因此，白盒测试要求对某些程序的结构特性做到一定程度的覆盖，有时也称这种测试是"基于覆盖率的测试"，它主要对程序模块进行如下检查：

（1）对程序模块的每一条独立执行路径至少测试一遍。

（2）对所有的逻辑判定的"真"与"假"的两种情况都至少测试一遍。

（3）把每一个循环的边界和运行界限内执行循环体都至少测试一遍。

（4）验证内部数据结构的有效性。

白盒测试和黑盒测试的联系：

用白盒测试验证单元的基本功能，用黑盒测试的思考方法设计测试用例。

黑盒测试中使用白盒测试的手段，常称为"灰盒测试"。

白盒测试需要对程序的内部实现十分熟悉，黑盒测试是完全基于对系统需求的了解。

仅仅使用白盒测试，或者仅仅使用黑盒测试都不能系统地全面测试一个软件。

### 5.3.3.2　白盒测试用例设计

白盒测试目前主要采用逻辑覆盖的方法来设计测试用例，逻辑覆盖法要求测试人员对程序的逻辑结构有非常清楚的了解，甚至要求能掌握源程序的细节。逻辑覆盖又可分为语句覆盖、判定覆盖、条件覆盖、判定/条件覆盖、条件组合覆盖和路径覆盖。

（1）语句覆盖。设计若干测试用例，使被测程序的每条执行语句至少执行一次。

（2）判定覆盖。设计若干测试用例，使被测程序中每一个判定的取真分支和取假分支至少各执行一次，又称分支覆盖。

（3）条件覆盖。设计若干测试用例，使被测程序中每个判定的每个条件至少取一次"真"和一次"假"。

（4）判定/条件覆盖。设计若干测试用例，使被测程序中每一个判定的每一个条件的所有可能取值至少执行一次，并且每一个可能的判定结果也至少执行一次。

（5）条件组合覆盖。设计若干测试用例，使被测程序中每个判定中的所有可能的条件取值组合至少执行一次。

（6）路径覆盖。设计若干测试用例，覆盖被测试对象中的所有可能路径。

在使用逻辑覆盖法设计测试用例时，可按以下步骤进行。

（1）确定覆盖程度类型。

（2）选择测试路径以满足选定的覆盖程度。

（3）选择测试输入数据以满足测试路径和覆盖程度。

（4）根据测试输入数据和测试路径计算预期结果。

下面我们以一个例题，分别说一下各种覆盖方法的优缺点。

【例5.3】　有一被测程序的模块流程图如图5－5所示。T代表True，F代表False，试设计测试用例分别满足：语句覆盖、判定覆盖、条件覆盖、判定/条件覆盖、条件组合覆盖和路径覆盖。

（1）语句覆盖用例设计，流程图中明确了两条执行语句，测试用例如表5－8所示。

优点：直观地从源代码中得到测试用例。

缺点：由于这种测试方法仅仅针对程序逻辑中显式存在的语句，但对于隐藏的条件和可能到达的隐式逻辑分支，是无法测试的。在本例中就少了一条测试路径——OAE。在if结构中若源代码没有给出 else 后面的执行分支，那么语句覆盖测试就不会考虑这种情况。但是我们不能排除这种以外的分支不会被执行，而往往这种错误会经常出现。再如，在 Do-While 结构中，语句覆盖执行其中某一个条件分支。那么显然，语句覆盖对于多分支的逻辑运算是无法全面反映的，它只在乎运行一次，而不考虑其他情况。因此，语句覆盖是最弱的逻辑覆盖。

表 5-8  语句覆盖测试用例表

| 序号 | x | y | 覆盖语句 | 路径 |
|------|------|------|---------|------|
| 1 | 50 | 50 | 2—>T | OBDE |
| 2 | 90 | 70 | 1—>T | OBCE |

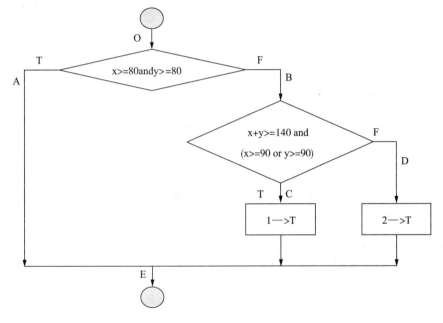

图 5-5  被测程序模块的流程图

（2）判定覆盖测试用例设计。图 5-5 中显示取"T"分支和取"F"分支各两条，判定覆盖使其都取值一次，如表 5-9 所示。

表 5-9  判定覆盖测试用例表

| 序号 | x | y | 覆盖分支 | 通过路径 |
|------|------|------|---------|---------|
| 1 | 90 | 90 | T | OAE |
| 2 | 50 | 50 | FF | OBDE |
| 3 | 90 | 70 | FT | OBCE |

优点：判定覆盖比语句覆盖要多几乎一倍的测试路径，当然也就具有比语句覆盖更强的测试能力。同样判定覆盖也具有和语句覆盖一样的简单性，无须细分每个判定就可以得到测试用例。

缺点：往往大部分的判定语句是由多个逻辑条件组合而成（如，判定语句中包含 AND、OR、CASE），若仅仅判断其整个最终结果，而忽略每个条件的取值情况，必然会遗漏部分测试路径。

（3）条件覆盖测试用例设计。程序结构中有五个条件，测试用例使得每个判定表达式中每一个条件都取一次"真"和一次"假"，如表 5-10 所示。

表 5-10　条件覆盖测试用例表

| 序号 | x | y | 满足条件 | 通过路径 |
|---|---|---|---|---|
| 1 | 90 | 70 | x > = 80，y < 80，x + y > = 140，x > = 90，y < 90 | OBCE |
| 2 | 40 | 90 | x < 80，y > = 80，x + y < 140，x < 90，y > = 90 | OBDE |

优点：显然条件覆盖比判定覆盖，增加了对符合判定情况的测试，增加了测试路径。

缺点：要达到条件覆盖，需要足够多的测试用例，因为条件覆盖并不能保证判定覆盖。

（4）判定/条件覆盖测试用例设计。很明显这种覆盖既要满足条件覆盖要求，又要使每一个判定至少取一次可能的结果，测试用例如表 5-11 所示。

表 5-11　判定/条件覆盖测试用例表

| 序号 | x | y | 满足条件 | 覆盖分支 | 通过路径 |
|---|---|---|---|---|---|
| 1 | 90 | 90 | x > = 80，y > = 80，x + y > = 140，x > = 90，y > = 90 | T | OAE |
| 2 | 50 | 50 | x < 80，y < 80，x + y < 140，x < 90，y < 90 | FF | OBDE |
| 3 | 90 | 70 | x > = 80，y < 80，x + y > = 140，x > = 90，y < 90 | FT | OBCE |
| 4 | 70 | 90 | x < 80，y > = 80，x + y > = 140，x < 90，y > = 90 | FT | OBCE |

优点：判定/条件覆盖满足判定覆盖准则和条件覆盖准则，弥补了二者的不足。

缺点：未考虑条件的组合情况。

（5）条件组合覆盖测试用例设计。从题目中看出，存在两个判定表达式含有 5 个条件，共有 12 种组合，测试用例如表 5-12 所示。

条件组合：

①x > = 80，y > = 80；②x > = 80，y < 80；③x < 80，y > = 80；④x < 80，y < 80；

⑤x + y > = 140，x > = 90；⑥x + y > = 140，y < 90；⑦x + y > = 140，y > = 90；⑧x + y > = 140，x < 90；

⑨x + y < 140，x > = 90；⑩x + y < 140，x < 90；⑪x + y < 140，y > = 90；⑫x + y < 140，y < 90；

表 5-12　条件组合覆盖测试用例表

| 序号 | x | y | 满足条件 | 通过路径 |
|---|---|---|---|---|
| 1 | 90 | 90 | ①，⑤，⑦ | OAE |
| 2 | 90 | 70 | ②，⑤，⑥ | OBCE |
| 3 | 90 | 40 | ③，⑨，⑫ | OBDE |
| 4 | 70 | 90 | ③，⑦，⑧ | OBCE |
| 5 | 40 | 90 | ③，⑩，⑪ | OBDE |
| 6 | 70 | 70 | ④，⑥，⑧ | OBDE |
| 7 | 50 | 50 | ④，⑩，⑫ | OBDE |

优点：综合前面各种覆盖的优点。

缺点：线性地增加了测试用例的数量。

（6）路径覆盖测试用例设计如表 5 - 13 所示。

表 5 - 13 路径覆盖测试用例表

| 序号 | x | y | 覆盖路径 |
|---|---|---|---|
| 1 | 90 | 90 | OAE |
| 2 | 50 | 50 | OBDE |
| 3 | 90 | 70 | OBCE |
| 4 | 70 | 90 | OBCE |

优点：覆盖面广。

缺点：路径以分支的指数级别增加（如果有 10 条路径，则需要执行 1024 个用例）。

总之，在实际测试过程中，为了实现充分测试，一般以条件组合覆盖为主设计测试用例，对于没有覆盖到的路径，再利用路径覆盖补全。

## 5.3.4 案例实现

从给出的程序段我们画出流程图如图 5 - 6 所示。在流程图中我们标记了路径和判定标识。根据白盒测试逻辑覆盖相关法则，测试用例如表 5 - 14 所示。

表 5 - 14 逻辑覆盖测试用例表

| 覆盖程度 | 通过路径 | 输入数据 | | | 预期结果 |
|---|---|---|---|---|---|
| | | A | B | X | X |
| 语句覆盖 | sbcef（两条语句均执行） | 2 | 0 | 0 | 1 |
| 判定覆盖 | sbcef（判定取值 TT） | 2 | 0 | 0 | 1 |
| | sacdf（判定取值 FF） | 1 | 0 | 1 | 1 |
| 条件覆盖 | sacef（满足 A>1，B≠0；A=2，X≤1） | 2 | 1 | 1 | 2 |
| | sacef（满足 A≤1，B=0；A≠2，X>1） | 1 | 0 | 2 | 3 |
| 判定/条件覆盖 | sbcef（满足 A>1，B=0；A=2，X>1；判定 TT） | 2 | 0 | 4 | 3 |
| | sacdf（满足 A≤1，B≠0；A≠2，X≤1；判定 FF） | 1 | 1 | 1 | 1 |
| 条件组合覆盖 | sbcef（满足 A>1，B=0；A=2，X>1） | 2 | 0 | 4 | 3 |
| | sacef（满足 A>1，B≠0；A=2，X≤1） | 2 | 1 | 1 | 2 |
| | sacef（满足 A≤1，B=0；A≠2，X>1） | 1 | 0 | 2 | 3 |
| | sacdf（满足 A≤1，B≠0；A≠2，X≤1） | 1 | 1 | 1 | 1 |
| 路径覆盖 | 路径：sbcef | 2 | 0 | 4 | 3 |
| | 路径：sacef | 2 | 1 | 1 | 2 |
| | 路径：sacdf | 1 | 1 | 1 | 1 |
| | 路径：sbcdf | 3 | 0 | 1 | 0 |

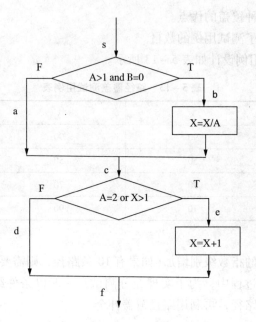

图 5 - 6  被测模块的流程图

### 5.3.5  技能训练

【题目】：某程序段如下：

```
if( x > 1&&y = = 1)        z = z * 2;
if( x = = 3 | | z > 1)        y + + ;
```

【要求】：画出程序流程图，运用逻辑覆盖的方法为该程序设计测试用例。

# 任务 5.4  处理 SAGM 系统报表导出异常

## 5.4.1  案例描述

高校 SAGM 系统交付用户使用前，输入模拟数据，进行了验证测试，功能运行正常。但是在银行报表导出时，遇到了一个问题，几乎所有人员的身份证号、银行卡号后三位都变成了"000"，如图 5 - 7 所示。

故障发生后，影响了最终数据的处理。我们立刻响应，组织人员进行了代码维护，在最短时间内使软件正常运行。

| A | B | C | D | E |
|---|---|---|---|---|
| 信控系2012年9月岗位津贴和绩效津贴 | | | | |
| 序号 | 姓名 | 身份证号 | 银行卡号 | 金额 |
| 1 | 王荣 | 110108****09106000 | 1111111111111000 | 0 |
| 2 | 周余庆 | 110108****09106000 | 2111111111111000 | 0 |
| 3 | 张凡 | 110108****09106000 | 3111111111111000 | 0 |
| 4 | 张小杰 | 110108****09106000 | 4111111111111000 | 0 |
| 5 | 李刚 | 110108****09106000 | 5111111111111000 | 0 |
| 6 | 李大风 | 110108****09106000 | 6111111111111000 | 0 |
| 7 | 王刚 | 110108****09106000 | 7111111111111000 | 0 |
| 8 | 李强 | 110108****09106000 | 8111111111111000 | 0 |
| 9 | 胡歌 | 110108****09106000 | 9111111111111000 | 0 |
| 10 | 张宏 | 110108****09106000 | 1011111111111000 | 0 |
| 11 | 刘玉杰 | 110108****09106000 | 2111111111111000 | 0 |
| 12 | 李斯 | 110108****09106000 | 2211111111111000 | 0 |
| 13 | 王大伟 | 110108****09106000 | 2311111111111000 | 0 |

图 5-7　导出银行报表(截图)

## 5.4.2　案例分析

不管什么软件,编程大师曾说:"哪怕程序只有 3 行长,总有一天你也不得不对它维护。"软件的运行维护是软件生命周期的最后一个阶段,也是软件生存周期中非常重要的一个阶段。其基本任务是保证软件在一个相当长的时间内能够正常运行。然而在实际操作过程中,它的重要性往往被忽视,大家会认为软件产品在重复使用时不会被磨损,并不需要进行像对车辆或电器那样的维护。

有人把软件维护比作一座冰山,先露出来的部分不多,大量的问题都是隐藏的。一旦问题堆积成量变,其维护的成本和付出的代价都是巨大的。这也是为什么我们的操作系统要经常打补丁,而应用软件会不断升级的原因。所以,要想充分发挥软件的作用,产生良好的经济效益和社会效益,必须做好软件的维护。

## 5.4.3　知识准备

### 5.4.3.1　软件维护的种类

所谓软件维护,就是软件交付用户以后,运行过程中对软件的修改。维护的原因多种多样,大体上分以下三种情况。

(1)改正在特定的使用条件暴露出来的程序错误和设计缺陷。

(2)软件在使用过程中因数据环境发生变化,需要修改软件来适应它。

(3)用户和数据处理人员在使用软件过程中,提出的诸如改进现有功能、增加新功能等。

根据以上的要求,软件维护可分为改正性维护、适应性维护、完善性维护和预防性维护四类。

**1）改正性维护**

由于前期的测试不可能揭露软件系统中所有替在的错误，这些隐藏下来的错误在某些特定的使用环境下就会暴露，诊断和改正这些错误的过程称为改正性维护。例如，改正程序中未使用的开关复原错误；解决开发时未能测试的各种可能情况带来的问题和测试遗漏的问题等。

**2）适应性维护**

随着计算机技术的发展，新的硬件设备不断推出，操作系统和编译系统也不断地升级，为了使软件能适应新的环境而引起的程序修改和扩充活动称为适应性维护。例如，为了某一应用修改数据库；修改程序使其适应另外一种终端等。

**3）完善性维护**

在软件的正常使用过程中，用户还会不断提出新的需求。为了满足用户新的需求而增加软件功能的活动称为完善性维护。例如，对于津贴发放系统，教职工要求增加查询显示字段；修改界面显示，使其更加方便；改进报表输出格式等；

**4）预防性维护**

除了以上三类维护外，还有一类维护活动叫做预防性维护。其目的为了提高软件的可维护性、可靠性等，为以后进一步改进软件打下良好的基础。

总之，在整个软件维护阶段所花费的全部工作量中，预防性维护只占很小的比例，完善性维护几乎占了一半的工作量，如图 5-8 所示。在维护阶段的最初一两年，改正性维护的工作量较大。随着错误发现率的降低，并趋于稳定，软件进入正常使用时期。随后由于改造的要求，适应性维护和完善性维护的工作量逐年增加，这个过程中又会引入新的错误，从而加重了维护的工作量。

对于整个软件生存周期来说，软件维护几乎占了 70% 的工作量，如图 5-9 所示。这是由于在漫长的使用过程中需要不断对软件进行修改，改正新发现的错误、适应新的环境和用户的新要求，这些修改会花费很多时间和精力，而且改正不当，还会引入新的错误。另外，IT 人员流动快、软件对环境的依赖性高以及维护文档不规范等诸多因素，导致维护的工作量自然增多。

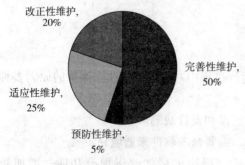

图 5-8　各类维护工作量分布

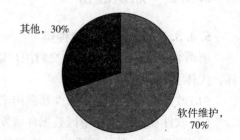

图 5-9　维护在软件生存周期中所占比例

### 5.4.3.2　软件维护的策略

根据影响软件维护的各种因素，针对以上前三种典型的维护，提出了一些相应的维护策略，用来控制维护成本。

**1）改正性维护**

开发 100% 可靠的软件是不可能的，成本太高。但通过使用新技术，可以大大提高可靠性，减少进行改正性维护的需要。这些技术包括：数据库管理系统、软件开发环境、程序自动生成系统、较高级语言。运用以上四种方法可以产生更加可靠的代码，此外还有以下方法。

（1）利用应用软件包，可开发出比由用户完全自己开发的系统可靠性更高的软件。

（2）结构化技术，用它开发的软件易于理解和测试。

（3）防错性程序设计。把自检能力引入程序，通过非正常状态的检查，提供审查跟踪。

（4）通过周期性维护审查，在形成维护问题之前就可确定质量缺陷。

**2）适应性维护**

适应性维护不可避免，但可以控制。

（1）配置管理时，把硬件、操作系统和其他环境因素的可能变化考虑在内，可以减少某些适应性维护的工作量。

（2）把与硬件、操作系统以及其他外围设备有关的程序归到特定的程序模块中。

（3）使用内部程序列表、外部文件以及处理的例行程序包，可为维护时修改程序提供方便。

**3）完善性维护**

利用前面已经列举的方法，也可以减少完善性维护的工作量。特别是数据库管理系统、程序生成器、应用软件包，可以减少系统或程序员的维护工作量。

### 5.4.3.3　软件维护的代价及因素

软件维护是既花钱又费神的工作。看得见的代价是那些为了维护而投入的人力与财力。而看不见的维护代价则更加高昂，我们称之为"机会成本"，即为了得到某种东西所必须放弃的东西。把很多程序员和其他资源用于维护工作，必然会耽误新产品的开发甚至会丧失机遇，这种代价是无法估量的。因此，影响维护代价主要分为非技术因素和技术因素两个方面。

**1）非技术因素**

（1）应用域的复杂性。如果应用领域问题已被很好地理解，需求分析工作比较完善，那么维护代价就较低。反之维护代价就较高。

（2）开发人员的稳定性。如果某些程序的开发者还在，让他们对自己的程序进行维护，那么代价就较低。如果原来的开发者已经不在，只好让新手来维护陌生的程序，那么代价就较高。

（3）软件的生命期。越是早期的程序越难维护，你很难想象十年前的程序是多么难以维护。一般地，软件的生命期越长，维护代价就越高。反之就越低。

（4）商业操作模式变化对软件的影响。比如财务软件，对财务制度的变化很敏感。财务制度一发生变化，财务软件就必须修改。一般地，商业操作模式变化越频繁，相应软件的维护代价就越高。

**2）技术因素**

（1）软件对运行环境的依赖性。由于硬件以及操作系统更新很快，使得对运行环境依赖性很强的应用软件也要不停地更新，维护代价就高。

（2）编程语言。虽然低级语言比高级语言具有更好的运行速度，但是低级语言比高级语言难以理解。用高级语言编写的程序比用低级语言编写的程序的维护代价要低得多（并且生产率高得多）。一般地，商业应用软件大多采用高级语言。比如，开发一套 Windows 环境下的信息管理系统，用户大多采用 Visual Basic、VB. net 或 C#. net 来编程，用 Visual C + + 的就少些，没有人会采用汇编语言。

（3）编程风格。良好的编程风格意味着良好的可理解性，可以降低维护的代价。

（4）软件测试情况。如果测试工作做得好，后期的维护代价就能降低。反之维护代价就升高。

（5）文档的质量。清晰、正确和完备的文档能降低维护的代价。

## 5.4.4 案例实现

本案例的错误，很明显是由于测试工作不彻底造成的，程序运行到"银行报表 Excel 类型导出时"出现了错误。我们不得不马上针对错误进行修正，修改过程中务必保证三点。

（1）改正错误，保证运行正确。

（2）改正错误，不能引入新的错误。

（3）进行报表导出功能的回归测试。

很快我们定位错误类型，原因是 Excel 对超过 15 位数字默认使用科学计数法。所以，在对应输出身份证号和银行卡号的单元格内，设置输出格式为文本应该可以解决。查看源程序，修改导出按钮的响应事件，在其中增加如下代码。

```
For i = 1 To Me. DataGrid1. Items. Count
```

设置身份证号码列和银行卡号列属性为文本

```
DataGrid1. Items(i − 1). Cells(2). Attributes. Add("style","vnd. ms − excel. numberformat:@")
DataGrid1. Items(i − 1). Cells(3). Attributes. Add("style","vnd. ms − excel. numberformat:@")
Next
```

最后，进行回归测试，确认功能正常。

## 5.4.5 技能训练

【题目】：为方便储户，某银行拟开发计算机储蓄系统。储户填写的存款单和取款单由业务员键入系统，系统记录存款人姓名、住址、存款类型、存款日期、利率等信息，并印出存款单给储户；如果是取款，系统计算利息并印出利息清单给储户。

【要求】：分析预测上述系统在交付使用后，用户可能提出那些改进或扩充功能要求。如果由你来开发这个系统，你在设计和实现时将采取那些措施，以方便将来的修改？

# 参 考 文 献

［1］ 马世霞．计算机软件技术基础．北京：清华大学出版社，2010.

［2］ 周福才，高克宁，李金双，高岩．计算机软件技术基础．北京：清华大学出版社，2011.

［3］ 郝春梅，齐景嘉．数据结构（C语言版）．北京：清华大学出版社，2010.

［4］ 徐翠霞．数据结构案例教程（C语言版）．北京：清华大学出版社，2009.

［5］ 王宜贵．软件工程．北京：机械工业出版社，2005.

［6］ 刘竹林．软件工程与项目管理．北京：北京师范大学出版社，2008.

［7］ 刘新航．软件工程与项目案例教程．北京：北京大学出版社，2009.

［8］ 杜文洁，白萍．实用软件工程与实训．北京：清华大学出版社，2009.

［9］ 宋贤钧，陈兴义．大学生职业素养训练．北京：高等教育出版社，2011.